U0240343

电子信息前沿专著系列　　"十四五"时期国家重点出版物出版专项规划项目

功率超结器件

● 章文通　张波　李肇基　著

Power Superjunction Devices

人民邮电出版社
北　京

图书在版编目（CIP）数据

功率超结器件 / 章文通，张波，李肇基著. -- 北京：
人民邮电出版社，2023.7
（电子信息前沿专著系列）
ISBN 978-7-115-58934-7

Ⅰ. ①功… Ⅱ. ①章… ②张… ③李… Ⅲ. ①功率半
导体器件－研究 Ⅳ. ①TN303

中国版本图书馆CIP数据核字(2022)第194303号

内 容 提 要

超结是功率半导体器件领域最具创新的耐压层结构之一，它将常规阻型耐压层质变为 PN 结型耐压层，突破了传统比导通电阻和耐压之间的"硅极限"关系（$R_{\mathrm{on,sp}} \propto V_{\mathrm{B}}^{2.5}$），将 2.5 次方关系降低为 1.32 次方，甚至是 1.03 次方关系，被誉为功率半导体器件发展的"里程碑"。

本书概述了功率半导体器件的基本信息，重点介绍了作者在功率超结器件研究中获得的理论、技术与实验结果，包括电荷场调制概念、超结器件耐压原理与电场分布、纵向超结器件非全耗尽模式与准线性关系（$R_{\mathrm{on,sp}} \propto V_{\mathrm{B}}^{1.03}$）、横向超结器件等效衬底模型、全域优化法、最低比导通电阻理论等。在此基础上，本书又提出了匀场耐压层新概念，即以金属-绝缘体-金属元胞替代 PN 结元胞，并对这种匀场耐压层的新应用进行了探索。本书可供半导体器件相关专业的科研工作者参考。

◆ 著　　　　章文通　张　波　李肇基
　　责任编辑　林舒媛
　　责任印制　李　东　焦志炜

◆ 人民邮电出版社出版发行　　北京市丰台区成寿寺路 11 号
　　邮编　100164　　电子邮件　315@ptpress.com.cn
　　网址　https://www.ptpress.com.cn
　　北京九天鸿程印刷有限责任公司印刷

◆ 开本：700×1000　1/16
　　印张：19.5　　　　　　　　　2023 年 7 月第 1 版
　　字数：381 千字　　　　　　　2023 年 7 月北京第 1 次印刷

定价：149.00 元

读者服务热线：(010)81055552　印装质量热线：(010)81055316
反盗版热线：(010)81055315
广告经营许可证：京东市监广登字 20170147 号

电子信息前沿专著系列

总　序

电子信息科学与技术是现代信息社会的基石，也是科技革命和产业变革的关键，其发展日新月异。近年来，我国电子信息科技和相关产业蓬勃发展，为社会、经济发展和向智能社会升级提供了强有力的支撑，但同时我国仍迫切需要进一步完善电子信息科技自主创新体系，切实提升原始创新能力，努力实现更多"从0到1"的原创性、基础性研究突破。《中华人民共和国国民经济和社会发展第十四个五年规划和2035年远景目标纲要》明确提出，要发展壮大新一代信息技术等战略性新兴产业。面向未来，我们亟待在电子信息前沿领域重点发展方向上进行系统化建设，持续推出一批能代表学科前沿与发展趋势，展现关键技术突破的有创见、有影响的高水平学术专著，以推动相关领域的学术交流，促进学科发展，助力科技人才快速成长，建设战略科技领先人才后备军队伍。

为贯彻落实国家"科技强国""人才强国"战略，进一步推动电子信息领域基础研究及技术的进步与创新，引导一线科研工作者树立学术理想、投身国家科技攻关、深入学术研究，人民邮电出版社联合中国电子学会、国务院学位委员会电子科学与技术学科评议组启动了"电子信息前沿青年学者出版工程"，科学评审、选拔优秀青年学者，建设"电子信息前沿专著系列"，计划分批出版约50册具有前沿性、开创性、突破性、引领性的原创学术专著，在电子信息领域持续总结、积累创新成果。"电子信息前沿青年学者出版工程"通过设立专家委员会，以严谨的作者评审选拔机制和对作者学术写作的辅导、支持，实现对领域前沿的深刻把握和对未来发展的精准判断，从而保障系列图书的战略高度和前沿性。

"电子信息前沿专著系列"首批出版的10册学术专著，内容面向电子信息领域战略性、基础性、先导性的应用，涵盖半导体器件、智能计算与数据分析、通信和信号及频谱技术等主题，包含清华大学、西安电子科技大学、哈尔滨工业大学（深圳）、东南大学、北京理工大学、电子科技大学、吉林大学、南京邮电大学等高等院校国家重点实验室的原创研究成果。本系列图书的出版不仅体现了传播学术思想、积淀研究成果、指导实践应用等方面的价值，而且对电子信息领域的广大科研工作者具有示范性作用，可为其开展科研工作提供切实可行的参考。

希望本系列图书具有可持续发展的生命力，成为电子信息领域具有举足轻重影响力和开创性的典范，对我国电子信息产业的发展起到积极的促进作用，对加快重要原创成果的传播、助力科研团队建设及人才的培养、推动学科和行业的创新发展都有所助益。同时，我们也希望本系列图书的出版能激发更多科技人才、产业精英投身到我国电子信息产业中，共同推动我国电子信息产业高速、高质量发展。

2021 年 12 月 21 日

功率半导体是进行电能变换与控制的半导体。它是以半导体原理为基础，将微电子科学与技术应用于电力电子领域发展而来的。功率半导体包括功率半导体器件和功率集成电路（Integrated Circuit，IC），是电子系统的核心，被看作"中国芯"的重要突破口。功率半导体的变换与控制功能主要包括变压、变流、变频、变相、逆变、放大、开关等，被广泛用于通信、工业、消费等领域。

功率半导体器件的发展历经 70 多年。1950 年，锗晶体管问世，很快就取代了 20 世纪 40 年代的电子管及离子管。1952 年，硅整流器被发明出来，以后相继出现晶闸管和功率双极结型晶体管（Bipolar Junction Transistor，BJT）。1970 年代末期以后的功率半导体器件有 3 类重要结构：双扩散金属-氧化物-半导体（Double-diffused Metal-Oxide-Semiconductor，DMOS）、绝缘栅双极型晶体管（Insulated Gate Bipolar Transistor，IGBT）、超结。功率半导体器件又可以用纵向（Vertical）和横向（Lateral）分类，如 VDMOS 和 LDMOS、IGBT 和 LIGBT、纵向超结和横向超结。纵向功率半导体器件大都用作分立器件，而横向功率半导体器件是功率 IC 的最基本器件之一，二者分别约占 47%和 53%的市场份额。因此，对两类器件的研究都十分重要。

功率半导体器件与常规低压半导体器件的基本原理是相似的，两者的本质区别是前者具有承担高电压和大电流的耐压层。功率半导体器件的耐压层要扮演耐压区和漂移区两大角色：在反向电压下作为耐压区，在导通后有大量载流子注入时作为漂移区。前者要求耐压 V_B 高，而后者要求比导通电阻 $R_{on,sp}$ 小，因此，硅基功率半导体器件的耐压层存在"关态电离电荷要更少"和"开态载流子浓度要更高"的基本物理矛盾，导致 V_B 与 $R_{on,sp}$ 之间存在矛盾关系。同时，这也表明了器件设计的三个原则："临界击穿电场 E_c 下的电场均匀化""电荷平衡下掺杂浓度提升"和"过剩载流子调制增强"，第一个原则可提升器件 V_B，典型代表为 VDMOS 和超结等；后两个原则可降低器件 $R_{on,sp}$，典型代表为超结和 IGBT 等。

VDMOS 的发明拉开了压控功率半导体器件大规模应用的序幕。VDMOS 为单极型多数载流子导电，其开关速度较快，但存在"硅极限"关系（$R_{on,sp} \propto V_B^{2.5}$），其功耗随耐压提高而剧增。IGBT 为双极型过剩载流子导电，过剩电子和空穴的浓度远超平衡态电子的浓度，强烈的电导调制使导通电压显著降低，但由于过剩载流子消失太慢，开关速度受限。20 世纪 90 年代，电子科技大学陈星弼院士发明了复合缓冲层，将具有电荷平衡的 PN 掺杂区，周期性地引入耐压层，实现 PN 结型耐压层的超结结构。

功率半导体器件的发展是以耐压层为基础的。超结问世以后，耐压层便可分为两类，即阻型耐压层和 PN 结型耐压层。VDMOS 和 IGBT 以及包括功率二极管、功率 BJT 和晶闸管在内的传统功率半导体器件的耐压层，都为单一 N 型或 P 型的阻型耐压层。而超结的耐压层为 PN 结型耐压层，是耐压层从阻型到结型的一次质变。在阻型耐压层中，外加电势产生的电势场 $\boldsymbol{E}_p$ 与电离电荷产生的电荷场 $\boldsymbol{E}_q$ 同向，总电场近似为一维分布；而在结型耐压层中，$\boldsymbol{E}_p$ 与 $\boldsymbol{E}_q$ 相互垂直，总电场可被视为二维分布。在超结的每个周期内，电离施主正电荷产生的电通量几乎全部被其近旁的电离受主负电荷所吸收，电通量沿电场线横向流走，使纵向分量显著减少。这种杂质补偿，一方面可使超结在耐压方向上被粗略视为本征型，具有矩形场分布的 $\boldsymbol{E}_p$，提高耐压；但另一方面可使掺杂浓度有数量级的提升，降低比导通电阻，从而突破传统"硅极限"关系，获得 $R_{on,sp} \propto V_B^{1.32}$ 关系。因此，超结在国际上被盛誉为"功率半导体器件的里程碑"。

超结是功率半导体器件领域最具创新性的耐压层结构之一。可惜迄今，国内外尚未见到以功率超结器件为主题的专著。从 2010 年至今，作者集中对功率超结器件进行了深入研究，在超结理论、技术和实验方面做了大量工作。传统耐压层的研究主要是解决结边缘曲率效应的高电场击穿问题，以实现表面电场的优化；而超结却是在耐压层内引入电荷，建立体内横向电荷场。本书基于这种使电场从"表面"转移到"体内"的优化思想，涵盖 3 个层次的内容，具体如下。

1．提出电荷场调制概念

为寻求优化超结的基本控制量，基于超结的电荷平衡，提出电荷场 E_q。E_q 定义为零电势边界条件下电离电荷产生的电场；而零电荷分布下外加电势产生的电场称为电势场 E_p，总电场为两者的矢量和，即 $\boldsymbol{E}=\boldsymbol{E}_q+\boldsymbol{E}_p$。那么，分析超结电场变成分析可变电荷场 E_q 对电势场 E_p 的二维电场调制作用。这一思想可普适于功率半导体器件的分析。

2．寻求超结最低比导通电阻 $R_{on,min}$，创立 $R_{on,sp} \propto V_B^{1.03}$ 准线性关系

在建立电荷场概念后，便要寻求最优 E_q 下超结的 $R_{on,min}$ 以及 $R_{on,sp}$ 和 V_B 间新的极限关系。作者采用全域优化法，提出超结 $R_{on,min}$ 理论，包括新型非全耗尽（Non-full Depletion，NFD）模式、等效衬底（Equivalent Substrate，ES）模型和 $R_{on,min}$ 优化法，获得了 $R_{on,sp} \propto V_B^{1.03}$ 新关系，并进行了较好的验证实验。作者现在正尝试将黄金分割优

化法与人工神经网络法相结合，以提升优化的速度和精度。

3．探索新的匀场耐压层

基于超结的二维电场作用，作者探索了三维电场的调制机理，提出匀场耐压层。这种匀场耐压层以金属-绝缘体-半导体（Metal-Insulator-Semiconductor，MIS）元胞替代 PN 结型元胞。替代后的元胞在横向具有周期性分布，在纵向也具有周期性分布。因此 MIS 的匀场耐压层从表面到体内等势分压，改善了电场的均匀性，从而实现耐压层电场的全域优化，并使硅的临界击穿电场 E_c 增强。初步研究发现，MIS 匀场耐压层是一种较为"理想"的耐压层，其匀场结构还提高了掺杂浓度与工艺容差，获得了良好的仿真与实验性能。

基于上述超结 $R_{on,min}$ 理论和匀场机理，作者提出了纵向超结器件、横向超结器件和匀场器件这 3 类新结构，开发了超结和匀场耐压层设计技术。通过与业界充分合作，依托无锡华润上华科技有限公司和上海华虹宏力半导体制造有限公司等单位的工艺平台，作者已研制出相应新结构器件并进行了测试分析，实测数据较好地证明了上述论述。

本书共 6 章，第 1 章概述了功率半导体器件的基本信息，重点介绍了功率半导体器件耐压原理、结终端技术与 RESURF 技术，并简要介绍了功率金属-氧化物-半导体（Metal-Oxide-Semiconductor，MOS）、IGBT 和宽禁带半导体器件；第 2 章分析了超结器件耐压原理，介绍了基于电荷场调制概念的超结器件解析法，分析了超结电场的二维性和全域优化法，最后给出了人工神经网络方法在功率器件中的潜在应用；第 3 章阐述了纵向超结器件 NFD 模式、基于全域优化法的 $R_{on,min}$ 理论、设计公式与实验验证，并分析了安全工作区与瞬态特性；第 4 章讨论了作为功率 IC 核心的集成超结器件，建立了 ES 模型，进行了横向超结 $R_{on,min}$ 优化与实验验证；第 5 章介绍了典型的超结器件结构，综述了超结耐压层在不同功率半导体器件中的发展；第 6 章基于上述超结理论，提出了一种新型匀场耐压层，并在该耐压层的纵向和横向都周期性地分布 MIS 元胞结构，从而实现了耐压层电场的全域优化。同时探索了匀场概念及工艺在绝缘体上硅（Silicon on Insulator，SOI）器件、高压互连和体内纵向耐压优化等方面的应用，并在此基础上，提出了非完全式雪崩击穿新原理。与传统的完全式雪崩击穿理论不同，该原理考虑了载流子部分电离效应。最后，附录给出了基于本书功率半导体理论的基本图表和部分解析公式的推导过程。

迄今，硅基功率半导体器件日趋成熟，除传统优化设计外，还可以与新原理、新技术融合以寻求突破，如采用本书第 6 章提出的非完全式雪崩击穿新原理，就有可能突破材料的 E_c "天花板"。同时，还可进一步与具体应用场景结合以及与人工神经网络等新技术融合，为硅基功率器件新发展（more silicon）注入活力。近年来，随着宽禁带半导体的发展，在硅基功率器件理论与技术的基础上，出现了宽禁带功率半导体器件和超宽禁带功率半导体器件等研究方向。半导体材料的变化改变了基本材料参数，可能带来器件特性（如决定关态雪崩击穿的禁带宽度 E_g 和改变电场分布的介电系数 ε，影响开态载流子浓度的杂质电离能 ΔE 和确定载流子运动速度的迁移率 μ 等）的显著变化。此外，在设计宽禁带半导体器件时，可能需要结合新原理，如异质结中二维电子气导电等。通过新材料、新原理、新结构的不断创新，可进一步扩大功率半导体技术领域。

十年磨一剑，众志成一书。感谢电子科技大学功率集成技术实验室的乔明教授、罗小蓉教授、李泽宏教授、陈万军教授、邓小川教授和任敏副教授等在研究过程中给予的帮助和支持；感谢无锡华润上华科技有限公司的张森和何乃龙先生等对本书实验部分的大力支持；感谢中国科学院微电子研究所何志研究员对本书碳化硅超结方面的有益建议；感谢唐宁、田丰润、张科、刘雨婷、何佳敏、吴凌颖、赵泉钰等研究生的辛勤工作。功率超结器件领域远未成熟，尚待发展，加之作者水平有限，书中难免存在疏漏和错误，恳请读者指正。

作者
2023 年 7 月

目 录

第 1 章　功率半导体器件基础

功率半导体器件的基本原理包括关态下的雪崩击穿机制和开态下的载流子运输机制以及两者之间的瞬态动力学。对功率半导体器件的基本要求是在满足击穿电压的条件下，具备导通电流密度大、工作频率高且功耗较低的性能。功率半导体器件中涉及的主要技术包括耐压技术、比导通电阻降低技术及高速开关技术。功率半导体器件中承受高压的结构是耐压层，各种耐压技术旨在在给定尺寸下尽可能提高半导体耐压层的击穿电压 V_B，其中的关键在于降低电场峰值，使耐压层中的电场分布尽可能均匀化。典型的耐压技术包括结终端技术、降低表面场（Reduced Surface Field，RESURF）技术等。比导通电阻降低技术是在不影响器件 V_B 的条件下，尽可能降低比导通电阻 $R_{on,sp}$，典型的降低 $R_{on,sp}$ 的技术有两种：一是引入内部耗尽机制，建立新的电荷平衡以增加电流路径上的掺杂浓度，如本书介绍的超结器件和匀场器件等；二是通过引入 PN 结大注入或二维电子气等增加开态载流子浓度，如 IGBT、积累层和异质结器件等。高速开关技术主要用于提升控制栅响应速度和漂移区中载流子的建立和抽取速度。本章从耐压层基本结构出发，基于雪崩击穿机理，概述结终端技术、RESURF 技术、功率 MOS 晶体管、IGBT 和宽禁带半导体器件等。

1.1　概述

功率半导体器件可被视为在常规低压器件的基础上串联耐压层所形成的。低压器件可以是 MOS、BJT 或二极管等，起信号控制作用，即控制电路的开启和断开；耐压层担任关态下的耐压区和开态下的漂移区两大角色。耐压层在关态下产生耗尽区，只存在 PN 结反向泄漏电流。在进行关态耐压分析时，可将耐压层当作介电常数与硅相同且内部有固定电离电荷的介质材料，其电荷密度与掺杂浓度相等。耐压层电势与电场分布满足在给定边界条件下的泊松方程，其解对应边界条件下的势场分布。开态时的耐压层与关态时的相比主要有两点差异：首先，连续性电流所引入的载流子电荷不可忽略；其次，耐压层与常规低压器件形成的寄生效应，如闩锁效应、寄生 BJT 开启等，不可忽略。

本节以功率 MOS 器件为例引出耐压层概念。与低压 MOS 器件相比，功率 MOS 器件在关态时承受高电压，因此需要在控制栅极与漏极之间添加耐压层结构，如图 1-1

所示。由于功率 MOS 器件开关控制部分的工作机理与低压 MOS 器件的基本相同，因此功率 MOS 器件可被视为在低压 MOS 器件的漏极与准漏极之间插入一个耐压层后形成的复合器件。在关态时耐压层承受高电压，在开态时有电流流过，即载流子做漂移运动，因此在开态时耐压层也被称作漂移区。功率半导体器件都可以看作相应低压器件与耐压层形成的复合器件，功率半导体器件设计的关键即为耐压层的设计。

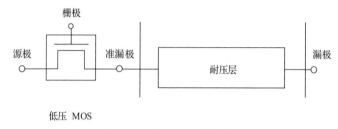

图 1-1　功率 MOS 器件结构

耐压层有两大重要类型：阻型耐压层和结型耐压层，如图 1-2 所示。这两种耐压层均可用于两类典型的功率半导体器件：VDMOS 和 IGBT。两种耐压层的本质区别是，结型耐压层具有 N 型、P 型交替排列的结构，而阻型耐压层为单一掺杂型。在耐压状态下，结型耐压层中的 N 型、P 型掺杂区会产生附加电荷场，使总电场从一维分布变成二维分布（在横向超结器件中甚至是三维分布），对电势和电场的分析也从求解一维泊松方程变为求解二维甚至三维泊松方程。

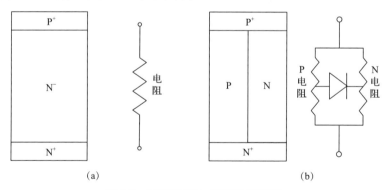

图 1-2　阻型耐压层与结型耐压层示意
（a）阻型耐压层；（b）结型耐压层

功率 MOS 器件作为一种典型的开关器件，可通过栅极控制其电路的开启与断开，实现对电流和电压的调控。这对耐压层提出两个要求，即关态时可以承受高电压和开态时可以承受大电流。这要求关态时耐压层必须耗尽，由掺杂带来的电离施主、受主离子会发出或吸收电场线从而改变耐压层中的电场分布；开态时耐压层为中性区，由耐压层中掺入的杂质电离电荷提供载流子从而导电。若单纯从开态时导电的角度考虑，则需要尽可能提高耐压层的掺杂浓度以引入更多的载流子，从而降低比导通电阻。然而开态时的每一个载流子都对应关态时的一个电离电荷，掺杂浓度的增加也意味着关态时耐压层中的电离电荷浓度的增加。这些电离电荷产生的电场线增加了耐压层中的电通量，提升了电场峰值，这会导致雪崩击穿的发生，降低器件耐压性能。

因此，功率 MOS 器件的基本矛盾源于开态载流子和关态电离电荷的一一对应关系。在众多参数中，V_B 是衡量功率半导体器件性能的首要参数。V_B 的优化从本质上讲就是场优化。场优化涉及两个基本问题，即耐压层中的电场分布和一定电场分布下的碰撞电离，前者由泊松方程或拉普拉斯方程确定，后者则采用碰撞电离率进行描述。

1.2　雪崩击穿

耐压层的 V_B 一般由反向 PN 结的击穿机制决定。PN 结的击穿表现为当反向偏压接近 V_B 时，反向电流密度的突然迅速增大。半导体中的电流大小由载流子浓度和迁移率决定。迁移率主要和温度、掺杂浓度相关，难以发生突变，因此 PN 结的击穿在本质上是载流子数目的剧增。PN 结的击穿机制有 3 种，即热击穿、隧道击穿和雪崩击穿。热击穿是热能的迅速增加导致的。流过 PN 结的电流引起热损耗，使得晶格温度上升。半导体本征载流子浓度随温度上升呈指数上升，产生的热能迅速增加，进而正反馈形成热击穿。热击穿会导致器件烧毁，一般是不可逆击穿。隧道击穿则是在强电场作用下大量电子通过隧道效应从价带跃迁进入导带所导致的击穿。由于隧道效应仅发生在很薄的势垒区中，因此隧道击穿一般发生在高掺杂的 PN 结中。对硅而言，由隧道击穿机制决定的击穿电压一般在 4V 以下。功率半导体器件由于耐压需要，其耐压层一般具有较低的掺杂浓度和较大的尺寸。功率半导体器件的主要击穿机制为雪崩击穿。

1.2.1　碰撞电离率与 E_c 增强

1. 碰撞电离率

在反向偏压下，流过 PN 结的反向电流由从 P 区扩散到耗尽区的电子电流、从 N 区扩散到耗尽区的空穴电流以及空间电荷区产生的电流构成。反向偏压增大时，耗尽区的电场增加，其中的电子和空穴在电场中加速，动能增加。这些电子和空穴与晶格原子发生碰撞时，有可能使共价键上的电子获得足够的能量，从而从价带跃迁到导带，产生一对新的电子与空穴。因此载流子数目从 1 个变为 3 个，这 3 个载流子在电场中加速，再进一步产生新的电子空穴对，最终导致载流子数目急剧增加，这就是雪崩击穿的物理过程。值得指出的是，实际上功率半导体器件均为三维结构，存在复杂的三维电场分布，因此上述电离产生的一次载流子可能发生"逃逸"，导致高电场路径上产生碰撞的载流子数目减少，从而降低碰撞电离率，该"逃逸式雪崩电离"效应在某些特殊器件（如本书第 6 章的匀场器件）中不可忽略。

雪崩击穿本质上是碰撞电离过程。碰撞电离，顾名思义包括碰撞和电离两个物理过程，即载流子与晶格发生碰撞，碰撞会产生新的电子空穴对。碰撞电离率定义为每个自由电子或空穴在单位距离内沿着电场方向通过碰撞电离产生的新的电子空穴对的数目。碰撞电离率可以理解为碰撞率和电离率的乘积。电离本质上是一个能量交换的过程，碰撞过程中载流子需满足能量守恒与动量守恒。假设电子和空穴质量相同，载流子的初始能量至少为禁带宽度 E_g 的 1.5 倍，该能量也称为碰撞电离的阈值能量 ε_T。实验测试发现，电子和空穴的 ε_T 分别约为 1.8eV 和 2.4eV[1]。

考虑到只有加速后能量达到 ε_T 的载流子才可能发生电离，在给定的电场强度 E 下，载流子能量达到 ε_T 需要运动的最短距离 $l_{min}=\varepsilon_T/(qE)$。若单位体积内载流子数目为 n_0，且与碰撞电离相关的平均自由程为 l_0，那么载流子碰撞率为 $1/l_0$。通过求解尚未发生碰撞的载流子数量满足的微分方程 $dn = -n_0dx/l_0$，可以得到经 l_{min} 距离后未散射的载流子数 n：

$$n = n_0 \exp\left[-\frac{\varepsilon_T/(qE)}{\kappa l_0}\right] \tag{1-1}$$

其中，系数 κ 表示平均自由程内通过碰撞传递给晶格的能量损失，可等效为能量积累的平均自由程变大。

因此，经过 l_{min} 距离后，未发生碰撞的载流子满足的微分方程变为 $dn = -ndx/l_0$，代入式（1-1）并根据碰撞电离率 $\alpha(E)$ 的定义可得：

$$\alpha(E) = \frac{1}{n}\frac{dn}{dx} = \frac{1}{l_0}\exp\left[-\frac{\varepsilon_T/(q\kappa l_0)}{E}\right] \propto A\exp\left(-\frac{B}{E}\right) \tag{1-2}$$

其中，$1/l_0$ 为载流子的碰撞率；$\exp\left[-\dfrac{\varepsilon_T/(q\kappa l_0)}{E}\right]$ 为一定电场条件下载流子的电离率，反映载流子在一定电场下加速通过平均自由程 l_0 所产生的能量与阈值能量之比。

实验测试得到电子和空穴的碰撞电离率分别如下[2]：

$$\alpha_n(E) = 70.3\exp\left(-\frac{123.1}{E}\right)$$

$$\begin{cases} \alpha_p(E) = 158.2\exp\left(-\dfrac{203.6}{E}\right), & E < 40\,\text{V/}\mu\text{m} \\[2mm] \alpha_p(E) = 67.1\exp\left(-\dfrac{169.3}{E}\right), & E \geqslant 40\,\text{V/}\mu\text{m} \end{cases} \tag{1-3}$$

其中，碰撞电离率单位为$(\mu m)^{-1}$，电场单位为 V/μm，可以证明发生雪崩击穿的判据为碰撞电离率积分值等于 1：

$$\int_{x_1}^{x_2} \alpha_p \exp\left[-\int_{x_1}^{x}(\alpha_p - \alpha_n)\mathrm{d}x'\right]\mathrm{d}x$$
$$= \int_{x_1}^{x_2} \alpha_n \exp\left[-\int_{x_1}^{x}(\alpha_n - \alpha_p)\mathrm{d}x'\right]\mathrm{d}x = 1 \tag{1-4}$$

其中，x_1 和 x_2 为耐压层耗尽区边界所在位置。

在击穿条件下，可以得到同时考虑电子与空穴的碰撞电离率时的等效碰撞电离率 α_{eff}：

$$\alpha_{\mathrm{eff}}(E) = 70.3 \exp\left(-\frac{146.8}{E}\right) \tag{1-5}$$

W. Fulop 给出一个更简单的等效碰撞电离率表达式[3]：

$$\alpha_{\mathrm{eff}}(E) = 1.8 \times 10^{-11} E^7 \tag{1-6}$$

图 1-3 给出式（1-5）和式（1-6）中 α_{eff} 与 E 之间的关系。当 $E < 40$V/μm 时，式（1-5）和式（1-6）具有较好的一致性，即两种表达式均适用于低电场区域；当 $E \geqslant 40$V/μm 时，式（1-6）给出的简单指数表达式较式（1-5）的精确表达式有更高的 α_{eff}。由于式（1-6）给出的指数表达式很容易获得精确解析值，因此被广泛应用于功率半导体器件建模。

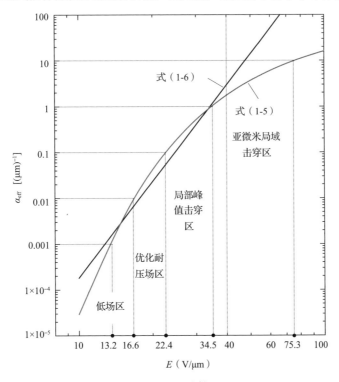

图 1-3　α_{eff} 比较

图 1-3 中给出的两种 α_{eff} 的表达式曲线均表明 α_{eff} 随 E 的增大而急剧增大的特点。根据 α_{eff} 的物理意义，$1/\alpha_{\text{eff}}$ 表示给定 E 下达到雪崩击穿条件所需要的最短耗尽区长度。可以看出，当 $E \leqslant 22.4 \text{V/}\mu\text{m}$ 时，发生雪崩击穿的最短耗尽区长度大于 $10\mu\text{m}$；当 $E \leqslant 16.6 \text{V/}\mu\text{m}$ 时，发生雪崩击穿的最短耗尽区长度将超过 $100\mu\text{m}$。在常规半导体功率器件中，最短耗尽区长度或耐压层厚度一般小于 $100\mu\text{m}$，因此可认为 $E \leqslant 16.6 \text{V/}\mu\text{m}$ 的区域对雪崩击穿无显著影响。

根据以上分析可以将硅基功率半导体中的电场分为 4 个区域：

（1）低电场区（$E \leqslant 16.6 \text{V/}\mu\text{m}$），该区电场较低，对雪崩击穿几乎无影响；

（2）优化耐压场区（$16.6 \text{V/}\mu\text{m} < E \leqslant 22.4 \text{V/}\mu\text{m}$），电离积分长度为 $10 \sim 100\mu\text{m}$；

（3）局部峰值击穿区（$22.4 \text{V/}\mu\text{m} < E \leqslant 34.5 \text{V/}\mu\text{m}$），电离积分长度为 $1 \sim 10\mu\text{m}$；

（4）亚微米局域击穿区（$E > 34.5 \text{V/}\mu\text{m}$），电离积分长度为 $0.1 \sim 1\mu\text{m}$。

由于 α_{eff} 随 E 的增大而剧烈增大，因此器件是否发生雪崩击穿几乎由高电场局部区域的 α_{eff} 积分值决定。图 1-4 所示为典型 E 与 α_{eff} 分布，其中虚线表示 E 分布，在大部分区域内，$E = 18.4 \text{V/}\mu\text{m}$；在靠近 A 点的局部区域内，$E$ 增加到 $35.8 \text{V/}\mu\text{m}$，约增加到 1.95 倍；而对 α_{eff} 而言，其值从 $0.024 (\mu\text{m})^{-1}$ 增加到 A 点的 $1.12 (\mu\text{m})^{-1}$，约增加到 46.7 倍。

从对耐压性能的贡献角度来看，局部峰值击穿区的 E 虽然峰值较大，但是积分值很小，对耐压性能的贡献也很小。但是局部峰值将导致 α_{eff} 的急剧增加，从而在很窄的区域内使 α_{eff} 的积分值达到 1，即功率半导体耐压层中对 α_{eff} 的积分值起主要贡献的是 E 的峰值及邻近处所对应的 α_{eff} 的值。

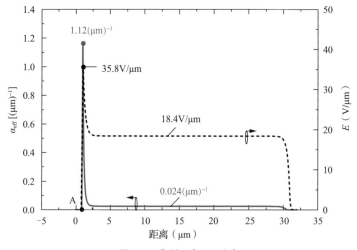

图 1-4　典型 E 与 α_{eff} 分布

2. E_c 增强

功率半导体器件为大尺寸器件，且是否发生碰撞电离主要由局部峰值击穿区决定，因此可粗略认为器件发生雪崩击穿时，电离积分路径上的最高电场几乎保持不变，将此最高电场定义为临界击穿电场 E_c。对于简单的突变结或者线性缓变结，其 E_c 可被视为常数（22V/μm）。功率半导体器件的 E_c 为常数可引申出一个重要的结论：在保证 E_c 不变的前提下，为防止器件提前发生击穿，应使得耐压层中的电场分布尽可能均匀，且均匀的区域要尽可能宽，甚至实现矩形场分布。这对理解后面的 RESURF 及结终端技术等非常有用。事实上，在基于 PN 结的各种耐压层中，由于 PIN 器件的电场为矩形分布，在给定距离上可获得唯一的 E_c，因此本书第 3 章中将超结器件耐压对 PIN 器件耐压进行归一化，用以表征电场的调制度。

虽然将 E_c 视为常数给器件分析带来很大的方便，但严格讲，E_c 不是常数，且其大小取决于具体的器件结构，这里给出 3 种典型的 E_c 增强机理。

（1）缩短总电离积分路径

发生雪崩击穿的判据为碰撞电离率的积分值达到 1，这意味着器件发生雪崩击穿时，碰撞电离率与坐标轴围成的面积为常数，显然直接缩短总电离积分路径可以提高 E_c，如通过增加 PN 结两端的掺杂浓度，E_c 会显著提高。由于电离积分路径终止于介质，因此减薄 SOI 器件顶层硅厚度也能实现 E_c 增强，这进一步提高了介质层的 E，是 SOI 器件实现介质场增强和纵向高耐压的 3 条重要途径之一。另外两条途径分别是采用低介电常数的介质材料和在氧化层界面引入电荷。薄硅层结构主要缩短了纵向电离积分路径，因此横向电场需采用变掺杂结构实现表面场优化，相关讨论及 E_c 解析详见 4.5.2 节。

（2）缩短高电场区电离积分长度

前面分析表明低电场区对碰撞电离几乎无影响，碰撞电离率的积分值主要取决于高电场区，因此仅缩短高电场区电离积分长度也能实现 E_c 增强，该方法最典型的应用是本书讨论的超结器件。超结器件的高电场分布取决于元胞宽度，减小元胞宽度即可缩短高电场区电离积分长度，实现 E_c 增强。超结器件的 E_c 增强的意义是提高掺杂剂量，这缘于 E_c 反映了电离电荷的电通量变化，即 E_c 越大，掺杂浓度越高，从而降低器件的 $R_{on,sp}$，这也是本书提出超结 NFD 模式的主要依据之一。关于超结器件 E_c 增强的讨论详见 3.1.5 节。

（3）非完全式雪崩击穿

第 3 种 E_c 增强的机理是载流子的非完全式雪崩击穿，其基本原理是在耐压层中构建了载流子"输运"路径，在输运路径上载流子仅发生位置移动而不参与电离，从而将传统完全式雪崩击穿过程的单一"电离"态，转变为可相互转换的"电离+输运"

两态，导致一些载流子仅部分参与二次电离，减少了二次碰撞的载流子数目，从而降低等效碰撞电离率，实现 E_c 增强。本书第 6 章给出的匀场器件，其耐压层由周期性 MIS 输运结构构成，降低了逃逸载流子发生二次电离的概率，可实现长漂移区中的 E_c 增强。理论研究与实验均发现：在相同耐压层长度下，匀场器件的击穿电压高于 PIN 器件的击穿电压，详细讨论请参阅第 6 章。

1.2.2　雪崩击穿的分析方法

功率半导体器件一般为大尺寸器件，除各种终端结构外，仅包括耐压层在内的有源区的尺寸就达到几十甚至数百微米。功率半导体器件是以半导体原理为基础，并将微电子技术成果推广、应用到电力电子领域所构成的新型器件，其物理模型和边界条件与低压 MOS 器件的相似，可以使用解析计算法或者数值计算法（仿真）来求解半导体基本方程进行设计，并通过实验获得良好的结果。理论上功率半导体器件的电学特性由基本方程描述，基本方程包括麦克斯韦方程组、输运方程组和连续性方程组[4]，电势和电场分布可由麦克斯韦方程组中的泊松方程求解[5]，纵向和横向超结的电势和电场分布分别对应二维和三维泊松方程的解，求解过程参见附录 2。求解泊松方程时，在反向阻断下，变量主要是器件尺寸与杂质浓度；在正向阻断下，还应计算载流子的漂移与扩散运动；另外还应考虑寄生 BJT 开启等其他效应的影响。

下面以泊松方程为例，介绍求解基本方程的两种方法。

（1）解析计算法。根据实际结构，将功率器件视为含有不同的半导体或介质材料区域的器件。每个区域中针对不同的电势或者电场边界条件对泊松方程进行化简，独立地求解各区域方程以获得一般性通解，并在边界处根据连续性条件将各子区域连接或者匹配起来形成全域的解。这种近似解的形式不仅简单且易于看出其物理意义，有利于了解器件的性能与材料、结构和工艺参数之间的精确关系。解析计算法也有两种数学解法，第一种是泰勒级数法，该方法将耐压层的电势采用泰勒级数表示，在忽略其高次项后利用二阶近似，通过二次幂函数的两次微分将变量变为常数，从而将泊松方程降维求解。第二种是傅里叶级数法，该方法将耐压层的电势表达式展开为无穷项，利用正弦或者余弦函数经二次微分后保持形式不变的特性进行降维。两种数学解法皆是通过对电势的近似，实现泊松方程的降维求解，其中泰勒级数法较为简便，但精确度略低。

（2）数值计算法[6]，即仿真。仿真是通过数值计算方法较为精确地获得给定器件的电学、热学特性，它特别适用于各种复杂结构的功率器件。该方法将偏微分方程离散化，且将定义域分割成有限个子域，每个子域内的微分方程用代数方程近似表示。该方法将子域中每个分离点即网格点的连续因变量与其备选函数相联系，得到非线性代数方程组。方程组的未知量由分离点处的连续自变量的解析解的近似解组成。数值计算法的精度依赖于子域分割精度、自变量近似函数的合理性及计算误差。但数值解非解析公式，数值解不能反映各参数与器件性能之间的关系。仿真十分简便[7]，只需一个包括网格、结构定义、引用模型、求解函数和输出结果等简单语句的输入文件，即能获得较为精确的器件特性，因此被广泛应用于各类器件的优化设计中。

狄拉克曾经指出，"如果我没有实际解一个方程就已经能估计其解的特性，那我就懂得了该方程的意义"[8]。也就是说，要真正懂得一个方程，就需要在解方程之前已知其解的特性。因此，在进行解析计算和数值计算之前，需要对器件的物理和性能有比较多的了解，才能事半功倍。

为了分析功率半导体器件的雪崩击穿，目前广泛采用 3 种分析方法。（1）碰撞电离率法。电离率沿具有高电场峰值的路径进行积分，当积分值达到 1 时，即发生击穿。该方法主要用于解析计算或仿真中的严格求解。（2）临界击穿电场法。该方法近似地认为，当耗尽区中任意一处的电场峰值达到 E_c 时，即发生击穿。（3）电流判据法。该方法认为由碰撞电离产生的电流密度达到给定值（如 $1 \times 10^{-7} A/\mu m$）时，即发生击穿，该方法常用于仿真。

作者认为，对功率半导体的研究需要着眼于"求是"与"优化"，求是是探寻器件物理的本质及规律；优化是寻找基本原理的约束下，获得研究对象最佳应用性能的优选条件。因此，在研究中要不断建立精准的物理图像，并将其作为素材应用于各类功率半导体器件的研究中。经过不断验证与修正，最后可实现对给定器件结构参数及特性的精确估计，从而在开始一项研究之前就可以预估器件性能优化的裕度及可能达到的参数水平等。

最后，一定要养成独立思考的习惯。随着现代计算机辅助设计及仿真技术的发展，我们几乎可以通过仿真获得任意给定器件的结构特性，很容易形成对工具的依赖，但我们更应该通过对基本物理方程的解析，深化我们对新型器件物理的认识。

1.3 结终端技术与 RESURF 技术

1.3.1 结终端技术

从 1.2 节的分析可以看出，功率半导体器件发生雪崩击穿的根本原因是其内部产生了高电场。从静电场的基本原理可知，电场正比于电通量或电场线数量，电通量取决于耐压层中的电荷分布与电场线方向。功率半导体器件中电荷的主要来源如下：N 型和 P 型掺杂引入的电离正电荷与电离负电荷、电子、空穴以及介质中的固定电荷。漂移区具有均匀掺杂浓度为 N 的平行平面结结构，图 1-5 给出了其电离电荷与电场分布，两者满足如下泊松方程：

$$\frac{\mathrm{d}E}{\mathrm{d}s} = -\frac{qN}{\varepsilon_s}$$

（1-7）

其中，ε_s 为硅层介电常数。

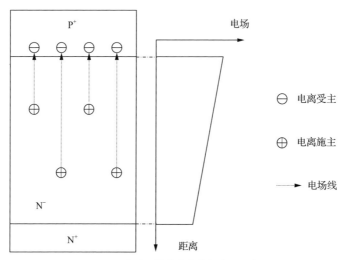

图 1-5　漂移区的电离电荷与电场分布

根据式（1-7）可知，耐压层中电场为线性分布，也就是说，耐压层中掺杂剂量每增加 $1×10^{12}\mathrm{cm}^{-2}$，$E$ 的增量为 $15.2\mathrm{V/\mu m}$。因此在功率半导体耐压层设计中，通过掺杂剂量即可非常容易地估算出电场大小。

上述分析将 PN 结当作平面，实际上 PN 结采用平面与曲面结合的工艺制造，经光刻掩膜开窗口后通过离子注入及扩散工艺形成。在窗口中间的大部分区域中，PN结可近似看作平面，然而边角之处杂质横扩，存在曲率效应，PN 结更接近柱面及球面，如图 1-6 所示。

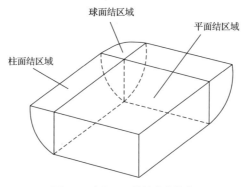

图 1-6　实际 PN 结的曲率效应

柱面结和球面结均可以采用如图 1-7 所示的截面表示，其中 r_j 为结半径，r_d 为耗尽区边界半径，假定 N⁻区均匀掺杂浓度为 N_d。由于 N⁻区电离施主发出的电场线均终止于 PN 结处，且从 r_d 到 r_j 方向，半径 r 逐渐变小，易知曲率效应导致电场增强的根源是电通量面积的减小，根据泊松方程容易得到柱面结电场 $E_{cy}(r)$ 和球面结电场 $E_{sp}(r)$：

$$\begin{cases} E_{cy}(r) = \dfrac{qN}{\varepsilon_s} \dfrac{\pi(r_d^2 - r^2)}{2\pi r} = \dfrac{qN}{2\varepsilon_s}\left(\dfrac{r_d^2 - r^2}{r}\right) \\[3mm] E_{sp}(r) = \dfrac{qN}{\varepsilon_s} \dfrac{\frac{4}{3}\pi(r_d^3 - r^3)}{4\pi r^2} = \dfrac{qN}{3\varepsilon_s}\left(\dfrac{r_d^3 - r^3}{r^2}\right) \end{cases} \tag{1-8}$$

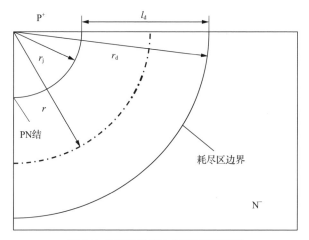

图 1-7   实际 PN 结的曲率效应的截面

进一步可以得到结面处的电场峰值：

$$\begin{cases} E_{cy}(r_j) = \dfrac{qNl_d}{\varepsilon_s}\left(1 + \dfrac{l_d}{2r_j}\right) \\[3mm] E_{sp}(r_j) = \dfrac{qNl_d}{\varepsilon_s}\left(1 + \dfrac{l_d}{r_j} + \dfrac{l_d^2}{3r_j^2}\right) \end{cases} \tag{1-9}$$

其中，l_d 为总耗尽区长度。

式（1-9）中方程右边括号给出的无量纲表达式表示存在曲率效应时，电场峰值与平行平面结电场峰值之比（该值大于 1），说明柱面结和球面结的存在使得电场峰值增加，且增加幅度随结半径 r_j 的减小而增加，即曲率结半径越小，所引起的电场峰值越高。值得注意的是，实际上由于杂质扩散与补偿等，PN 结并非单边突变结，而是缓变结，从效果上看，缓变结会使得电场峰值降低，V_B 增加。然而缓变结的物理机制与突变结完全一致，只是由均匀掺杂变成变化掺杂。求解方法亦可归结为计算电离电荷在三维耗尽区内的积分，从而获得所求半径处的电通量，进而得到对应的电场分布。对于具有不同掺杂区的 PN 结，读者可以根据上述思想自行分析，此处不再赘述。

硅基功率半导体器件的耗尽区宽度为 $10\sim100\mu m$，而典型功率器件的 PN 结深度一般为 $1\sim5\mu m$，因此曲率效应将导致器件的 V_B 急剧降低。为降低曲率效应的影响，器件的耐压应尽可能趋近于平行平面结的 V_B，实现"E_c 下的电场均匀化"，研究者们提出了各种用于降低曲率结的电场峰值的技术，这些技术统称为结终端技术。典型的结终端技术有扩散保护环技术、场板技术、场限环技术、结终端扩展与横向变掺杂技术、磨角终端技术、集成器件终端技术、衬底终端技术和介质终端技术等。

1. 扩散保护环技术

曲率效应增强了结边缘处的电场，也使得 V_B 降低。减弱曲率效应的一种措施就是通过增加结边缘处的结深形成扩散保护环，如图 1-8（a）所示，在原有结边缘处形成更深的 PN 结，使边缘处的曲率半径增加，改变 PN 结面的电荷分布，从而减弱结边缘处的电场。图 1-8（b）和图 1-8（c）分别展示了浅结和深结的曲率效应，可以看出增加结深缓解了电场线的集中效应。然而，该技术一般适用于耐压较低的情形，对耐压达几百伏的器件，由于其耐压层长度一般大于 $10\mu m$，因此有效扩散保护环的结深太深，工艺上较难实现，且横向扩散将使得终端区面积大大增加，不利于减小器件面积。

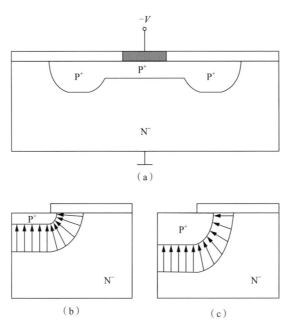

图 1-8　扩散保护环技术
（a）扩散保护环结构；（b）浅结曲率效应；（c）深结曲率效应

2. 场板技术

器件电场值的大小取决于耐压层中的电荷分布与电场线方向，一种典型的改变电场线方向的方法是引入新的电势边界条件。由于连通的电极为等势面，因此可以在 PN 结曲率表面覆盖电极，从而形成场板结构，如图 1-9（a）所示。场板用于改变电场线的方向，使得原本终止于结曲率处的电场线转向场板，从而降低主结处的电场值，提高器件耐压。由于场板处于介质上方，电场线穿过介质增强了介质电场，介质电场参与耐压，因此场板下方介质的厚度决定了 V_B 的大小，且从 PN 结到场板末端硅层表面与场板之间的电势差逐渐增大，因此需要对场板下方介质的厚度进行优化，从而提出如图 1-9（b）所示的阶梯场板技术以及如图 1-9（c）所示的斜坡场板技术等。这些技术通过改变场板下方介质的厚度，提高器件耐压。场板技术的本质是引入电势边界条件。场板电势比半导体电势更低时可以吸收电场线，而比半导体电势更高时则可以发出电场线。浮空场板、固定电位场板或者半绝缘多晶硅电阻场板等可类比分析。

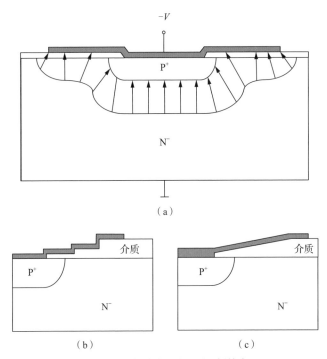

图 1-9 场板技术及改进型场板技术
（a）场板技术；（b）阶梯场板技术；（c）斜坡场板技术

3. 场限环技术

一般采用光刻掩膜开窗口、离子注入及扩散工艺形成 PN 结，如果在主结周围形成离散的环状窗口，则可以使用如图 1-10 所示的场限环技术。由于每个 P⁺-岛结构电位浮空，因此该技术也称为浮空场限环技术。从宏观上看，场限环的物理机制为分离的 P⁺改变了表面电离负电荷的分布，使得原本指向主结的电场线转向 P⁺-岛，从而起到降低主结电场的作用。事实上我们可以将每一个 P⁺-岛视为独立的曲率结，其电场及电场峰值的表达式见式（1-8）和式（1-9）。由于场限环结构耐压时，高掺杂浮空 P⁺-岛不能全耗尽，因此可以将每个环当作耗尽距离为环间距的曲率结，其电场峰值由式（1-9）决定。

由上可知，场限环结构的电场峰值随环间距减小而降低，可以通过优化版图间距防止主结提前发生击穿。然而，环间距并非越小越好，这是由于场限环结构 P⁺区中间部分不耐压，间距越小则有效耐压距离也越短。图 1-10 中还给出了场限环结构的电场和电势曲线，其电场曲线为多个近似三角分布，而电势呈阶梯上升的趋势，优化的场限环结构中所有电场峰值相等且等于 E_c，据式（1-9）可以简单计算出给定 E_c、衬底掺杂浓度和 P⁺结深条件下的优化场限环间距，再通过简单积分可获得相邻场限环间的耐压，根据器件击穿电压要求，即能进一步确定场限环个数。上述模型计算简单，细节不赘述。

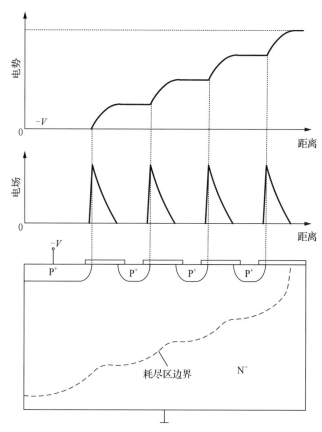

图 1-10　场限环技术及表面电场电势分布

4. 结终端扩展与横向变掺杂技术

图 1-11 所示为另一种通过主结外注入低掺杂区从而改变电荷分布的方法，称为结终端扩展技术，即在主结 P^+ 区外部引入适量掺杂的 P^- 区，且通过设计使其耐压时全电离，从而使得原本终止于主结的大量电场线终止于电离负电荷，进而减弱主结电场，提高器件耐压。同时通过改变 P^- 区掺杂浓度，可以调整终止于表面局部区域的电场线条数，从而优化表面电场。图 1-11（a）和图 1-11（b）分别给出通过一次注入和多次注入形成的结终端扩展结构。通过多次注入可以在器件表面形成阶梯掺杂分布，在这些掺杂边界终端区引入多个局部电场峰值，可使总电场峰值更加均匀化。

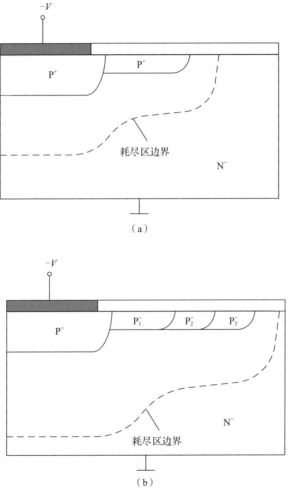

图 1-11　结终端扩展技术及改进型结终端扩展技术
（a）结终端扩展技术；（b）多区结终端扩展技术

由于终端区的正负电离电荷必须保持平衡，且从主结指向终端方向的衬底耗尽区宽度逐渐增加，因此总体看来终端区需要引入的电离电荷量也从主结依次递减。据此提出的横向变掺杂技术如图 1-12（a）所示。对元胞区与终端区开不同大小的注入窗口，离子注入后，高温推结将终端区掺杂连成一体，即可调节引入终端的电离电荷分布，实现横向变掺杂。其中，终端区开口还可以进一步设计成不同直径的孔状以实现掺杂分布优化。横向变掺杂通过优化注入窗口，可使终端区电场均匀分布，因此是实现千伏级高压功率器件的典型技术。图 1-12（b）和图 1-12（c）分别给出采用横向变掺杂技术实现的耐压为 4000V 的高压器件的等势线分布及表面电场分布。

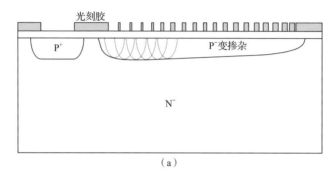

（a）

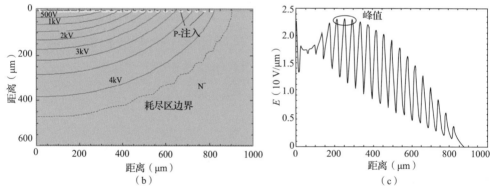

（b）　　　　　　　　　　　　　　　　（c）

图 1-12　横向变掺杂技术
（a）变掺杂终端结构；（b）等势线分布；（c）表面电场分布

5. 磨角终端技术

半导体材料中的电荷处于晶格的周期性势阱中，其发出的电场线一般不会指向真空，因此改变半导体材料的形状也可以作为改变电场线方向的一种途径，涉及的典型技术为磨角终端技术，如图 1-13 所示。如果从重掺杂到轻掺杂变化时，半导体面积不断减少，则可称之为正磨角终端，反之为负磨角终端，如图 1-13（a）和图 1-13（b）所示。以正磨角终端为例，磨角终端减少了电通量面积，导致 N^- 区内部电场增大，并降低了 PN 结处的电场峰值。由于任何偏压下 PN 结内部电离正负电荷自动平衡，正磨角减少了低掺杂 N⁻一侧表面垂直于 PN 结的电离正电荷，因此需要更宽的耗尽区才能保持与 P⁺一侧电离负电荷之间的电荷平衡，导致磨角情况下 PN 结表面电场减弱，器件耐压提高。对负磨角终端而言，由于耗尽区宽度需要在高浓度的 P⁺区扩展，因此只有当磨角角度为 0.5°～5°时才能实现最好的耐压效果。由于这可能会导致芯片终端面积过大，因此一般磨角终端技术只用于尺寸超过 25mm 的大尺寸晶闸管，这种大尺寸晶闸管可能是圆片形的器件，对于这类器件，正磨角终端技术比较理想，它能保证漂移区有足够大的流电流面积。值得注意的是，通过研磨或者锯切得到的磨角终端，难免会在生产过程中产生物理损伤，需要采用化学腐蚀法去除损伤并进行表面钝化。磨角终端减弱电场的本质是通过去除部分半导体以达到改变电荷分布和电场线方向的目的，因此终端形状也可以是圆弧形或者其他形状，图 1-13（c-d）、图 1-13（e-f）给出了几种典型的磨角终端，这些磨角终端具有类似的减弱电场的机理。

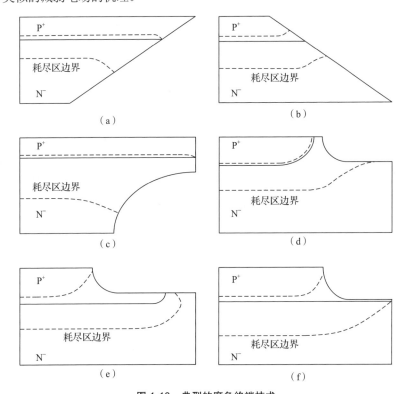

图 1-13 典型的磨角终端技术
（a）正磨角终端；（b）负磨角终端；（c-d）弧形正磨角终端；（e-f）弧形负磨角终端

6. 集成器件终端技术

前面介绍的终端技术均以纵向分立器件为例，其结构的典型特点是器件有源区由多个并联的元胞构成，而整个器件外围为终端耐压结构。终端在拐角处一般采用倒角设计，这使得 PN 结在体内的曲率效应比表面拐角处的更加严重。然而，如图 1-14 所示，在集成器件中，为增大电流能力，功率集成器件一般设计成叉指状结构，且为了节省芯片面积，会将指尖处设计得很窄，因此非常容易出现表面小曲率终端区，使得器件耐压急剧降低。器件存在源在中心与漏在中心两种不同情况下的小曲率终端区，局部曲率效应会增强局部电场，这是功率高压集成器件的设计瓶颈。

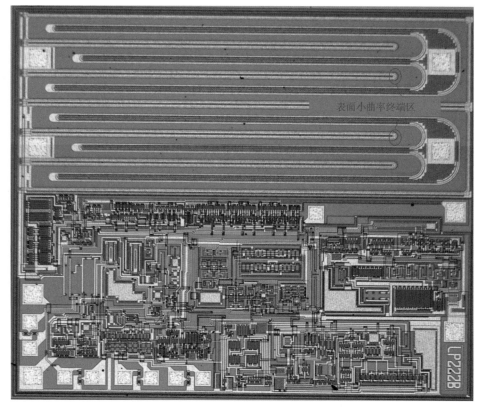

图 1-14　典型的叉指状功率集成器件

为解决小曲率终端区电场集中的问题，人们提出了两种典型的设计思路，即增大终端区的曲率半径[9-11]和在终端区引入电荷补偿[12]，如图 1-15 所示。图 1-15（a）中的结构增大了终端区的曲率半径，可提高器件耐压，然而该结构终端区的耐压距离较元胞区的更大，因此不利于减小芯片面积。图 1-15（b）所示为典型的电荷补偿结构，通过在终端区引入浓度较低的 N⁻ 和电荷补偿 P-岛，可减少终端区电离正电荷，同时使得 N⁻区部分电场线终止于 P-岛，从而降低主结处的电场，提高器件耐压。电荷补偿结构需要额外增加两次注入以形成优化的电荷补偿区域，增加了制造成本。

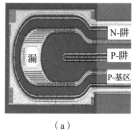
（a）

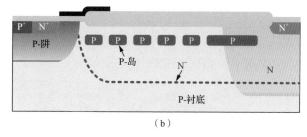
（b）

图 1-15　两种结终端技术的典型结构

（a）增大曲率半径的终端结构；（b）引入电荷补偿的终端结构

7．衬底终端技术

为解决小曲率终端区电场集中的问题，电子科技大学乔明教授提出如图 1-16（a）所示的衬底终端技术[13]。该技术的特点是在终端区指尖位置巧妙地将部分衬底负电荷引到漂移区表面，形成新的电荷平衡，从而解决了终端区小曲率所致的局部电场集中问题。该技术具有版次少、工艺兼容等特点，可直接通过改变终端区 N-阱的注入窗口形成衬底终端，不需要增加额外光刻板。该技术还可普适于横向超结器件，只需要将终端区表面的超结区域缩短即可。图 1-16（b）所示为采用衬底终端技术的器件的扫描电子显微镜（Scanning Electron Microscope，SEM）照片。器件通过将部分 P-衬底引到器件表面，在不显著增加终端区面积的前提下实现了 800V 的击穿电压。

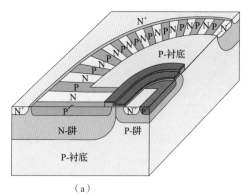
（a）

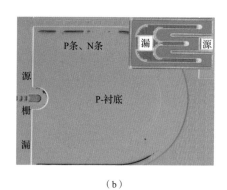
（b）

图 1-16　衬底终端技术

（a）衬底终端结构；（b）衬底终端的 SEM 照片

8．介质终端技术

典型的集成器件终端区以 PN 结耐压为基础，因此增大曲率半径和引入电荷补偿不可能实现对曲率效应的完全抑制。本书作者提出如图 1-17（a）所示的终端结构[14]，将 MIS 结构引入终端指尖，得到环形介质槽终端结构，实现了一种全新的终端技术——介质终端技术。介质终端技术的特点是终端指尖处的耐压层由环形介质槽构成，该介质槽通过表面金属与漂移区 MIS 耐压元胞连接，电势保持一致。图 1-17（b）给出了进一步缩小终端 MIS 槽间距形成的全介质终端，通过氧化可以减少终端区硅层，直至终端耐压完全由介质层承担。由于介质层的 E_c 远高于硅层的 E_c，因此全介质终端实现了高压集成器件终端区耐压距离小于漂移区耐压距离。

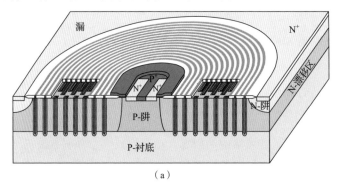

（a）

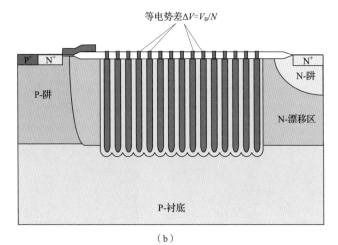

（b）

图 1-17　典型的介质端技术及变形结构
（a）介质终端；（b）全介质终端

介质终端结构的耐压机理如下：终端指尖处形成系列环状 MIS 耐压结构，环形介质槽截断碰撞电离率积分路径，使得终端区电离电荷发出的电场线都终止于邻近的MIS 环，有效减少终止于终端曲率结处的电场线，降低曲率效应，提高器件耐压。根据等势原理，介质终端耐压距离可进一步缩小，乃至形成全介质终端，实现终端区耐压距离小于漂移区耐压距离。关于介质终端技术的进一步讨论详见第 6 章。

1.3.2　RESURF 技术

功率半导体器件分为分立器件与集成器件，1.3.1 节中提及的前 5 种终端技术主要用于纵向分立器件，而后 3 种终端技术用于横向集成器件。以硅基 N 型 LDMOS 器件为例，横向集成器件的栅极、源极和漏极均处于器件表面，因此易于与低压逻辑控制电路进行单芯片集成。横向集成器件的 N-漂移区处于表面薄层内，其典型厚度一般为 $0.1 \sim 20 \mu m$，器件漏端的高电势将沿着器件表面到源端以及器件体内到衬底两条路径降低为 0，因此器件耐压主要由横向与纵向耐压值中的较小值决定。LDMOS 纵向耐压可被视为简单的反向 PN 结耐压，其最大耐压值取决于平行平面结耐压。

随着漂移区掺杂浓度从低到高，器件表面电场峰值也会发生改变，在较低掺杂浓度下，漂移区容易被耗尽达到漏端，因此会在器件漏端形成高电场；在较高掺杂浓度下，漂移区耗尽困难，因此电场峰值会出现在源端。优化条件下，器件源、漏两端电场峰值相等。RESURF 技术的基本原理可总结如下：通过优化漂移区中的掺杂剂量尽可能降低器件表面电场，从而实现大的横向耐压值。

RESURF 技术是横向功率半导体器件发展中最核心的技术之一，自 1979 年提出以来，经历了单 RESURF、双 RESURF、三重 RESURF 三代的发展，目前仍是可集成器件中的主流耐压技术。RESURF LDMOS 器件结构如图 1-18 所示。该类器件的漏端高电位沿着器件表面逐渐降低至源端零电位，漂移区由源端横向 PN 结和体内纵向 PN 结同时耗尽。由于典型器件漂移区的长度远大于厚度，因此漂移区大部分区域由体内纵向 PN 结耗尽，呈现主耗尽方向与表面耐压方向垂直的特点。

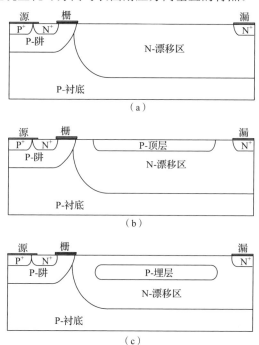

图 1-18　RESURF LDMOS 器件结构
（a）单 RESURF；（b）双 RESURF；（c）三重 RESURF

为实现最高耐压，RESURF 器件源、漏两端之间的电场与坐标轴围成的面积应尽可能大，使得优化条件下器件源、漏两端电场峰值相等，呈现典型的"哑铃状"电场分布。与传统单 RESURF 器件相比，双 RESURF、三重 RESURF 器件分别在器件表面或者器件体内引入 P-掺杂区，器件耐压时 N-漂移区的电离正电荷发出的电场线可终止于邻近的 P-掺杂区，从而提高 N-漂移区的掺杂浓度，降低器件的比导通电阻。

1.4 功率 MOS 晶体管

功率 MOS 晶体管是功率处理与转换的主力器件之一，具有输入阻抗高、易驱动和频率较高等诸多优点，因而应用领域广阔，是中小功率领域内主流的功率半导体开关器件，也是 DC-DC 转换的核心电子器件。该开关应用导致器件具有 3 种状态，包括开态、关态和两者转换之间的瞬态，从而要求功率开关器件具备 4 个基本特性：关态时耐压 V_B 高、开态时比导通电阻 $R_{on,sp}$ 低、开关速度快、驱动功率小。功率 MOS 晶体管诞生于 1980 年前后，历经从 VVMOS、VUMOS、VDMOS、槽型 MOS 到分立栅功率 MOS 器件的发展过程。其中 VDMOS 器件是最为基础的场控功率 MOS 器件，也是超结器件的基础，本节对 VDMOS 器件的基本特性予以简述。图 1-19（a）所示为常规 VDMOS 器件的单元结构。

常规 VDMOS 器件的耐压层长度和掺杂浓度分别为 L_d 和 N_d，x 和 y 坐标如图 1-19（a）所示。假设杂质均匀分布，有一维泊松方程：

$$\frac{\mathrm{d}E}{\mathrm{d}y} = -\frac{q}{\varepsilon} N_d \tag{1-10}$$

其中，ε 为介电常数。由式（1-10）可得到穿通型和非穿通型 VDMOS 器件的电场分布，如图 1-19（b）和图 1-19（c）所示。当最大电场增加到临界击穿电场 E_c 时，就会发生雪崩击穿。此时，电场分布曲线与 y 轴围成的面积就是 V_B。因此，要获得高 V_B，就必须增加 L_d 且降低 N_d。器件比导通电阻 $R_{on,sp}$ 由图 1-19（a）中所示的各电阻组成，其中 R_S 表示源极接触电阻，R_{N^+} 表示 N$^+$源区的电阻，R_{ch} 表示沟道电阻，R_a 表示积累层电阻，R_J 表示 JFET 电阻，R_D 表示耐压层电阻，R_{sub} 表示衬底电阻。$R_{on,sp}$ 为上述各电阻之和，其中 R_D 在中高压 VDMOS 器件中占 $R_{on,sp}$ 的比例较大。对于耐压为 600V 的 VDMOS 器件，其 R_D 占 $R_{on,sp}$ 的比例为 96.5%[15]。因此，在计算高耐压器件的 $R_{on,sp}$ 时，一般只考虑 R_D。假设 $R_{on,sp}$ 只由 R_D 决定，且电流均匀地流过耐压层[16]，则 $R_{on,sp}$ 可以表示为：

$$R_{on,sp} = \frac{L_d}{\mu_N q N_d} \tag{1-11}$$

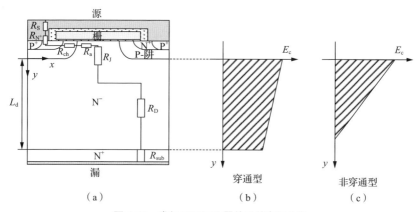

图 1-19　常规 VDMOS 器件及其电场分布

（a）常规 VDMOS 器件的单元结构；（b）穿通型器件电场分布；（c）非穿通型器件电场分布

其中，μ_N 是电子迁移率。根据图 1-19 中的电场分布，可以得到 V_B 的表达式：

$$V_B = \begin{cases} E_c L_d - \dfrac{q N_d L_d^2}{2\varepsilon}, & \text{穿通型} \\[3mm] \dfrac{\varepsilon E_c^2}{2 q N_d}, & \text{非穿通型} \end{cases} \tag{1-12}$$

将式（1-12）代入式（1-11）并求极小值，可以得到在给定 V_B 条件下使 $R_{\mathrm{on,sp}}$ 最小的 L_d 值。对于穿通型，$L_d = 3V_B/(2E_c)$；对于非穿通型，$L_d = 2V_B/E_c$，因此获得优化 $R_{\mathrm{on,sp}}$ 的表达式：

$$R_{\mathrm{on,sp}} = \begin{cases} \dfrac{27 V_B^2}{8 \mu_N \varepsilon E_c^3}, & \text{穿通型} \\[3mm] \dfrac{4 V_B^2}{\mu_N \varepsilon E_c^3}, & \text{非穿通型} \end{cases} \tag{1-13}$$

将 $E_c = 0.8 \times 10^6 V_B^{-1/6}$ [17] 及 $\mu_N = 1450\,\mathrm{cm^2/(V \cdot s)}$ 代入式（1-13），可得：

$$R_{\mathrm{on,sp}} = C V_B^{2.5}\ \mathrm{m\Omega \cdot cm^2} \tag{1-14}$$

其中，C 为常数。对于穿通型，$C = 0.83 \times 10^{-5}$；对于非穿通型，$C = 0.98 \times 10^{-5}$，这里假设电流在 y 方向流动不分散，且表面 P-阱区面积为总表面积的一半[16]。式（1-14）所示的 $R_{\mathrm{on,sp}}$ 和 V_B 的关系称为"硅极限"关系。当器件的耐压值提高一倍时，其 $R_{\mathrm{on,sp}}$ 增大 4.7 倍，因此在高压、大电流领域中的应用受限。采用 1.3.1 节所述的结终端技术可以优化电场以提高耐压，但无法突破此关系，其中的根本原因是耐压层要承担高 V_B 和低 $R_{\mathrm{on,sp}}$ 两个任务。功率器件的"硅极限"将器件 $R_{\mathrm{on,sp}}$ 和 V_B 联系到一起，这两个量分别用于表征器件开态和关态特性。载流子和电离电荷为一一对应的关系：开态有多少载流子，关态就会有多少电离电荷发出电场线形成高电场峰值，载流子和电离电荷间存在"关态电离电荷要更少"和"开态载流子浓度要更高"的基本物理矛盾。

1.5 IGBT

传统"硅极限"中，$R_{\text{on,sp}}$ 和 V_{B} 的联系源于物理上开态的载流子浓度取决于关态的电离电荷浓度，如果能打破开态载流子和关态电离电荷之间一一对应的关系，让器件开态的载流子浓度高于关态的电离电荷浓度，实现"过剩载流子调制增强"，将显著改善器件特性。目前中高功率半导体开关器件中的主力——IGBT，正满足这一理念。

图 1-20（a）为 IGBT 的结构与基本原理[18]。与 VDMOS 相比，IGBT 将漏端 N⁺改为 P⁺，相当于一个 MOS 管驱动一个宽基区的 PNP 双极结型晶体管。处于导通（$V_{\text{G}} \geqslant V_{\text{T}}$，$V_{\text{A}} \geqslant 0.7\text{V}$）时，IGBT 产生电导调制效应，其耐压层内等量的电子和空穴浓度大幅增大，且远高于掺杂浓度，即 $\Delta n \approx \Delta p >> N_{\text{d}}$[19]，使得正向压降显著降低，器件 $R_{\text{on,sp}}$ 不再由掺杂浓度决定。这一结构上的巧妙变化使 IGBT 兼具高 V_{B} 和低 $R_{\text{on,sp}}$ 两方面的优点。图 1-20（b）给出 IGBT 线性区电流线分布，可以看出漂移区中的电流包括电子电流与空穴电流，在阴极区域，电子通过沟道传导而空穴被表面 P-体区与漂移区形成的反向PN 结抽走，其中电子电流构成 PNP 双极结型晶体管的基极电流。

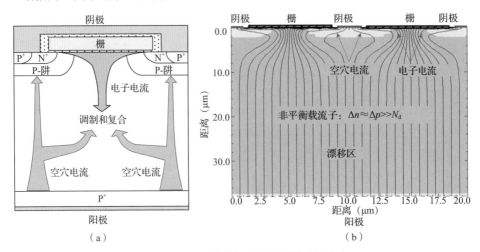

图 1-20　IGBT 的结构、基本原理与电流分布
（a）IGBT 的结构与基本原理；（b）IGBT 的电流分布

在 IGBT 器件技术和应用的发展过程中，业界对器件的高性能追求一直没有停止。在衬底的设计与制备方面，由于近年来硅片减薄工艺的不断进步，IGBT 衬底经历了从厚外延穿通结构到 FZ 单晶片非穿通结构，再到场阻（Field Stop，FS）结构的发展过程，衬底厚度持续减小。在同等耐压下，和非穿通结构相比，FS 结构的硅片厚度可减少约1/3，如耐压为 600V 的 IGBT 的硅片减薄后，厚度仅约为 40μm，器件在保持导通饱和压降具有正温度系数这个优点的同时，其薄漂移区中的过剩载流子数目减少，关断时

间减少，使得关断速度提高了，开关损耗减少了。在耐压层结构方面，超结和半超结等构成的结型耐压层也被用于 IGBT，可实现比传统 FS IGBT 更薄的漂移区、更高的掺杂浓度，器件正向导通压降进一步降低，结型耐压层同时减少了储存在漂移区的过剩载流子数目，提高了器件的关断速度。此外，为进一步改善导通压降和关断损耗，提高器件的短路安全性能，发展出了阴极载流子浓度增强技术；为降低器件的阳极注入效率，提供器件关断时载流子抽取通道，实现减少关断时间的目的，可采用 IGBT透明阳极及阳极短路结构等。

根据总体的发展趋势，业界一般认为 IGBT 经历了六代的发展演变。在 DMOS 工艺基础上，从第一代采用异质双外延制造的晶片平面栅穿通结构开始，逐渐发展到普遍商业量产的 FZ 晶片槽栅电场截止 FS 结构、载流子存储式沟槽型双极晶体管（Carrier Stored Trench Gate Bipolar Transistor，CSTBC）结构、逆导（Reverse Conducting，RC）结构、逆阻（Reverse Blocking，RB）结构等。在元胞结构更精细的同时，芯片内部还自带静电放电、过温、过流、短路保护功能，未来 IGBT 将继续向载流子注入增强、图形精细化、改善槽栅结构和薄片加工工艺方向发展，同时电网等应用领域的压接式 IGBT 及更多的集成也是 IGBT 的发展方向。在高压、大电流应用领域，为提高系统可靠性、减小系统体积，大功率 IGBT 模块封装技术得到了快速发展。通过将多个 IGBT 芯片、反并联快恢复二极管（Fast Recovery Diode，FRD）芯片及热敏电阻等组成单相半桥、全桥或三相全桥等电路形式并封装在一个模块中，IGBT 模块能承受数千安培的大电流。

1.6 宽禁带功率半导体器件

在功率半导体的发展过程中，一方面，硅基器件的结构和工艺继续改进，使硅基器件达到更好的性能以适应系统需求；另一方面，新型半导体材料也在不断出现，其发展大体分为三代：第一代以 20 世纪 50 年代的硅、锗为代表，第二代以 20 世纪 70年代的砷化镓（GaAs）、磷化铟（InP）为代表，第三代以 20 世纪 90 年代的碳化硅（SiC）、氮化镓（GaN）为代表，其禁带宽度大于 2.3eV；另外，氧化镓（β-Ga$_2$O$_3$）的禁带宽度为 4.6～4.8eV，金刚石的禁带宽度为 5.4eV，未来在技术上可能有所突破。目前备受关注的有 3 类材料：（1）Ⅲ族氮化物半导体，包括 GaN（3.4eV）、氮化铟（InN，0.7eV）和氮化铝（AlN，6.2eV）及其固溶合金材料；（2）宽禁带Ⅳ族化合物的 SiC（2.4～3.1eV）和金刚石薄膜（5.5eV）材料；（3）宽禁带氧化物半导体材料，包括锌基氧化物半导体（2.8～4.0eV）的氧化锌（ZnO）、氧化镁锌（ZnMgO）、氧化镉锌（ZnCdO）和 β-Ga$_2$O$_3$（4.9eV）。

不同的材料特性决定了不同的应用场景，如 GaAs 因其电子具有高迁移率特性，被广泛应用于微波器件和高速数字电路领域；一般把禁带宽度大于或等于 2.3eV 的半导体材料归类为宽禁带半导体材料，主要包括 SiC、金刚石、Ⅱ族（氧化物、硫化物、硒化物）、Ⅲ族氮化物以及基于这些材料的新型化合物。目前最受重视的宽禁带半导体材料为 SiC 和 GaN。SiC 以其特有的大禁带宽度、高临界击穿电场、高电子饱和漂移速度以及高热导率等特性，成为制作大功率、高温、高频、抗辐照等半导体器件的理想材料，在航空、航天、核能、通信、雷达等军事和民用领域显示出了巨大的应用潜力。GaN 制备的功率器件同样具有击穿电压高、导通电流密度大、输出功率密度大、工作频率高、开关恢复特性好、功率效率高及优良的高温工作特性等优点。GaN 器件主要通过二维电子气导电，其机理源于材料内部的极化效应，二维电子气的面密度可以高达 $1 \times 10^{13} \text{cm}^{-2}$，较硅基 RESURF 器件的载流子剂量提高了一个数量级，因此比导通电阻也显著降低。与 SiC 器件相比，GaN 器件的开关速度更快，通态电阻更低，驱动损耗更小，转换效率更高。因此，GaN 功率电子技术不仅在面广量大的消费类电子领域，而且在各种中低压应用场景中有着极其广泛的应用前景，极适合作为开关电源应用，为现代各种消费类电子终端提供绿色高效电源。

顺便指出，式（1-13）分母中所涉及的 3 个材料参数（ε、μ_N、E_c）构成了 Baliga 优值[20]，即 $\varepsilon\mu_N E_c^3$，它表示在一定耐压下，半导体材料对耐压层比导通电阻的影响。粗略地对硅、GaAs、SiC 和 GaN 这三代半导体材料进行比较：硅的 μ_N 为 1350cm^2/（V·s），GaAs 的 μ_N 为硅的 6.3 倍，SiC 的 μ_N 为硅的 0.73 倍，GaN 的 μ_N 为硅的 0.67 倍（体内）和 1.48 倍；硅的 E_c 为 30V/μm，GaAs、SiC 和 GaN 的 E_c 分别为 40V/μm、300V/μm 和 330V/μm。由于 Baliga 优值和 E_c 是三次方关系，因此第三代半导体材料的 $R_{on,sp}$ 具有更大的优势。第三代半导体工艺与硅工艺的兼容技术的突破，将会带来更加广阔的发展空间[21]。更多典型宽禁带材料的基本参数及器件设计参考曲线见附录 1。

基于硅建立的功率半导体器件理论可普适于宽禁带半导体材料，以 4H-SiC 为例，其临界击穿电场约为硅的 10 倍，意味着单位长度 4H-SiC 的平均电场可达到硅的 10 倍。换句话说，对于具有相同耐压的硅器件和 4H-SiC 器件，4H-SiC 器件的耐压层长度可比硅器件的缩小一个数量级，且因电场正比于电离电荷发出的电通量，SiC 器件的掺杂浓度也可比硅器件的增加一个数量级。这就解释了为何相同击穿电压下，4H-SiC 器件的 $R_{on,sp}$ 可比硅器件降低两个数量级以上，GaN 基功率半导体器件的特性改善亦可采用类似分析。因此，宽禁带半导体材料可使得理论 $R_{on,sp}$-V_B 关系中的系数项显著降低几个数量级。

宽禁带功率半导体器件的发展依赖于单晶材料质量与器件工艺技术水平。与成熟的硅基功率半导体器件不同，宽禁带功率半导体器件的性能主要受限于材料与制造工艺。

特殊的材料特性也使得设计宽禁带功率半导体器件时的关注点与硅基功率半导体器件的不同，如 GaN 主要依赖于其因极化产生的高浓度的二维电子气来实现高电子迁移率晶体管的制备，而减少异质外延材料的缺陷密度、提高二维电子气浓度是优化目标。器件关断控制需要打断二维电子气的连续性，GaN 器件的阈值电压设计，特别是增强型 GaN 器件的设计，成为新的研究课题[22]；GaN 器件特殊的控制需求也推动了 GaN 专用驱动电路和 GaN 基 CMOS 电路的发展[23-26]；由于 GaN 的二维电子气结构更易于形成横向器件，不能如纵向器件一样通过增加元胞来增加导电区的载流子数量，因此，近年来，单层二维电子气结构也逐步发展为多层二维电子气结构[27-28]，其控制栅也相应变为三维结构。基于多层二维电子气结构的万伏级 GaN 器件也曾被报道[29]，这些研究成果都进一步拓宽了 GaN 器件的应用范围。

SiC 也是如此，其经掺杂后的杂质扩散系数极低。针对硅基器件的一些基于高温推结工艺的典型工艺在 SiC 中不再适用，SiC 的载流子浓度及分布的精确控制需要特殊的工艺。根据高斯定律，某些介质材料（如二氧化硅）由于介电常数存在差异，其电场为半导体材料的 2.5 倍以上，SiC 的 E_c 特性也可能导致介质发生击穿等新问题。此外，SiC 主要降低耐压层电阻，而沟道区电阻取决于沟道载流子浓度和迁移率，沟道低迁移率导致的高电阻问题也是限制 SiC 功率 MOS 器件应用（特别是千伏以下耐压应用）的重要因素。为解决此问题，一种可能的途径是将沟道尺寸缩小为 30～50nm，此时基于量子效应可实现整个沟道区体反型，从而利用高体迁移率降低沟道电阻[30]。

随着半导体工艺和技术的不断进步，功率半导体器件的研究已经拓展至禁带宽度大于 5eV 的 Ga_2O_3、金刚石等超宽禁带半导体材料。

参 考 文 献

[1]　MOLL J L, VAN OVERSTRAETEN R. Charge multiplication in silicon p-n junctions [J]. Solid-State Electronics, 1963, 6(2): 147-157.

[2]　OVERSTRAETEN R V, MAN H D. Measurement of the ionization rates in diffused silicon p-n junctions [J]. Solid-State Electronics, 1970, 13(5): 583-608.

[3]　FULOP W. Calculation of avalanche breakdown voltages of silicon p-n junctions [J]. Solid-State Electronics, 1967, 10(1): 39-43.

[4]　SZE S M, NG K K. Physics of semiconductor devices [M]. New York: John Wiley&Sons, 2006.

[5]　陈星弼, 张庆中. 晶体管原理与设计 [M]. 北京: 电子工业出版社, 2006.

[6] SELBERHERR S. 半导体器件的分析与模拟 [M]. 阮刚, 等译. 上海: 上海科学技术文献出版社, 1988.

[7] Synopsys. Sentaurus Device [EB/OL]. (2018-06-01)[2023-08-01].

[8] RICHARD P F, ROBERT B L, MATTHEW S. 费恩曼物理学讲义 [M]. 郑永令, 等译. 上海: 上海科学技术出版社, 2005.

[9] LI Z H, HONG X, REN M, et al. A controllable high-voltage C-SenseFET by inserting the second gate [J]. IEEE Transactions on Power Electronics, 2011, 26(5): 1329-1332.

[10] LEE S H, JEON C K, MOON J W, et al. 700V lateral DMOS with new source fingertip design [C] // 2008 20th International Symposium on Power Semiconductor Devices and IC's. IEEE, 2008: 141-144.

[11] QIAO M, HU X, WEN H J, et al. A novel substrate-assisted RESURF technology for small curvature radius junction [C] // 2011 IEEE 23rd International Symposium on Power Semiconductor Devices and IC's. IEEE, 2011: 16-19.

[12] SHIBIB M A. Area-efficient layout for high voltage lateral devices [P]. U.S. Patent 5534721, 1996-07-09.

[13] QIAO M, WU W, ZHANG B, et al. A novel substrate termination technology for lateral double-diffused MOSFET based on curved junction extension [J]. Semiconductor Science and Technology, 2014, 29(4): 045002.

[14] ZHANG W T, ZU J, ZHU X H, et al. Mechanism and experiments of a novel dielectric termination technology based on equal-potential principle [C] // 2020 32nd International Symposium on Power Semiconductor Devices and IC's. IEEE, 2020: 38-41.

[15] LORENZ L, DEBOY G, KNAPP A, et al. COOLMOS^{TM}-a new milestone in high voltage power MOS [C] // 1999 IEEE 11th International Symposium on Power Semiconductor Devices and IC's. IEEE, 1999: 3-10.

[16] 陈星弼. 功率 MOSFET 与高压集成电路 [M]. 南京: 东南大学出版社, 1990.

[17] SZE S M, GIBBONS G. Avalanche breakdown voltages of abrupt and linearly graded p-n junctions in Ge, Si, GaAs and GaP [J]. Applied Physics Lettters, 1966, 8 (5): 111-113.

[18] 张波, 罗小蓉, 李肇基. 功率半导体器件电场优化技术 [M]. 成都: 电子科技大学出版社, 2015.

[19] BALIGA B J. Fundamentals of power semiconductor devices [M]. Boston: Springer Science and Business Media, 2010.

[20] BALIGA B J. Power semiconductor device figure of merit for high-frequency applications [J]. IEEE Electron Device Letters, 1989, 10(10): 455-457.

[21] SHENAI K. Future prospects of widebandgap (WBG) semiconductor power switching devices [J]. IEEE Transactions on Electron Devices, 2015, 62(2): 248-257.

[22] 郝跃, 张金凤, 张进成. 氮化物宽禁带半导体材料与电子器件 [M]. 北京: 科学出版社, 2013.

[23] ZHOU Q, ZHANG A B, ZHU R, et al. Threshold voltage modulation by interface charge engineering for high performance normally-off GaN MOSFETs with high faulty turn-on immunity [C] // 2016 28th International Symposium on Power Semiconductor Devices and IC's. IEEE, 2016: 87-90.

[24] MING X, ZHANG Z W, FAN Z W, et al. High reliability GaN FET gate drivers for next-generation power electronics technology [C] // 2019 IEEE 13th International Conference on ASIC. IEEE, 2019: 1-4.

[25] 张波, 罗小蓉. 功率集成电路设计技术 [M]. 北京: 科学出版社, 2020.

[26] ZHENG Z Y, ZHANG L, SONG W J, et al. Gallium nitride-based complementary logic integrated circuits [J]. Nature Electronics, 2021, 4(8): 595-603.

[27] NELA L, MA J, ERINE C, et al. Multi-channel nanowire devices for efficient power conversion [J]. Nature Electronics, 2021, 4(4): 284-290.

[28] MA J, ERINE C, ZHU M H, et al. 1200V multi-channel power devices with 2.8Ω·mm on-resistance [C] // 2019 IEEE International Electron Devices Meeting. IEEE, 2019: 4.1.1-4.1.4.

[29] XIAO M, MA Y W, LIU K, et al. 10kV, 39mΩ·cm^2 multi-channel AlGaN/GaN Schottky barrier diodes [J]. IEEE Electron Device Letters, 2021, 42(6): 808-811.

[30] UDREA F, NAYDENOV K, KANG H, et al. The FinFET effect in silicon carbide MOSFETs [C] // 2021 IEEE 33rd International Symposium on Power Semiconductor Devices and IC's. IEEE, 2021: 75-78.

第 2 章　超结器件耐压原理与电场分布

功率半导体器件的发展以耐压层的创新为基础，传统阻型耐压层主要进行表面电场优化，而结型耐压层是在耐压层体内引入电场，体现了从"表面"转变到"体内"的优化思维。在 VDMOS 和 IGBT 中，耐压层为单一 N 型或 P 型的阻型耐压层，电场为一维分布，从耐压层底部到表面，电场逐渐增加。超结为周期性 PN 结型耐压层，电场为二维分布，每个元胞中电离施主正电荷产生的电通量，几乎全部被其近旁的电离受主负电荷所吸收，电场线横向流走，这使得电荷平衡下的超结在耐压方向上可被粗略地视为本征型，具有矩形场分布，实现"E_c 下的电场均匀化"。同时，元胞 N/P 两区掺杂浓度可比阻型的增加 1~2 个数量级，从而使得"电荷平衡下掺杂浓度提升"，电导率显著增大，使得 $R_{on,sp}$ 和 V_B 的矛盾大大减缓。超结实现从阻型到结型的质变，两种耐压层的主要区别体现在不同的内部电荷分布。本章基于超结的基本结构提出电荷场概念，将耐压层的总电场分解为电荷场 E_q 和电势场 E_p，耐压优化的实质是 E_q 对 E_p 的调制；提出基于泰勒级数的超结耐压层电场分布模型，求解泊松方程以获得超结二维电荷场分布，可普适于介质超结；然后介绍傅里叶级数法，给出超结器件的全域优化与设计；最后介绍将人工神经网络用于功率半导体优化的基本思路。

2.1　超结器件基本结构

为研究超结器件的二维电场，本节从电场叠加的角度进行分析。对超结器件耐压的解析分析与对静电场的分析相关，电场大小正比于电通量大小或者电场线密度，电场线发出于正电荷而终止于负电荷。对耗尽的耐压层而言，其电场来源有两个：耐压层中电离电荷产生的电场与外加电势产生的电场。根据电场叠加原理，将电离电荷产生的电场部分定为零电势边界条件，也就是说，对于耐压层中由电荷产生的电场，只考虑电荷密度的作用并假定边界电势皆为 0。这样做的优点是当耐压层中电离电荷的分布确定时，由电离电荷产生的电场分布也随之确定，大大降低了电场分析的复杂度。对于由外加电势产生的电场，则只考虑电势边界的影响并假定耐压层中电荷密度为 0，最终器件电场由耐压层中电离电荷产生的电场和外加电势产生的电场矢量叠加而成。

图 2-1 所示为超结与常规 VDMOS 结构。二者的本质区别是，超结具有 N 区、P 区交替排列的结型耐压层，常规 VDMOS 具有单一掺杂的阻型耐压层。这种从阻型到结型的转化，是耐压层结构的一次质变。超结结型耐压层带来电场分布的二维性，耐压时 N 区和 P 区相互耗尽，产生从 N 区电离施主正电荷指向邻近电离受主负电荷的电场线，引入垂直于耐压方向的电场，这异于常规阻型耐压层电离电荷电场线皆终止于器件表面、电场方向与耐压方向一致的特点。常规阻型耐压层的电场为一维分布，而超结结型耐压层的电场则为典型的二维分布，这种电场分布的二维性会导致解析分析与设计更为复杂。

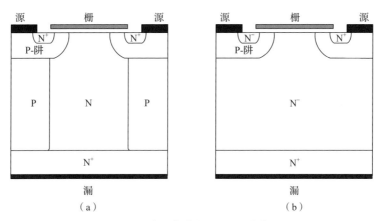

图 2-1　超结与常规 VDMOS 结构
（a）超结；（b）常规 VDMOS

耐压状态下，超结耐压层内产生的附加电荷场使总电场从一维分布变成二维分布，甚至在横向超结器件中是三维分布，对电场的分析方法也从求解一维泊松方程变为求解二维甚至三维泊松方程。瞬变状态下，电子与空穴呈现同向和反向异位运动[1]。

常规 VDMOS 中出现 $R_{\text{on,sp}} \propto V_{\text{B}}^{2.5}$ 关系是因为当器件耐压层耗尽时，所有发出自电离施主正电荷的电场线都终止于器件表面。随着 V_{B} 的增加，耐压层长度 L_{d} 必然增加。当掺杂浓度不变时，新增耐压层内电离电荷发出的电场线仍终止于器件表面，并且会引起表面电场增大。而厚硅层条件下，硅器件的 E_{c} 可被粗略地视为 22V/μm[2]，根据电场正比于电通量或电场线条数的关系，VDMOS 耐压层中的净电荷量可被粗略地视为常数，而更高的 V_{B} 意味着 L_{d} 的增加和掺杂浓度的降低。开态时由于耐压层为漂移区，载流子量恒等于掺杂浓度。上述高 V_{B} 所致的 L_{d} 的增加与掺杂浓度的降低都使得 $R_{\text{on,sp}}$ 增加，这是阻型耐压层在发展过程中难以逾越的障碍。事实上 E_{c} 本身会随着 V_{B} 的增加而降低[3]，这能进一步增加 $R_{\text{on,sp}}$，最终导致上述 $R_{\text{on,sp}} \propto V_{\text{B}}^{2.5}$ 关系。

超结器件耐压层中引入的异型掺杂使得耐压时 N 区电场线横向流走并终止于邻近 P 区。特别是当 N 区与 P 区的电荷平衡时，耐压层对外不显电性，可被粗略地视为中性区，避免了常规器件中 V_B 增加导致的掺杂剂量大幅降低，使得掺杂浓度与 V_B 相对独立。以至于超结器件 V_B 增加时，器件可保持几乎恒定甚至略微增加的掺杂浓度。因此，与 VDMOS 相比较，在相同 V_B 下超结器件的 $R_{on,sp}$ 显著降低，陈星弼院士进一步从理论上证明超结器件将传统击穿电压与比导通电阻的关系降低至 1.32 次方，即 $R_{on,sp} \propto V_B^{1.32}$ [4]。

虽然关于超结的理论计算比结构的提出要难得多[1]，但其中所涉及的理念却非常朴素：将电荷平衡异型电荷引入耐压层，在降低表面电场的同时优化体内电场以降低 $R_{on,sp}$。该理念可拓展到其他耐压层的设计中，总结为"荷生场，场生势"。耐压层设计就是电荷分布与电场线方向的设计。电场为有源场，电荷为其源头，谓之荷生场；器件的击穿电压为电场在整个耐压层的积分，即场生势。从静电场看，耐压层可被视为一块具有硅介电常数且内部有正、负电荷的介电材料，其电场由内部电荷分布和外部边界条件确定，因此耐压层的设计本质上就是控制静电场的源和电场线的流，也就是电荷分布与电场线方向的设计。

2.2 电荷场调制

2.2.1 电荷场分析

基于电场叠加原理的分析法是本节的基础，本节中所有解析都建立在此基础上。首先明确电荷场与电势场的概念[5]。将零电势边界条件下，耐压层中电荷产生的电场定义为电荷场 $E_q(x, y, z)$；将零电荷密度条件下，外电势产生的电场定义为电势场 $E_p(x, y, z)$。电荷场表示耐压层中正电荷发出的电场线终止于负电荷或零电势边界，以及来源于零电势边界或正电荷发出的电场线终止于耐压层中负电荷的物理状态。电势场表示耐压层边界高电势发出的电场线穿过耐压层终止于低电势边界的物理状态。总电场为电荷场与电势场的矢量和，即 $E = E_q(x, y, z) + E_p(x, y, z)$。

电荷场与电势场的理解包括以下两个方面。

在物理意义上，耐压层电场是电荷场分量和电势场分量的叠加。电荷场表示耐压层电离电荷产生的电场，由耐压层中的电荷分布决定，与外加电势无关；电势场则不考虑耐压层中电离电荷的影响，只由耐压层边界电势决定。

在数学意义上，耐压层电场可通过求解泊松方程得到，由两个方程解叠加而成，其一是泊松方程 $\nabla^2 \phi = -\rho / \varepsilon_s$，它仅考虑零电势边界条件并决定电荷场；其二是拉普拉斯方程 $\nabla^2 \varphi = 0$，它考虑零电势与外加电势边界条件并给出电势场。上述两个方程中的

ϕ 和 φ 为电势。上述求解思想在 2.3.2 节中给出的泊松方程的两种求解方法中皆有体现，它不仅带来了数学求解上的方便，更为重要的是给出了电荷场与电势场的由来，可以在具体的器件设计及优化中加以应用，以选择可优化的关键参变量。

图 2-2 所示是 VDMOS 的电荷场与电势场，其中，虚线表示电场线。电荷场由耐压层中电离正电荷发出电场线分别终止于两个零电势边界产生，而电势场由高电势边界发出电场线穿过整个耐压层终止于低电势边界产生。分析其他功率半导体器件的电荷场与电势场的方法与之类似。值得注意的是，电荷场与电势场都可能为二维甚至三维分布，具体与掺杂分布以及边界等势面分布情况有关。

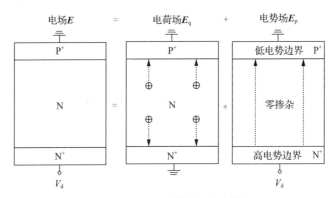

图 2-2　VDMOS 的电荷场与电势场

功率半导体器件电场可分解为电荷场与电势场的矢量叠加，其中电荷场为零电势边界下电离电荷产生的电场，电势场为零电荷分布下外加电势产生的电场。不同器件结构的差异主要体现为电荷场分布的差异。因此，功率半导体器件的耐压优化可归结为电荷场对电势场的调制。常规纵向器件电势场为理想矩形均匀场，电荷场的调制使得击穿电压和比导通电阻同时单调降低，其最优折中关系即为熟知的"硅极限"；对常规横向器件而言，电势场本身分布不对称，电荷场对电势场存在最优调制，最优场分布对应的掺杂剂量对应了经典的 RESURF 条件。超结电荷场优化的基本思想就是在耐压层中同时引入正、负电荷，产生相互补偿的复合电荷场，从而在显著提升掺杂浓度的同时削弱其对击穿电压的影响。

功率器件耐压层在关态下耗尽且耐高压，在开态下呈中性并作为漂移区输运载流子形成电流。对多子器件而言，漂移区中开态载流子数由掺杂浓度决定。因此单从比导通电阻的角度考虑，掺杂浓度越高，可提供的载流子浓度也越高，漂移区电阻也越小。但掺杂增加会使得器件耐压时电荷场峰值增加，导致提前发生击穿。当耐压层形状及外加电势给定时，电势场的分布也确定了，因此耐压设计的关键就在于电荷场的设计。基本设计思路可描述为功率器件的耐压设计就是耐压层中电荷分布以及电场线方向的设计，其中电荷分布决定电荷场的来源，电场线方向决定电通量增加的方向。电荷场的设计应遵循"损有余而补不足"的原则，这可使电荷场与电势场相叠加以优化电场分布。

2.2.2　电荷场的普适性

超结的电荷场与电势场如图 2-3 所示。在耐压层的大部分区域内，电荷场与电势场垂直，掺杂仅增加 x 方向的电荷场分量，而 y 方向的电荷场分量几乎不发生变化，只是在靠近 A、B 两点的局部区域内，由于横向的耗尽作用弱于纵向，会产生局部电场峰值。超结耐压层中，N 区正电荷发出的电场线几乎全部终止于邻近 P 区，从而在耐压层的大部分区域内，电荷场对总电场的纵向分量几乎无贡献。电势场 $E_p = V_B/L_d$。而图 2-2 所示的 VDMOS 电荷场则全部终止于器件表面，因此略微增加耐压层的掺杂浓度，器件的击穿电压会大幅降低。

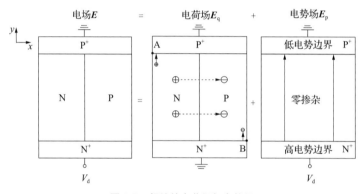

图 2-3　超结的电荷场与电势场

图 2-4 所示为超结的电场矢量分布，其中 V_B 为 1000V，L_d 和 W 分别为 60μm 和 5μm，N 区和 P 区的施主杂质和受主杂质剂量相等，即 $N_N = N_P = 5.82 \times 10^{15} \text{cm}^{-3}$。图 2-4 中顶端为 P^+ 区，底端为 N^+ 区。从图 2-4 中可看出，N 区的电离施主以中轴为界，其电场线指向两侧 P 区的电离受主；而 P 区的电离受主也以中轴为界，接收两侧 N 区发出的电场线。而在 A、B 点周围则呈现如图 2-4 所示的峰值场区电场线分布。当然，A′、B′两点的局域内是 N^+N 结和 P^+P 结，因此电场值最低，呈现谷值场区电场线分布。超结耐压层中大部分电场线横向流走，高浓度掺杂所引起的电荷场几乎不增加器件表面电场，且高浓度掺杂耐压层在开态时产生大量载流子，使得器件 $R_{on,sp}$ 下降，这就是超结器件突破常规"硅极限"的原因。

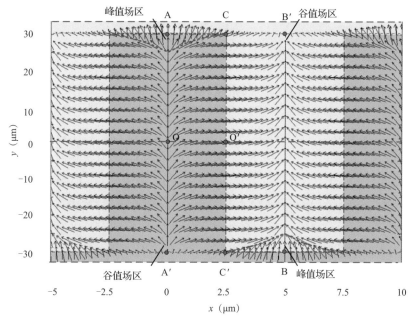

图 2-4　超结的电场矢量分布

2.3　超结耐压层电场分布

当功率半导体器件的外加电势邻近 V_B 时，耐压层耗尽会留下不可移动的电离施主或受主电荷。以电离施主为例，耗尽区电势分布满足泊松方程：

$$\nabla^2\phi = -\frac{qN}{\varepsilon_s} \tag{2-1}$$

其中，ϕ 表示电势，q 表示电子电荷量，ε_s 和 N 分别表示硅介电常数和耐压层掺杂浓度。从数学的角度看，功率半导体器件的耐压分析就是研究式（2-1）在不同掺杂及边界条件下的解，即归结为静电场问题。虽原理较为简单，但由于具体的器件结构存在差异，方程不易求解。

泊松方程的常用边界条件有两类，即电势边界条件与电场边界条件。其中，电势边界条件定义为接地零电势和外加高电势 V_d，或者选择任意等势面作为电势边界；电场边界条件定义为从零到最高电势之间的物质或掺杂边界，即通过电场边界条件给定器件不同掺杂边界或材料界面特性。泊松方程所描述的就是上述边界条件所围成的电荷空间内的势、场分布。值得注意的是，虽然数学上对泊松方程求解时可将任意 V_d 作为式（2-1）的边界条件以得到耐压层势、场分布，但仅在满足 $V_d \leqslant V_B$ 时，解在物理上存在，而当 $V_d > V_B$ 时所得到的解在物理上不可实现。设计者最关心的是器件的 V_B，因此根据泊松方程的解来获得物理击穿状态下的数学描述就是求解泊松方程的目的。

2.3.1 超结器件耐压层电场概述

超结器件耐压层的主要耗尽方向垂直于耐压方向，其电荷场的二维调制效应体现为纵向的表面调制和横向的体内调制，电场峰值出现在表面及体内的 PN 结处。图 2-5 为超结器件的体电场分布仿真，可以看出超结二维电荷场 $E_q(x, y)$ 有如下特点：在 N 区和 P 区中线 AA′和 BB′上，电场横向分量 $E_{q,x}(x, y)$ 为 0，只存在纵向分量 $E_{q,y}(x, y)$，在 NP 结面 CC′上几乎只存在横向分量 $E_{q,x}(W/2, y)$；同理在 N⁺、P⁺端的 AB′和 A′B 上只存在纵向分量 $E_{q,y}(x, y)$，而在 OO′上几乎只存在横向分量 $E_{q,x}(x, 0)$。因此，在 A 和 B 两点附近区域内，$E_q(x, y)$ 很大，且随着距离 A、B 点越近，$E_q(x, y)$ 呈指数上升，且在 A、B 点达到峰值。超结器件一般满足关系 $W \ll L_d$。宏观看，超结器件体电场几乎为均匀场，这是电荷场导致的二维电场结果。

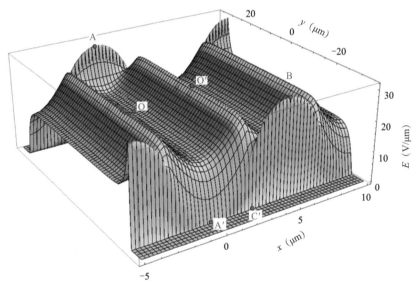

图 2-5　超结器件的体电场分布仿真
（注：B′和 C 关于 OO′轴对称，图中未标出）

对于常规 VDMOS 器件的阻型耐压层，其电场分布如图 2-6 所示。耐压层中电场为一维线性分布，电荷场调制的效果仅仅增加了表面电场峰值。由于整个耐压层中电离正电荷发出的电场线全部终止于器件表面，因此容易发生表面击穿。这限制了耐压层的最高掺杂浓度，而耐压层长度越长，相应的优化掺杂浓度越低。结型耐压层与阻型耐压层的本质区别就体现在电荷场的二维与一维调制上。

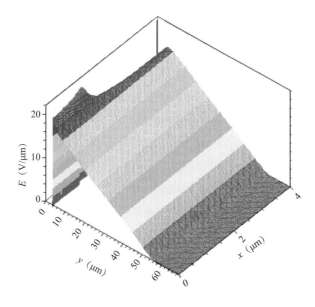

图 2-6　VDMOS 器件三维电场分布

2.3.2　电场分布解析

　　求解电势泊松方程获得在反向电压下耐压层中的电场分布是功率半导体器件耐压设计的基础。对一维泊松方程而言，由于不存在从零到最高电势之间的物质或掺杂边界，其解可简单由电势边界条件给出，不赘述。但实际器件耐压层的电势分布可能需要二维或三维泊松方程来确定，解法较为复杂。鉴于三维泊松方程的求解思路与二维的类似，本节主要给出建模中较为常用的两类泊松方程解法：泰勒级数法与傅里叶级数法。其中泰勒级数法是一种准二维求解法，适用于具有耗尽方向垂直于耐压方向特点的结构，如超结器件和 RESURF 器件；傅里叶级数法适用于具有周期性结构的器件，如超结器件。泊松方程的求解属于静电学的范畴。静电场唯一性定理表明，当一个静电体系内的电荷分布和电介质分布给定，且边界条件确定时，体系内的静电场唯一确定。因此，采用不同数学方法求解同一个静电场的差异主要体现在电场解析的具体表达式和计算精度。换句话说，两种方法获得的电场分布是等价的，我们无法从解析结果与实际情况的对比中区分两种方法的高下。傅里叶级数法的无穷级数形式使我们较难从电场的解析结果中看出其物理意义，而泰勒级数法的物理意义较为明确，因而首先被用于求解小尺寸器件的沟道区电场[6]及分析沟道区势场分布，随后才被引入横向功率器件中，这两类器件的共同特点是在耗尽方向上存在一个等电势面，如栅电极电势以及接地衬底。该等电势面的边界条件可被引入耗尽界面的电场边界条件中，从而实现电场的化简。

本书作者在国际上首次提出了将泰勒级数法应用于超结电场的求解。对超结元胞而言，整个耐压层电势单调增加，并不存在上述"等电势面"，这可能是将泰勒级数法用于超结的最主要障碍。随着研究的不断深入，作者提出电荷场的概念，即将零电势边界条件下电离电荷产生的电场视为电荷场。电场线发出于正电荷并终止于负电荷，电势沿着电场线的方向逐渐降低，导致 N 区电势升高且 P 区电势降低，从而在耐压层内部引入了一个新的"电荷场零电势面"，这对平衡对称的超结而言，即为 PN 结面。基于此，作者提出了超结电荷场的泰勒级数法，从对电场分布的预测来看，泰勒级数法和傅里叶级数法几乎是等价的。泰勒级数法将电荷场的调制归结到一个具有厚度量纲的特征厚度上。特征厚度的物理机理在 2.4.3 节中有详细讨论，它反映了一个直观的物理事实，即耐压层中任意一点电势到不同零电势边界的电势差相等。超结电荷场的调制效应完全反映在特征厚度中，具有不同结构的超结具有不同的特征厚度。

综上，对应用基础研究来说，可借助数学推导建立起设计变量和特性变量之间的函数关系。具有类似物理特性的不同器件可以采用同一套方法建模，比如沟道区电势、LDMOS、超结都可以用泰勒级数法进行描述，不同器件的差异主要体现在特征厚度上。反过来，同样的结构可以用不同的数学方法进行解析，如泰勒级数法和傅里叶级数法都可以描述超结电场的分布，在计算电场分布方面二者几乎是等价的，但是不同的方法反映的是不同的物理意义，而这些不同的物理意义是我们分析研究新器件结构时需要思考的，如采用泰勒级数法描述器件时，不同结构对应不同特征厚度，仅能反映从电势求解点到零电势点之间不同的电场分布，而傅里叶级数则是将周期性的浓度分布和电势分布都分解为更加简单的三角函数形式，先求解标准函数下的方程，然后再利用叠加原理获得最后的势场分布。事实上，我们在做数学推导时几乎不会考虑每一步推导背后的物理意义，而是关注推导过程在数学框架中的严密性，且数学模型只能预测我们"预先"放入模型中的内容，但实际器件的结构更加复杂，许多时候未考虑的次级效应会成为设计的障碍。

作者建议，在研究功率器件时，可在合理的假设条件下，将物理问题抽象为标准的数学问题。一般来说，能通过标准的数学计算方法获得我们需要的结果。数学推导完成后，应该从数学结果中挖掘出可在实际中应用的优化点，一般来说这些优化点可能是数学上的极值点，或者是根据物理意义选取的特殊点。此外，还需要发掘这些优化点背后所包含的深层次物理机制。因此，在研究功率器件时，虽然在复杂的数学推导中会暂时忽略研究对象的物理意义，但最终还是需要关注数学结果背后的物理意义，同时发掘数学结果带来的各种新概念和新机理。

1. **泰勒级数法**[7]

图 2-7 所示为介质超结二极管，其中介质层位于超结结面。N 区和 P 区具有相同

的宽度 W、长度 L_d 和掺杂浓度 N，界面介质层厚度为 W_I。当 W_I 为 0 时，介质超结变为常规超结。采用常规解法求解该结构耐压层中的场势分布，则需要分别求解 N 区和 P 区的二维泊松方程，以及介质层 I 区中的二维拉普拉斯方程，再利用 N、P 和 I 三区边界上势、场连续性条件，得到最终的势、场分布。该求解过程较为烦琐，且所得结果的物理意义不够明晰。

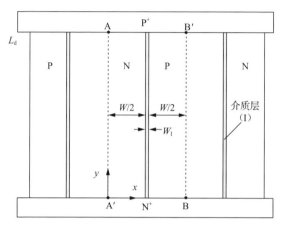

图 2-7　介质超结二极管

采用泰勒级数法可将耐压层中的电势分布在耗尽方向展开成距离的幂级数形式，将二维分布的电势表示为沿耐压方向给定曲线的一维电势加高阶幂级数形式，实现二维泊松方程的准二维求解。本节充分利用超结的势、场对称性，采用泰勒级数法求解如图 2-7 所示的介质超结的势、场分布。泰勒级数法可用于求解具有耗尽方向与耐压方向垂直特点的电场分布，超结器件的电荷场 $E_q(x, y)$ 具有以上特点，但与横向 RESURF 器件不同的是，超结器件的电势场不能用泰勒级数法求解。

采用如图 2-7 所示的坐标系，可知在超结半 N 区域内，电势满足二维泊松方程：

$$\frac{\partial^2 \phi(x,y)}{\partial x^2} + \frac{\partial^2 \phi(x,y)}{\partial y^2} = -\frac{qN}{\varepsilon_s}, \qquad 0 \leqslant x \leqslant \frac{W}{2},\ 0 \leqslant y \leqslant L_d \qquad (2\text{-}2)$$

超结器件的电场可被视为电荷场与电势场的矢量叠加，其中电势场具有简单的矩形分布（$E_p = V_B/L_d$），而电荷场的分布则较为复杂，可采用上述电场分解思想，对超结器件的电荷场分布采用泰勒级数法求解。

电荷场产生电势所满足的电场边界条件如下：

$$\begin{cases} \left.\dfrac{\partial \phi_q(x,y)}{\partial x}\right|_{x=0} = 0 \\[3mm] \left.\dfrac{\partial \phi_q(x,y)}{\partial x}\right|_{x=W/2} = -\dfrac{2\varepsilon_I}{\varepsilon_s W_I}\phi_q(W/2, y) \end{cases} \qquad (2\text{-}3)$$

其中，ε_I 为介质层介电常数。式（2-3）分别考虑在 AA′为 N 区对称轴且电场 x 方向分量为 0 的条件下和电荷场产生对称电势分布的条件下的 N 区与介质层界面的电位移连续性原理。

电势边界条件为：

$$\phi_q(x,0) = \phi_q(x,L_d) = 0 \tag{2-4}$$

对超结 x 方向电势做二阶泰勒展开：

$$\phi_q(x,y) \approx \phi_q(0,y) + \frac{\partial \phi_q(x,y)}{\partial x}\Big|_{x=0} \cdot x + \frac{\partial^2 \phi_q(x,y)}{\partial x^2}\Big|_{x=0} \cdot \frac{x^2}{2} \tag{2-5}$$

利用电场边界条件式（2-3），将电荷场产生的电势表示为：

$$\phi_q(x,y) = \phi_q(0,y)\left[1 - \frac{1}{2}\left(\frac{x}{T_c}\right)^2\right] \tag{2-6}$$

其中，超结特征厚度 T_c 表示为：

$$T_c = \frac{W}{2\sqrt{2}}\sqrt{1 + \frac{2\varepsilon_s W_I}{\varepsilon_I W}} \tag{2-7}$$

从而二维泊松方程化简为：

$$\frac{\partial^2 \phi_q(0,y)}{\partial y^2} - \frac{\phi_q(0,y)}{T_c^2} = -\frac{qN}{\varepsilon_s} \tag{2-8}$$

利用边界条件式（2-4）求解式（2-8）得到：

$$\phi_q(0,y) = \phi_T\left(1 - \frac{\sinh\dfrac{y}{T_c} + \sinh\dfrac{L_d - y}{T_c}}{\sinh\dfrac{L_d}{T_c}}\right) \tag{2-9}$$

其中，$\phi_T = qNT_c^2/\varepsilon_s$，表示超结电荷场在半 N 区和半介质中产生的电势差。

结合式（2-6）与式（2-9）即可得到超结半 N 区中的二维电势分布。如果令式（2-7）中 W_I 为 0，上述泰勒级数法的结果可用于常规超结结构。可以看出利用泰勒级数法获得的二维电势分布结果较为简洁且表达式中不含无穷级数项。特征厚度 T_c 的概念具有普适性，可同时适用于介质超结与常规超结结构，这两种结构具有统一的解析表达式形式，差别仅仅是含有不同的 T_c。然而如果采用泊松方程的全域解法计算介质超结的电场分布，结果将会非常复杂，亦不利于器件物理分析。

将式（2-6）代入式（2-9）即可得到超结半 N 区的二维电势分布。二维电荷场 $E_q(x,y)$ 的 x、y 分量可表示为：

$$E_{q,i}(x,y) = E_T F_i(x,y), \qquad i = x, y \tag{2-10}$$

其中，电场的分布函数为：

$$F_i = \begin{cases} \dfrac{x}{T_c}\left(1 - \dfrac{\sinh\dfrac{y}{T_c} + \sinh\dfrac{L_d - y}{T_c}}{\sinh\dfrac{L_d}{T_c}}\right), & i = x \\[4em] \left[1 - \dfrac{1}{2}\left(\dfrac{x}{T_c}\right)^2\right]\dfrac{\cosh\dfrac{y}{T_c} + \cosh\dfrac{L_d - y}{T_c}}{\sinh\dfrac{L_d}{T_c}}, & i = y \end{cases}$$

进而可得到图 2-7 中 A 点的电荷场峰值：

$$E_q(0, L_d) = E_T \tanh\dfrac{L_d}{2T_c} \tag{2-11}$$

其中，$E_T = qNT_c/\varepsilon_s$，为由 T_c 决定的特征电场。

从式（2-11）可以看出，$E_q(0, L_d)$ 随着 L_d/T_c 的增大而增大，当满足 $L_d > 4T_c$ 时，$E_q(0, L_d) \approx E_T$，为常数。当 L_d/T_c 减小，特别是趋近于零时，超结电荷场峰值衰减为常规 VDMOS 中由 $L_d/2$ 决定的电荷场峰值，即 $E_q(0, L_d) \approx 0.5qNL_d/\varepsilon_s$，这对应了超结 $L_d < W$ 的情形，此时超结 N 区和 P 区之间产生的电场的 x 方向分量难以影响其 y 方向分量，超结的耐压分析与常规 VDMOS 的无异，体现了模型的普适性，在 $L_d > 4T_c$ 条件下，分布函数可进一步化简为：

$$F_i(x, y) = \begin{cases} \dfrac{x}{T_c}\left[1 - \exp\left(-\dfrac{y}{T_c}\right) - \exp\left(\dfrac{y - L_d}{T_c}\right)\right], & i = x \\[2em] \left[1 - \dfrac{1}{2}\left(\dfrac{x}{T_c}\right)^2\right]\left[\exp\left(\dfrac{y - L_d}{T_c}\right) - \exp\left(-\dfrac{y}{T_c}\right)\right], & i = y \end{cases} \tag{2-12}$$

从化简的分布函数可以得到超结三维电场分布，如图 2-8 所示。图 2-8 给出了 L_d、W 和 W_I 分别为 20μm、1μm 和 0.025μm，N 为 $2\times10^{16}\,cm^{-3}$ 的介质超结三维电场分布，该电场是二维电荷场和恒定电势场矢量叠加所得。从化简的分布函数可以看出该电场的特点如下。

① $E_{q,x}(x, y)$ 在 x 方向上为线性分布，斜率为 E_T/T_c；在 y 方向上为双指数下降，且在 N^+ 和 P^+ 界面降低为 0。$E_{q,y}(x, y)$ 在 y 方向上分别为指数上升或指数下降，在靠近 P^+N 结以及 N^+P 结位置为指数上升，在靠近 P^+P 结及 N^+N 结位置为指数下降；在 N^+ 或 P^+ 界面的分布为：峰值为 E_T 且在 x 方向上随 $1 - 0.5(x/T_c)^2$ 规律变化的抛物线。

② 硅层与介质层界面满足高斯定律，在 x 方向上，介质层的电场值约为硅层的 3 倍且该值随超结 N 区与 P 区 x 方向掺杂剂量的增加而增大；在 y 方向上，介质层电场的变化规律与硅层的一致，且在靠近 P^+P 结和 N^+N 结位置以指数函数下降。

③ 超结电荷场的调制作用导致器件电场在 y 方向只在距离 N^+ 和 P^+ 边界 $2T_c$ 的范

围内受影响。当距离 N⁺和 P⁺边界的范围大于 $2T_c$ 时，可认为超结内部电场的分布几乎不随 y 发生变化，这也是进行电场化简时采用 $L_d > 4T_c$ 的原因。

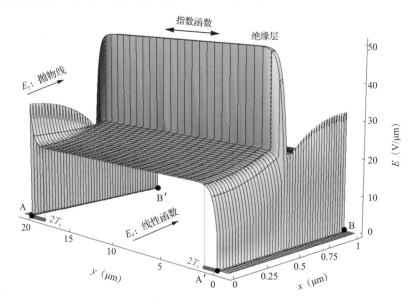

图 2-8　介质超结三维电场分布

图 2-9 给出具有不同介质厚度 W_I 的超结与常规超结在 AA'线上的电场分布的解析结果与仿真结果对比。可以看出在不同条件下，解析结果与仿真结果非常吻合。随着 W_I 增加，器件 V_B 逐渐降低，这是由于式（2-7）中 T_c 随 W_I 的增加而增加，导致电荷场峰值 E_T 增加从而引起提前击穿。

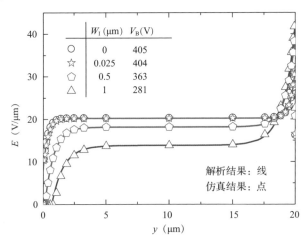

图 2-9　电场分布的解析结果与仿真结果

为了进一步说明特征厚度 T_c 的影响，图 2-10 给出不同 T_c 下器件电荷场分布的解析结果与仿真结果。可以看出 T_c 对电荷场存在两方面影响：一方面，电荷场峰值 E_T 随 T_c 的增加而增加；另一方面，电荷场的指数衰减速率随 T_c 的增加而降低，意味着高 T_c 下电荷场的衰减更加缓慢，$2T_c$ 的影响增加。值得指出的是，上述 T_c 对电场分布影响的分析具有普适性。对常规超结器件而言，其 T_c 仅随 W 变化，呈现出如图 2-10 所示的变化情况。换句话说，不同结构超结器件的电场分布都可以由同一参数 T_c 确定，这体现出泰勒级数法的普适性。

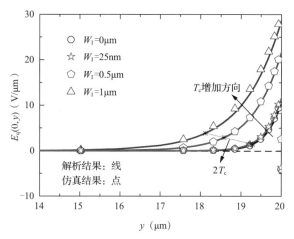

图 2-10　电荷场分布的解析结果与仿真结果

上述特征厚度化简思想也在 RESURF 器件中得以广泛应用，可使用如图 2-11 所示的 RESURF 器件简化结构来分析。图 2-11 给出了耐压层厚度 t_s、长度 L_d 和掺杂浓度 N_d。器件可选择 SOI 或体硅衬底，其等效零电势面与耐压层距离为 t_{sub}。

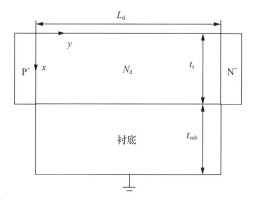

图 2-11　RESURF 器件简化结构

采用同样的方法得到耐压层中总电势分布为：

$$\phi(x,y) \approx \left(1 - \frac{x^2}{2T_c^2}\right)\left(\frac{qN_dT_c^2}{\varepsilon_s} - \frac{qN_dT_c^2}{\varepsilon_s}\frac{\sinh\frac{y}{T_c} + \sinh\frac{L_d - y}{T_c}}{\sinh\frac{L_d}{T_c}} + V_d\frac{\sinh\frac{y}{T_c}}{\sinh\frac{L_d}{T_c}}\right) \quad (2\text{-}13)$$

其中，T_c 表示 RESURF 器件的特征厚度，ε_I 和 ε_s 分别为 SOI 和体硅的介电常数。对于体硅衬底和 SOI 衬底，T_c 可分别定义为：

$$T_c = t_s\sqrt{\frac{1}{2}\left(1 + \frac{t_{sub}}{t_s}\right)} \quad (2\text{-}14)$$

$$T_c = t_s\sqrt{\frac{1}{2} + \frac{\varepsilon_s}{\varepsilon_I}\frac{t_I}{t_s}} \quad (2\text{-}15)$$

其中，t_s 和 t_I 分别为顶层硅和埋氧层厚度。

通过式（2-13）可获得耐压层中任意点的电场，其中表面电场可表示为：

$$E(0,y) = E_p(0,y) + E_q(0,y)$$

$$= \frac{V_d}{T_c}\frac{\cosh\frac{y}{T_c}}{\sinh\frac{L_d}{T_c}} + \frac{qN_dT_c}{\varepsilon_s}\left(\frac{\cosh\frac{L_d - y}{T_c}}{\sinh\frac{L_d}{T_c}} - \frac{\cosh\frac{y}{T_c}}{\sinh\frac{L_d}{T_c}}\right) \quad (2\text{-}16)$$

2. 傅里叶级数法

傅里叶级数可将任意周期性分布函数表示为由正弦函数和余弦函数构成的无穷级数形式，超结器件的周期性掺杂分布使其耐压层中的势、场分布满足周期性分布，因此可使用傅里叶级数法求解此类具有周期性分布的泊松方程[5]，可使用如图 2-12 所示的超结二极管来分析傅里叶级数法求解二维泊松方程的过程。图 2-12 中超结 N 区和 P 区具有相同的宽度 W、长度 L_d 和掺杂浓度 N。选取 N 区中线 AA'线的中点作为坐标原点 O，建立坐标系。

超结半个元胞内的电势满足二维泊松方程：

$$\frac{\partial^2\phi(x,y)}{\partial x^2} + \frac{\partial^2\phi(x,y)}{\partial y^2} = -\frac{qN(x,y)}{\varepsilon_s}, \quad 0 \leqslant x \leqslant W, \ -\frac{L_d}{2} \leqslant y \leqslant \frac{L_d}{2} \quad (2\text{-}17)$$

其中，二维掺杂浓度 $N(x,y) = \begin{cases} N, & 0 < x < W/2 \\ -N, & W/2 < x < W \end{cases}$。

电场边界条件为：

$$\begin{cases} \frac{\partial\phi(x,y)}{\partial x}\Big|_{x=0} = 0 \\ \frac{\partial\phi(x,y)}{\partial x}\Big|_{x=W} = 0 \end{cases} \quad (2\text{-}18)$$

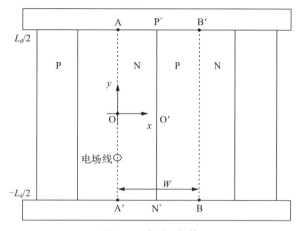

图 2-12 超结二极管

电势边界条件为：

$$\begin{cases} \phi\left(x, -\dfrac{L_d}{2}\right) = V_d \\[2mm] \phi\left(x, \dfrac{L_d}{2}\right) = 0 \end{cases} \tag{2-19}$$

从式（2-17）可知，超结器件耐压层中掺杂浓度 $N(x, y)$ 在 x 方向为周期性变化，二维泊松方程求解的关键在于对 $N(x, y)$ 的处理。根据超结器件的周期性，$N(x, y)$ 可以表示为：

$$N(x, y) = \sum_{k=0}^{\infty} a_k \cos\frac{k\pi x}{W} = \frac{4N}{\pi}\sum_{k=1}^{\infty}\frac{1}{k}\sin\frac{k\pi}{2}\cos\frac{k\pi x}{W} \tag{2-20}$$

同时满足式（2-18）和式（2-19）的电势也可通过傅里叶级数表示：

$$\phi(x, y) = \phi(y)_0 + \sum_{k=1}^{\infty} \phi_k(y)\cos\frac{k\pi x}{W} \tag{2-21}$$

根据电场叠加原理，将上述方程分解为拉普拉斯方程与泊松方程，拉普拉斯方程表示为：

$$\frac{\partial^2 \phi(y)_0}{\partial y^2} = 0 \tag{2-22}$$

其中，边界条件为 $\begin{cases} \phi\left(x, -\dfrac{L_d}{2}\right) = V_d \\[2mm] \phi\left(x, \dfrac{L_d}{2}\right) = 0 \end{cases}$。

泊松方程表示为：

$$\frac{\partial^2 \sum\limits_{k=1}^{\infty} \phi_k(y)\cos\dfrac{k\pi x}{W}}{\partial y^2} - \sum_{k=1}^{\infty}\left(\frac{k\pi}{W}\right)^2 \phi_k(y)\cos\frac{k\pi x}{W} = -\frac{q}{\varepsilon_s}\frac{4N}{\pi}\sum_{k=1}^{\infty}\frac{1}{k}\sin\frac{k\pi}{2}\cos\frac{k\pi x}{W} \tag{2-23}$$

其中，边界条件为
$$\begin{cases} \phi\left(x, -\dfrac{L_d}{2}\right) = 0 \\ \phi\left(x, \dfrac{L_d}{2}\right) = 0 \end{cases}$$

求解方程式（2-22）和方程式（2-23），即可得到超结器件漂移区的电势分布：

$$\phi(x, y) = -\frac{V_d}{L_d}y + \frac{qNW^2}{\varepsilon_s}\frac{4}{\pi^3}\sum_{k=1}^{\infty}\frac{1}{k^3}\sin\frac{k\pi}{2}\cos\frac{k\pi x}{W}\left(1 - \frac{\cosh\dfrac{k\pi y}{W}}{\cosh\dfrac{k\pi L_d}{2W}}\right) \tag{2-24}$$

对式（2-24），分别对 x 和 y 进行微分，即可得到耐压层中任意点的电场：
$$\boldsymbol{E}(x, y) = \boldsymbol{E}_p(y) + \boldsymbol{E}_q(x, y) \tag{2-25}$$

其中，$E_p(y)$ 和 $E_q(x, y)$ 分别为拉普拉斯方程和泊松方程的解，具体表达式如下：
$$E_p(y) = V_d/L_d \tag{2-26}$$
$$E_{q,i}(x, y) = E_0 F_i(x, y), \qquad i = x, y \tag{2-27}$$

其中，$E_0 = qNW/(2\varepsilon_s) = 7.6\times10^{-12}\,NW$（V/μm），表示由 N 决定的横向 PN 结面的电场峰值，NW 的单位为 cm^{-2}；$F_i(x, y)$ 表示只与器件尺寸有关的电场分布函数：

$$\begin{cases} F_x(x, y) = \dfrac{8}{\pi^2}\sum\limits_{k=1}^{\infty}\dfrac{1}{k^2}\sin\dfrac{k\pi}{2}\sin\dfrac{k\pi x}{W}\left(1 - \dfrac{\cosh\dfrac{k\pi y}{W}}{\cosh\dfrac{k\pi L_d}{2W}}\right) \\[4mm] F_y(x, y) = \dfrac{8}{\pi^2}\sum\limits_{k=1}^{\infty}\dfrac{1}{k^2}\sin\dfrac{k\pi}{2}\cos\dfrac{k\pi x}{W}\dfrac{\sinh\dfrac{k\pi y}{W}}{\cosh\dfrac{k\pi L_d}{2W}} \end{cases} \tag{2-28}$$

用傅里叶级数法求解超结电场分布的过程见附录 2。傅里叶级数法的关键在于将满足电场边界条件，即式（2-18）中的电势以及二维分布掺杂浓度，都使用傅里叶级数表示。由于超结器件具有对称性，周期性电势与电离电荷都可展开为由余弦函数构成的无穷级数表达式，从而可实现二维泊松方程的化简与求解，得到势、场分布的精确级数表达式。

泰勒级数法的关键在于将耐压层纵向电势表示为二阶泰勒级数，并使用电场边界条件将二维泊松方程降为一维，从而可以直接获得电势和电场的解析式。值得注意的是，由于泰勒级数法忽略了 3 次及以上展开项，因此误差较傅里叶级数法更大，泰勒级数法计算的电场值略小于实际值。除了上述两种求解方法之外，还有一种更加普遍的泊松方程求解法，其基本思想是将泊松方程分解为一维泊松方程与二维拉普拉斯方程。二维拉普拉斯方程可以使用分离变量法求解，其通解为指数项与三角函数项的乘积，再使用边界条件可获得常数。特别是，对于超结，需在 N 区和 P 区分别求解上述两个方程，两区 PN 结界面满足电位移连续性原理。然而上述求解方法所获得的势、场关系过于复杂，且本质上与上述两种级数法等效，此处不再详述。

2.3.3　特征厚度与电荷场

泰勒级数法求解泊松方程的关键是将式（2-2）给出的泊松方程化简为式（2-8）中的二阶常系数线性微分方程，此过程将耐压层 y 方向电场分布对 AA'电势的影响归结为特征厚度 T_c，即该影响完全取决于器件的纵向尺寸。下面使用电荷场的概念分析特征厚度的物理意义。T_c 源自器件耐压层中 y 方向电势的二阶泰勒展开，等效于将漂移区纵向电场 E_y 视为线性函数。虽然耐压层电场的二维性使 x 方向上不同位置电离电荷对纵向电场的贡献不同，但是任意 x 方向上的 E_y 都为线性分布。因此 T_c 作为电势函数的分布系数，具有明显的物理意义。

为了说明特征厚度的物理意义，我们以常规超结 T_c 为例，假定任意 x 方向上对 E_y 有贡献的等效电离电荷剂量为 N_e，将式（2-7）、式（2-14）和式（2-15）两边平方之后乘以 qN_e/ε_s 化为电势量纲，便可得到以下等势关系：

$$\phi = \frac{qN_e T_c^2}{\varepsilon_s} = \begin{cases} \dfrac{qN_e}{\varepsilon_s}\dfrac{W^2}{8} + \dfrac{qN_e W W_I}{4\varepsilon_I} = \phi_s + \phi_I, & 超结 \\[3mm] \dfrac{qN_e t_s^2}{2\varepsilon_s} + \dfrac{qN_e t_s t_{sub}}{2\varepsilon_s} = \phi_s + \phi_{sub}, & 体硅 \\[3mm] \dfrac{qN_e t_s^2}{2\varepsilon_s} + \dfrac{qN_e t_s t_I}{\varepsilon_I} = \phi_s + \phi_I, & SOI \end{cases} \tag{2-29}$$

其中，ϕ_s、ϕ_{sub} 和 ϕ_I 分别表示耐压层、耗尽衬底和介质层的电压降。

式（2-29）给出的特征厚度的物理意义可直观表示为电场所围成的面积，如图 2-13 所示。以图 2-13 中超结为例，根据式（2-29），超结表面任意一点与电荷场零电势之间的电势差 $\phi=\phi_s+\phi_I$，可等效为一个外延层厚度和衬底耗尽区厚度皆为 T_c 且两区浓度为 N_e 的对称 PN 结的电势差。该 PN 结结构与原结构一样，具有相同的表面势、场分布。对体硅和 SOI 结构的分析亦同理。因此特征厚度的物理意义在于：将非对称 PN 结或者半导体/绝缘体结构用浓度相同且厚度为 T_c 的对称 PN 结近似，并确保器件表面任意一点到参考零电势面之间的电势差等于该对称 PN 结的电势差。

这里特别指出，泰勒级数法仅适用于电荷平衡的超结电荷场的求解，其解析的关键是找到仅由电荷场决定的零电势面，再利用等势关系计算得到特征厚度值。等势关系反映了超结横向电场对纵向电场调制的本质。对于对称的超结结构，其零电势面为元胞对称轴。对于非对称的超结结构，首先将电荷场分解为平衡部分电荷场与非平衡部分电荷场，非平衡部分电荷场可等效为类似 VDMOS 的线性场分布，平衡部分电荷场可采用泰勒级数法求解。求解方法为首先获得由电荷场决定的零电势面，再根据零电势面两边电场分布计算出对应超结 N 区和 P 区中点的横向电势差。由于零电势面偏离对称轴，非对称超结 N 区和 P 区具有不同的特征厚度。基于上述思路可将泰勒级数法拓展至包括六角形元胞在内的不同种类的超结电场的解析中。

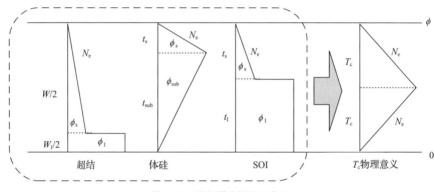

图 2-13 特征厚度的物理意义

泰勒级数法的化简思路非常简单，为求解耐压层两电势边界间任意曲线上的电势分布，只需要确保线上任意一点与参考面之间的电势差不变，不论中间电场分布如何变化，总可进行上述近似，但其中参考面电势不一定为 0。事实上，对双 RESURF 和三重 RESURF 器件，也可以使用类似方法进行理解，其中的核心思路是通过等势关系将耐压层中某部分的掺杂剂量，如 P-顶层或 P-埋层剂量，等效到整个耐压层中，从而统一为单 RESURF 结构。

超结器件耐压层的耗尽主要源于 N 区与 P 区之间的相互耗尽，RESURF 器件耐压层主要被衬底耗尽。超结器件和 RESURF 器件具有一定相似性，都是器件耗尽方向垂直于耐压方向，但两者不能简单地等同视之，或者直接认为由于超结 N 区被相邻两个 P 区所耗尽，因而超结器件的优化剂量是 RESURF 器件优化剂量的两倍，即 $2\times 10^{12}\text{cm}^{-2}$，因为超结器件与 RESURF 器件存在如下两个显著差异。

（1）超结器件只存在源端这一唯一零电势面，而 RESURF 器件存在源端与衬底共同形成的二维零电势面。超结器件电势场为均匀分布，电荷场的引入并不会优化电场分布；RESURF 器件电势场受衬底电势的影响而呈现从源到漏单调递增的特性，从而需要引入电荷场，并将其与电势场叠加后进行优化，从而降低电势场峰值。

（2）泰勒级数法仅用于求解超结器件电荷场，超结器件的电势场为常数，击穿电

压几乎独立于 T_c。而 RESURF 器件的电荷场、电势场皆与 T_c 有关，其纵向击穿电压正比于 T_c^2。超结器件无此限制，因而其 T_c 一般较 RESURF 器件的更小，因此超结器件可实现比 RESURF 器件高得多的优化掺杂剂量。

单从电荷场角度看，RESURF 器件可被视为单元胞超结结构，从而可以通过求解泰勒级数法来获得与 T_c 相关的分布函数。超结器件与 RESURF 器件的电荷场分布分析方法类似，RESURF 器件的优化关键为电荷场调制电势场从而使表面电场最优，超结器件的优化关键为考虑变化的电荷场对器件性能的影响从而使 $R_{on,sp}$ 最低。

2.4　超结电场的二维性

2.4.1　超结电荷场的二维性

超结耐压层的电场由外加电势产生的纵向一维电势场 $E_p(y)$ 与 N 区、P 区电离电荷产生的二维电荷场 $E_q(x, y)$ 组成，超结电场的二维性正是源于电荷场 $E_q(x, y)$ 的二维性[8]。为了进行分析，给出超结的等势线分布，如图 2-14（a）所示。为了进行比较，同时给出具有相同耐压层长度（$L_d=60\mu m$）的 VDMOS 在击穿时的等势线分布，如图 2-14（b）所示，其击穿电压 $V_B=900V$，施主杂质浓度 $N_d=1.48\times10^{14}cm^{-3}$。

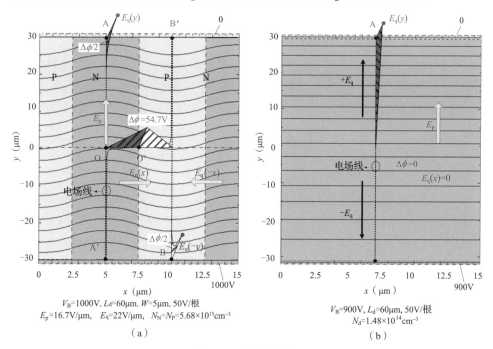

图 2-14　等势线分布
（a）超结；（b）VDMOS

超结 AA′线上的电场矢量叠加原理如图 2-15 所示。超结和 VDMOS 的主要区别如下。

（1）关于横向电荷场：在超结的大部分区域内，等势线呈波浪形。在同一水平面上，N 区的电势高于 P 区的电势，特别是在 OO′线上的 N 区与 P 区中点之间，存在最大电势差 $\Delta\phi$=54.7V，如图 2-14（a）所示。电荷场在 O′点具有 x 方向最大分量 $E_q(x)$=22V/μm，该值甚至大于纵向电势场 E_p（E_p=V_B/L_d=16.7V/μm）。超结的横向电荷场相互抵消，对纵向电场几乎没有贡献，只有在 N 区/P$^+$区和 P 区/N$^+$区界面，特别是 A、B 两点附近，电荷场 $E_q(x, y)$的 y 方向分量才与纵向电势场 $E_p(y)$叠加，出现电场峰值；而 VDMOS 内的等势线是水平线，电荷场横向分量 $E_q(x)$=0，只有纵向分量 $E_q(y)$，E_q 和 E_p 的同向叠加，既增加体内纵向电场，又增加表面电场。

（2）关于电场分布：超结耐压层中的等势线均匀分布，总电场近似为恒定电场，其值仅为电势场 E_p=V_B/L_d，只在 A、B 两点附近存在电场峰值；而 VDMOS 耐压层内的等势线从漏极到源极逐渐变密，总电场线性增加。另外，从图 2-14（a）中还可看到，由于超结器件的雪崩击穿主要发生在局部的高电场区域内，图 2-14 中所示的 3 条线 AA′、BB′和 A′OB′都可能发生击穿。当 N/P 两区浓度较低时，击穿取决于电场纵向分量，碰撞电离率积分主要沿着 AA′线和 BB′线进行。当掺杂浓度增加时，由 N 区指向 P 区的电场线增多，击穿主要取决于电场横向分量，碰撞电离率积分沿着如图 2-14（a）所示的 A′OB′线进行。

在如图 2-15 所示的实例中，AA′线上的电场 $E(0, y)$=E_p+$E_q(0, y)$的计算结果如图 2-15 所示。当 N 区和 P 区的掺杂剂量 NW=2.84×10^{12}cm^{-2} 时，E_q 约为 16.2V/μm。L_d 的大部分区域内的电势场为 E_p，如图 2-15（b）所示。只在 A 点的局部区域内，由于叠加 NP$^+$结的电荷场 E_q，会出现电场尖峰。A 点的电场峰值为 E_p 和 $E_q(0, L_d/2)$两者的同向相加，同样，在 A′点的局部区域内，由于 NN$^+$结的电荷场$-E_q$ 的削弱，电场呈现负尖峰，如图 2-15（c）所示。

图 2-16 给出超结耐压层二维电场分布的仿真图，各分图中的电场值采用同样的计算方法得到。图 2-16（a）给出沿 AA′线、BB′线和 CC′线的电场分布。A、B 两点的电场峰值 $E(0, L_d/2)$=E_p+$E_q(0, L_d/2)$=16.7V/μm+16.2V/μm=32.9V/μm，电场峰值的存在说明该处的电荷场 $E_q(x, y)$对纵向电场存在调制作用，A′点的电场峰值 $E(0, -L_d/2)$= E_p-$E_q(0, -L_d/2)$=16.7V/μm-16.2V/μm=0.5V/μm。CC′线上的总电场 $E(-W/2, y)$为 E_p 和 $E_q(-W/2, y)$的矢量和，从式（2-27）可得到 $E_q(-W/2, y)$的横向分量 $E_{q,x}(-W/2, y)$=0.5qNW/ε_s= 21.9V/μm，而纵向分量 $E_{q,y}(-W/2, y)$≈0。因此，CC′线上的恒定电场值约为 27.5V/μm，AA′线和 BB′线上的恒定电场值约为 16.7V/μm。

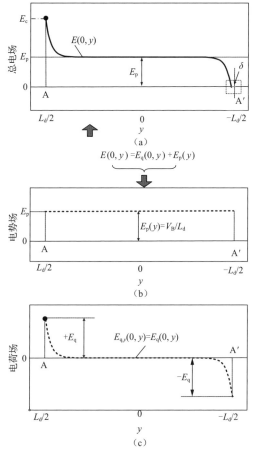

图 2-15　超结耐压层 AA′上的电场分布
（a）总电场分布；（b）电势场分布；（c）电荷场分布

可见，在耐压层内的大部区域内，CC′线上的总电场值高于 AA′线和 BB′线上的值。但是从图 2-16 可以看出，由于部分电场线流向 A 点附近 P⁺区和 B 点附近 N⁺区，C 点和 C′点附近的电场横向分量降低，所以电场叠加后，在 C 点和 C′点的电场值反而低于 A 点和 B 点的值。同样计算出耐压层沿 AB′线、A′B 线和 OO′线的 x 方向的电场分布，它们的坐标分别是 $y=L_d/2$，$-L_d/2$ 和 0，如图 2-16（b）所示。可以看出，由于电场具有二维性，纵向电场场 $E_{q,y}$ 对横向电荷场 $E_{q,x}$ 具有调制作用，且越靠近阳极和阴极两端，这种调制效果越明显，使得横向电荷场不同于常规 PN 结的折线分布；只有沿着 OO′线（$y=0$），横向电场分布才近似为三角形。同时，沿 A′OB′线的电场分布如图 2-16（c）所示，电场线的方程由 $dy/dx=E_y/E_x\approx\varepsilon_s E_p/(qNx)$ 确定，每一点的电场值由 E_y 和 E_x 的矢量叠加获得[5]。各点的电场值如下：A 点和 B 点的电场值为 32.9V/μm，A′点和 B′点的电场值为 0.5V/μm，CC′线的恒定电场值与 D 点和 D′点的电场值近似相等，都为 27.5V/μm，

AA′线和 BB′线的恒定电场值为 16.7V/μm。

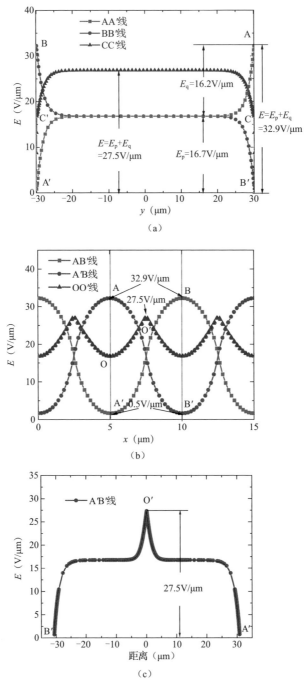

图 2-16　超结耐压层二维电场分布

（a）沿 y 方向的电场分布；（b）沿 x 方向的电场分布；（c）沿 A′O′B′线的电场分布

最后，对超结、VDMOS 和 PIN 的电场分布进行比较。图 2-17 给出超结的 AA′ 线、VDMOS 和 PIN 的电场分布图。从图 2-17 中可以看出，超结的电荷场 E_q 在大部分 AA′线上的纵向分量为 0，使得在耐压层的大部分区域内，电场近似为矩形分布；但是由于 $E_q(x, y)$ 的二维性，E_q 叠加到电势场 E_p 上，使高电场区分布在很小的范围内，且在 A 点出现电场峰值。

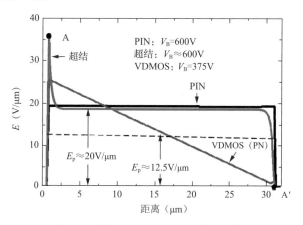

图 2-17　超结、VDMOS 和 PIN 的电场分布

对于超结而言，在掺杂剂量 NW 不变的条件下，E_q 在表面产生的电场分量几乎不变，如果继续增加耐压层长度 L_d，则 V_B 随之单调增加。但是对 VDMOS 而言，由于其电场具有一维性，E_q 全部同向叠加到 E_p 上，使 VDMOS 的表面电场最高。如果继续增加 L_d，表面电场持续增加直至 L_d 达到最大耗尽区宽度，此后再增加 L_d，器件 V_B 不变。因此，VDMOS 的 V_B 随 L_d 的增加而逐渐饱和。另外，对 PIN 而言，其电场分布也是一维的，但是由于掺杂浓度很低，PIN 的 E_q 近似为 0。整个耐压层的电场近似为矩形分布，其值为 E_p。从图 2-17 中可以看出，3 种器件的 L_d 相同（$L_d=30\mu m$），PIN 的 $V_B=600V$、超结的 $V_B \approx 600V$，而 VDMOS 的 $V_B=375V$；因此 PIN 和超结的 E_p 约为 20V/μm，而 VDMOS 的 E_p 约为 12.5V/μm。当然超结由于表面存在局部高电场，其耐压值略小于具有同等 L_d 的 PIN 的耐压值。

另外，由于超结 N/P 两区之间存在电离杂质的相互作用，在较小漏电压 V_d 下超结的耐压层就能完全耗尽，V_d 约等于使 PN 结耗尽时的横向电势。对于 $V_B=1000V$ 的超结，当 V_d 约为 50V 时，耐压层就几乎完全耗尽；然而，非穿通型 VDMOS 却不同，只有当 V_d 增加到 V_B 时，耐压层才可能完全耗尽。

2.4.2　超结矢量场与电场三维分布

图 2-18 所示为超结、VDMOS 与 PIN 耐压层中的电场矢量分布。超结表面和体内的

矢量电场分布如图 2-18（a）所示，可以看出，总电场 E 含两个分量：电势场 E_y，仅含纵向 y 分量；二维电荷场 E_q，可表示为横向电场、纵向电场的矢量和，即 $\boldsymbol{E}_q=\boldsymbol{E}_{q,x}+\boldsymbol{E}_{q,y}$。根据电场叠加原理可知，$\boldsymbol{E}=\boldsymbol{E}_p+\boldsymbol{E}_q$，$E$ 也可表示为总的横向分量 E_x 和总的纵向分量 E_y 的矢量和，即 $\boldsymbol{E}=\boldsymbol{E}_x+\boldsymbol{E}_y$。比较图 2-18（a）中表面和体内的电场矢量分布可知，电荷场 E_q 在器件表面的纵向分量 $E_{q,y}$ 远大于其体内的值，而在器件体内的横向分量 $E_{q,x}$ 远大于其表面的值。E 的二维性源于 E_q 的二维分布，E_q 使得 E 体内的电场横向分量大大增加，削弱了表面电场尖峰，优化了耐压层的电场分布。然而，在常规 VDMOS 中，一维电荷场只产生纵向分量，而横向分量为 0，即 $\boldsymbol{E}=\boldsymbol{E}_p+\boldsymbol{E}_q$，因此器件表面很容易发生击穿，如图 2-18（b）所示。在 PIN 中，由于耐压层内电荷场 $E_q\approx0$，因此总电场最低（$E\approx E_p$），击穿电压最高，如图 2-18（c）所示。

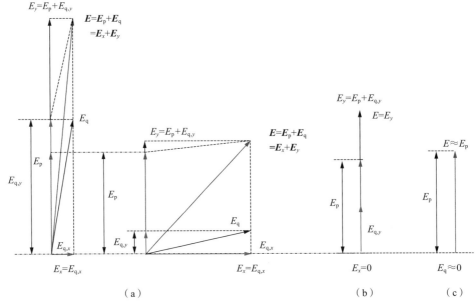

图 2-18 电场矢量分布
（a）超结表面与体内二维电场；（b）VDMOS；（c）PIN

2.4.3 等势关系

从式（2-27）可知，电荷场在 O′点产生横向电场峰值 E_0，在 A 点和 B 点产生纵向电场峰值 E_q。也可以对式（2-27）求解并使用卡塔兰常数进行化简，计算过程详见附录 2，该解析式在 $L_d>2W$ 的条件下为[5]：

$$E_q = fE_0 = 5.6\times10^{-12}\,NW \qquad (2\text{-}30)$$

其中，f 为常数，其值约为 0.742；NW 的单位为 cm^{-2}。

电场 $E_0 = qNW / (2\varepsilon_s) = 7.6 \times 10^{-12} NW$，表示 O′ 点横向电荷场峰值。事实上，$L_d > 2W$ 对应 2.3.2 节泰勒级数法中的 $L_d > 4T_c$，即 $L_d > \sqrt{2}\,W$，系数（2 和 $\sqrt{2}$）的变化为两种化简方法的精度差异所致。

超结器件电场的二维性来自二维电荷场 $E_q(x, y)$，为进行解析优化，首先分析电荷场的对称性，给出超结内在的等势关系。图 2-19 所示为等量异种点电荷电场线与等势线分布。在对称边界条件下，中心对称点 O′ 由两个点电荷场所产生，O′ 处电势为 0，即 0 等势线一定通过中心对称点。在平衡对称的超结结构中，总能在 P 区中找到与 N 区中任意电离正电荷关于元胞中心对称的电离负电荷。由于超结结构的对称性，电荷场在中心对称点所产生的电势为 0。

同样，基于零电势边界条件，A 点和 B 点的电势为 0，因此 O、A 两点和 O、O′ 两点之间的电势差相等，这种源于 N/P 两区电离电荷对称性的电势差相等的关系称为等势关系。该等势关系的详细证明过程见附录 2，用数学式可以表示为：

$$\int_0^{L_d/2} E_q(0, y)\mathrm{d}y = \int_0^{W/2} E_q(x, 0)\mathrm{d}x = \Delta\phi_q \qquad (2\text{-}31)$$

其中，$\Delta\phi_q = E_0 W / 4$，为超结电荷场所致的电势的最大绝对值，也就是说电荷场调制使得 N 区电势提升而 P 区电势降低，从而使得 N 区的 O 点产生最大正电势 $\Delta\phi_q$，P 区的 O′ 点产生最大负电势 $-\Delta\phi_q$。

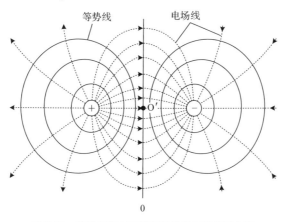

图 2-19　等量异种点电荷的电场线与等势线分布

超结器件的等势关系可由图 2-20 中电荷场所围成的阴影部分的面积直观给出。电场线发出于正电荷终止于负电荷，电势沿着电场线方向逐渐降低，所以正电荷产生的电荷场有抬高局部电势的趋势，而负电荷产生的电荷场有降低局部电势的趋势。基于上述原理，在同一水平方向上，超结 N 区的电势高于 P 区的电势，而在对称点处，正、负电荷作用抵消，电势不增不减。等势关系可根据式（2-27）直接证明，详细证明过程见附录 2。

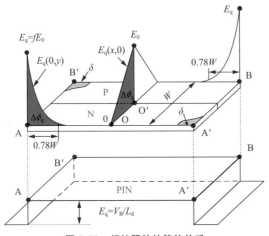

图 2-20　超结器件的等势关系

　　从基于泰勒级数的超结二维势、场模型可以看出，T_c 统一了不同参数超结器件的电荷场分布并反映了等势关系。介质超结的等势关系如图 2-21 所示，容易证明电荷场沿着 AA′线从 $L_d/2$ 到 L_d 的积分为 ϕ_T，该值等于电荷场 x 方向分量在 $y=L_d/2$ 线上半硅层电势 ϕ_s 与半介质电势 ϕ_I 之和，其中 $\phi_s=0.25E_0W$ 且 $\phi_I=0.5\varepsilon_s E_0/\varepsilon_I$。也就是说，由于超结器件电荷场具有对称性，等势关系是其固有的限制关系，该关系反映电荷场 x 方向分量与 y 方向分量之间的联系。显然等势关系的普适性导致 AA′线上的电场值随 W_I 变化。介质层电场 $E_I=\varepsilon_s E_0/\varepsilon_I$，约为 $3E_0$。当 W_I 增大时，图 2-21 中的 ϕ_I 值必然增大，从而电荷场 y 方向分量随之变化。所以超结器件的等势关系源于超结结构与电荷场的对称性，该关系普适于一般超结与介质超结。

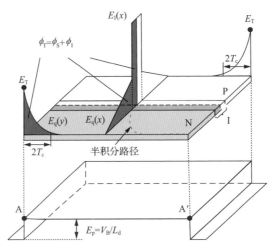

图 2-21　介质超结的等势关系

从式（2-30）和式（2-31）可获得有关超结的一个重要结论：电荷场横向峰值与纵向峰值是掺杂剂量的量度，它只与掺杂浓度和元胞宽度有关，而与耐压层长度无关。掺杂剂量越高，电荷场峰值越大，纵向电荷场分布完全由半元胞 N 区或 P 区内横向电势差决定。从而当电荷场横向电场峰值 E_0 确定时，表面电场峰值由 fE_0 给出。E_0 固定，则 $\Delta\phi_q$ 正比于半元胞宽度 W，也就是说 $E_q(0, y)$ 与坐标轴围成的面积与 W 成正比，这正是指数函数的特性，也是电荷场化简的数理基础。

由于碰撞电离率强烈依赖于电场，器件击穿最可能发生在具有高电场的积分路径上，从而具有最大纵向电荷场的 A、B 两点以及具有最大横向电荷场的 O′点都是可能的击穿点。根据矢量叠加原理，A、B 两点的电场值为 fE_0+E_p，O′点的电场值为 $\sqrt{E_0^2 + E_p^2}$。容易得到当 $E_0 < 3.3E_p$ 时，A、B 两点的电场值高于 O′点的电场值。由于 E_0 为掺杂浓度的量度，当掺杂浓度从零增加时，在很大浓度范围内，A、B 两点会发生击穿，关于 O′点发生的击穿将在第 3 章详细讨论，本章论述以 AA′线上发生的击穿为例。

根据等势关系，可将式（2-27）中 AA′线上沿 y 方向的电荷场分布表示为以下简单的双指数关系：

$$E_q(0, y) = E_q \left\{ \exp\left[\frac{4f}{W}\left(y - \frac{L_d}{2}\right)\right] - \exp\left[-\frac{4f}{W}\left(y + \frac{L_d}{2}\right)\right] \right\} \tag{2-32}$$

式（2-32）与式（2-27）给出的电荷场表达式满足如下条件：具有相同的电场峰值 E_q，该值由式（2-30）得出；O、A 两点之间的电场积分满足等势关系；由于上述化简建立在超结固有的等势关系基础上，在 AA′线上，式（2-32）与式（2-27）的值差异很小。AA′线上的电场分布满足在 A 和 A′点分别有峰值 $+E_q$ 和 $-E_q$。以 A 点附近的电场为例，令方程右边指数项 $\exp\left[4f/W(y - L_d/2)\right] = 0.1$，得到在 AA′线上离 A 点距离每增加 $0.78W$ 时，$E_q(0, y)$ 降低一个数量级。图 2-20 给出 AA′线和 BB′线上的纵向电场分布，可以看出，表面峰值附近的高电场区几乎只分布在 $0.78W$ 的范围内，由于一般器件满足 $W \ll L_d$，因此超结器件电荷场产生的峰值场区很窄，且只由器件横向尺寸决定，从而 AA′线上的电场分布可以表示为：

$$E(0, y) = E_q(0, y) + E_p \tag{2-33}$$

正是由于 AA′线上电荷场横向分量为 0，因而 $E(0, y)$ 为 $E_q(0, y)$ 与 E_p 的代数和。

2.5　超结器件全域优化与设计

通过泰勒级数法以及傅里叶级数法等可以对超结器件二维势、场分布进行精确解析。此外，本节从碰撞电离的关键雪崩击穿路径出发，将功率半导体器件抽象化为电场函数，从而实现器件的泛函化，器件不同的设计对应了不同的输入函数，可输出器件的设计参数，实现器件的全域优化。

2.5.1 功率半导体器件雪崩击穿路径

功率半导体器件的雪崩击穿电压，实质上与静电场有关。根据静电场唯一性原理，当耐压区的边界条件和内部电荷分布确定时，静电场内部电场分布也唯一确定。在2.3.2 节中，我们通过泰勒级数法和傅里叶级数法求解获得了超结二维势、场分布，器件击穿电压作为电势边界条件引入模型。因此仅依据二维势、场分布模型本身，无法获得器件的击穿电压，而只能获得给定电势边界条件下的电场分布。根据二维电场分布可以获得二维碰撞电离率分布，器件发生击穿时，碰撞电离率积分值等于 1，反过来可从不同电势边界条件所对应的电场分布中选择与实际击穿条件相符的电场。

碰撞电离率积分为一种路径依赖的积分，其积分路径沿着耐压层内部电场线，也就是沿着电场矢量方向。这是由于碰撞电离的物理基础是载流子在电场作用下加速，且加速度方向为电场方向。这也引出一个有趣的结论：电场线可以穿过介质层，但是碰撞电离率积分不能越过介质层，而是终止于介质层界面，这是缩短电离率积分路径的根源所在，如薄硅层器件的 E_c 增强正是由于介质截断了电离率积分路径。换句话说，虽然介质中确实存在电场，但是半导体中碰撞电离产生的载流子不可能通过介质电场加速产生二次载流子。在由电场线决定的所有电离率积分中，只需一条路径的碰撞电离率积分值达到 1，整个器件即发生雪崩击穿。另外，从第 1 章可知，器件的碰撞电离率强烈依赖于电场，因此器件耐压层发生雪崩击穿的击穿点更可能出现在电场峰值所在位置，这也为我们选用击穿路径提供思路。

由上述分析可知，器件发生雪崩击穿是由碰撞电离率积分值先达到 1 的路径上的电场决定的。因此，可将功率半导体器件的耐压问题简化为击穿路径上的电场优化问题，特别是在超结这样具有较高对称性的结构中，可以将器件结构简化为击穿路径上电场的函数，实现器件结构到函数的转变。平衡对称的超结器件的自变量包括 W、L_d和 N，不同变量对应了不同的函数。因此器件优化则转化为求解雪崩击穿条件下满足限定条件（如给定 V_B 值）时，器件等效函数中比导通电阻的极小值。

综上所述，三维器件的雪崩击穿问题，可通过求解势、场分布解析解，简化为求解通过击穿点的雪崩击穿的一维路径积分问题。因此路径积分函数可反映器件结构与工艺参数对器件特性的影响，器件优化问题转化为求解路径积分函数的极值问题。采用优化法可在所有可能的函数中找出特性最优的那个器件作为优化设计的器件，而器件的泛函化也极大改善了传统通过网格定义器件，再引入物理模型仿真获取特性的研究方法，且能通过仅改变少量自变量取值实现不同条件下的"器件定义"，有利于借助数学软件实现自动智能优化，从而可在毫秒时间内输出给定条件下的器件设计优值，极大提高器件优化效率。

2.5.2 黄金分割优化法

器件泛函化使得大量器件参数的全自动计算成为可能，因此可以在器件应用参数需求与工艺要求两个限制条件下实现全域优化，从而输出给定限制条件下的优化函数，本书作者研究发现，器件优化总可以转化为给定 V_B 条件下求解 $R_{on,sp}$ 的极小值问题。$R_{on,sp}$ 随参数变化，因此一般是单峰函数，适合采用黄金分割优化法搜寻极值。下面对黄金分割优化法[9]进行简单介绍。

黄金分割优化法最早是美国数学家杰克·基弗（Jack Kiefer）于 1953 年提出的快速搜寻单峰函数极值的方法[9]，其基本思想如图 2-22 所示。$f(x)$是以 x 为自变量的单峰函数，自变量范围为 $x_{min} \sim x_{max}$，目的是寻找函数极值点所在的位置。黄金分割优化法通过选取 $x_{min} \sim x_{max}$ 范围内两个黄金分割点 $(x_1, f(x_1))$ 和 $(x_2, f(x_2))$，并比较这两点的函数值 $f(x_1)$ 和 $f(x_2)$。如果 $f(x_1) < f(x_2)$，说明极值点不可能出现在 $x_{min} \sim x_1$ 范围内，从而新的搜索区域变为 $x_1 \sim x_{max}$，极值搜索区域每次缩短为原来的 0.618。不断重复上述步骤直到搜索区域小于给定误差范围即可给出极值点。黄金分割优化法所涉及的算法简单且容易编程实现，是本书介绍的器件自动优化的基础。

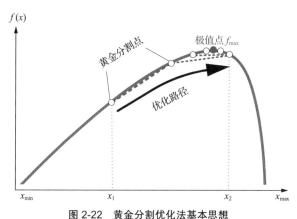

图 2-22 黄金分割优化法基本思想

2.5.3 神经网络预测

器件泛函化与黄金分割优化法构成"全域优化"的基础，可用于功率超结器件的优化，也可用于其他各类器件的优化，区别主要在于选定不同的优化泛函。全域优化的概念是在给定器件结构和工艺条件下获得全域最优的特性。以平衡对称的超结器件为例，提出如图 2-23 所示的功率超结器件全域优化。功率超结器件的优化受到设计边界与应用边界的限制。对于一个给定的超结器件，该器件的工艺条件决定了元胞宽度 W。在 W 的限制下容易获得超结器件优化掺杂浓度范围 $0\sim N_{\max}$，其中 $N_{\max}$ 为最高掺杂浓度，它取决于超结 N 条和 P 条间横向 PN 结击穿，且定义了超结优化 N 的上限；从应用角度看，器件击穿电压应满足应用需求，因此可以通过求解碰撞电离率积分获得 $0\sim N_{\max}$ 范围内任意给定浓度对应的 L_d 取值，这样就确定了对应条件下器件的 $R_{on,sp}$，因此从原则上就可以获得任意掺杂浓度下的 $R_{on,sp}$。采用 2.5.2 节的黄金分割优化法，可输出最低比导通电阻 $R_{on,min}$ 条件下，功率超结器件的单一优化条件；进一步根据工艺能力和应用需求，可以给出不同 W 范围（如 $0.5\sim 10\mu m$）和 V_B 范围（如 200～2000V）内的全域优值，即能实现优值范围全覆盖，产生大量高品质数据源。

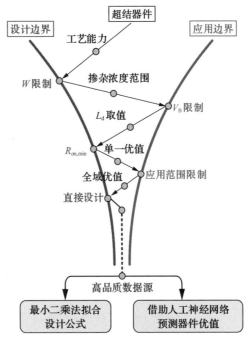

图 2-23　功率超结器件全域优化

由于优化方法获得的优值为给定条件下的离散优值，为实现功率超结器件的直接设计，可采用两种方法，其中一种方法是最小二乘法，该方法根据器件物理与优值分布特点直接给出带拟合变量的函数表达式，该表达式以 W 和 V_B 或者其他限制条件为自变量，以掺杂浓度 N、漂移区长度 L_d 和比导通电阻 $R_{on,sp}$ 等为应变量。通过对给定函数关系的多变量进行最小二乘法非线性拟合，即能给出器件优值参数的显函数设计公式。最小二乘法的优点是优化参数以显函数方式直接给出，通过代入设计公式即能获得器件的优化取值范围；缺点是当变量增加时，需要花费大量时间寻找合适的设计公式，且设计公式形式复杂。如将该方法应用于 3.3 节半超结器件优化，虽然与全超结器件相比，半超结器件的结构仅增加了一个缓冲层，但得到的设计公式的复杂度大大提高了。

另一种方法是人工神经网络法，对于涉及更多变量的优化问题，同样可以采用黄金分割优化法获得任意给定条件下的离散优化设计点，再将神经网络引入以输出任意给定条件下的优值。通过将上述离散优化点作为训练集，可在器件典型应用范围内训练来获得高精度神经网络，用以取代复杂的设计公式。全域优化以器件设计参变量为输入，以优化的设计参数与特性参数为输出，这是典型的有限维有理数映射。根据神经网络中的万能近似定理[10]，一个前馈神经网络如果具有线性输出层和至少一层具有激活函数的隐藏层，只要给予网络足够量的隐藏单元，原则上就能以任意精度实现从一个有限维空间到另一个有限维空间的有理函数映射。值得注意的是，神经网络只反映数据之间的映射关系，不包含具体的物理意义，因此其预测能力在训练集外可能会严重失真，需要在实际应用中酌情考虑。此外，神经网络的基础是激活函数与权重，较难处理如掺杂浓度这样含数个数量级变化的变量，为降低误差，可能需要对数据取对数并归一化处理才能获得较好的拟合结果。

图 2-24 所示为超结耐压层 $R_{on,min}$ 多层神经网络，它是一个以 W 和 V_B 为输入，预测 N_{SJ}、L_{SJ} 和 $R_{on,min}$ 这 3 个输出的神经网络，采用如图 2-23 所示的原理，在 W 范围（如 0.5～10μm）和 V_B 范围（如 200～2000V）内选定不同的间隔点即可产生大量所需训练的数据集。通过选择不同隐藏层（k、l 和 m 等）的激活函数和隐藏单元个数，即可训练出高精度的神经网络系统，实现器件优化参数的精确预测。

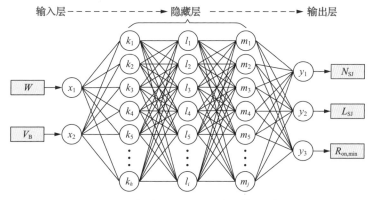

图 2-24　超结耐压层 $R_{on,min}$ 多层神经网络

神经网络的预测能力主要取决于高质量的训练数据和数据在测试集外推的幅度，在本文提出的方法中，数据源于器件物理决定的精确数值解，保证了训练数据的精确性，且容易获得典型应用条件下的设计点，可保证测试集包含在训练集中，从而保证计算精度。从预测能力看，通过最小二乘法拟合所得的设计公式和通过神经网络预测的差不多，但是通过最小二乘法拟合得到的设计公式的误差范围在3%量级左右，且设计公式的复杂度会随器件结构复杂度的增加而显著增加，如第3章中半超结器件的设计公式就比全超结器件的设计公式复杂得多。采用 Mathematica 训练神经网络的实例如附录3所述，神经网络训练很容易将误差降低1~3个数量级，且可避免复杂的解析表达式，非常适合多变量优化的工程应用。

参 考 文 献

[1] 陈星弼. 超结器件 [J]. 电力电子技术, 2008, 42(12): 2-7.

[2] 陈星弼. 功率 MOSFET 与高压集成电路 [M]. 南京: 东南大学出版社, 1990.

[3] SZE S M, GIBBONS G I. Avalanche breakdown voltages of abrupt and linearly graded p-n junctions IN Ge, Si, GaAs, and GaP [J]. Applied Physics Letters, 1966, 8(5): 111-113.

[4] CHEN X B, MAWBY P A, BOARD K, et al. Theory of a novel voltage-sustaining layer for power devices [J]. Microelectronics Journal, 1998, 29(12): 1005-1011.

[5] ZHANG W T, ZHANG B, LI Z H, et al. Theory of super junction with NFD and FD modes based on normalized breakdown voltage [J]. IEEE Transactions on Electron Devices, 2015, 62(12): 4114-4120.

[6] YOUNG K K. Short-channel effect in fully depleted SOI MOSFETs [J]. IEEE Transactions on Electron Devices, 1989, 36(2): 399-402.

[7] ZHANG W T, ZHANG B, QIAO M, et al. Optimization and new structure of super junction with isolator layer [J]. IEEE Transactions on Electron Devices, 2017, 64(1): 217-223.

[8] 张波, 罗小蓉, 李肇基. 功率半导体器件电场优化技术 [M]. 成都: 电子科技大学出版社, 2015.

[9] KIEFER J. Sequential minimax search for a maximum [J]. Proceedings of the American Mathematical Society, 1953, 4(3): 502-506.

[10] HORNIK K, STINCHCOMBE M, WHITE H. Multilayer feedforward networks are universal approximators [J]. Neural Networks, 1989, 2(5): 359-366.

第 3 章　纵向超结器件

纵向功率半导体器件的电流纵向流动,其耐压层长度增加不会改变器件表面积,且一般具有更低的 $R_{\text{on,sp}}$,适合高压、大电流应用。优化条件下,阻型耐压层在耐压时必须工作于 FD 模式,传统超结优化理论认为耐压层恰好为 FD 模式时特性最优,由此导出 $R_{\text{on,sp}} \propto V_{\text{B}}^{1.32}$ 关系。超结电荷场二维调制作用使得耗尽不依赖外部 PN 结,耐压层中大部分电场线横向流走。因此,耐压层两端存在的 NFD 区域不影响器件的耐压特性。基于此,超结的 NFD 模式被提出。与 FD 模式相比,NFD 模式下电荷场的调制度更强,通过显著提高掺杂浓度,同时略微增长耐压层长度,可在相同 V_{B} 条件下实现更低的 $R_{\text{on,sp}}$。超结的最低比导通电阻 $R_{\text{on,min}}$ 出现在 NFD 模式下,本书作者从理论上给出器件 $R_{\text{on,min}}$,并获得 $R_{\text{on,sp}} \propto V_{\text{B}}^{1.03}$ 的准线性关系。由于物理规律、现象与所选用的度量单位无关,本章提出一种分析超结器件耐压性能的无量纲归一化法,定量求解超结器件 V_{B} 与电荷场参数间的关系。由此定义超结器件的 NFD 耐压模式,获得全超结器件和半超结器件的理论 $R_{\text{on,min}}$。此外,还对超结器件的尺寸极限、安全工作区、瞬态特性等进行了讨论。

3.1　超结器件 NFD 模式

超结器件的发明使耐压层从阻型变为结型,这是耐压结构的质变。从电荷场、电势场的角度看,超结器件的电势场为简单矩形分布,满足 $E_{\text{p}} = V_{\text{B}}/L_{\text{d}}$,但二维周期性掺杂产生了二维电荷场 $E_{\text{q}}(x, y)$,导致电场的复杂度增加。因此对超结器件分析的关键也在于电荷场。在相同 L_{d} 条件下,随着掺杂浓度 N 从零增加,结型耐压层的电荷场从零开始变化:零掺杂超结含本征耐压层,其 V_{B} 最大但 $R_{\text{on,sp}}$ 也很大,增加 N 可使 $R_{\text{on,sp}}$ 单调降低,同时由电荷场所致的电场峰值区也使 V_{B} 单调降低。从 2.3.2 节的两种解析法可以看出,除 N 外,超结电荷场还和 W、L_{d} 有关,导致难以直接定量分析变化的电荷场对 V_{B} 的影响。

超结器件结型耐压层导致电场具有二维性,主要体现为电荷场的二维性。耐压时大部分 N 区电离正电荷的电场线终止于邻近 P 区,只有在靠近耐压层表面时才与 P⁺ 和 N⁺ 耗尽,产生指向表面的电荷场。第 2 章已经证明,超结器件的电荷场分布从表面到体内呈现指数衰减,在距表面大于 $2T_{\text{c}}$ 的范围内,几乎可认为表面电荷场峰值对体内电荷场无影响。换句话说，超结电荷场的二维性导致电荷场对表面的影响被限定在距离表面 $2T_c$ 的极窄范围内。与此不同的是，常规 VDMOS 的电离电荷产生的电场线只能终止于器件表面，因此电荷场的影响跨越整个漂移区。这种差别带来以下结果：在给定掺杂浓度下，如果固定超结 P+ 端同时延长耐压层长度，由于电荷场的作用局限在距离表面 $2T_c$ 的范围内，P+ 端局部电荷场分布不变，N+ 端电荷场对表面的影响仍将被局限在距离表面 $2T_c$ 的范围内，且仅跟随耐压层长度变化进行平移，器件的 V_B 几乎随耐压层长度线性增加。但如果固定 VDMOS 的掺杂浓度并延长耐压层长度，新增耐压层中电荷发出的电场线将穿过整个耐压层，增加器件的表面电场。在给定浓度下，VDMOS 可实现的最大 V_B 为固定值，对应耐压层恰好为 FD 状态。

在给定掺杂浓度下，VDMOS 的一维电场调制导致发生击穿时，耐压层必须为 FD 状态。若耐压层为 NFD 状态，增加耐压层长度，V_B 保持不变。在超结器件中，电荷场的影响具有局域性，即便在靠近 P+、N+ 两端存在 NFD 区域，也不会显著影响器件 V_B。本章将证明，对超结器件 $R_{on,sp}$ 进行优化时，优值点下的耐压层确实处于 NFD 状态，这是超结器件结型耐压层结构的二维电场调制的结果，这是一种异于常规模式的 NFD 模式。

3.1.1 V_B 归一化系数与电荷场归一化因子

超结掺杂引入的电荷场调制作用将增加耐压层局部总电场，由于超结电势场为矩形分布（$E_p=V_B/L_d$），因此电荷场的增加必导致器件 V_B 的降低。为确定任意 N 下超结的击穿状态并简化计算，我们仅考虑电荷场中对碰撞电离起主要贡献的 A 点附近峰值场区的电场，而忽略 A′点附近的谷值场区，AA′线上的电场分布可通过电场叠加原理表示如下：

$$E(0,y)=E_p\left\{1+\gamma\exp\left[\frac{4f}{W}\left(y-\frac{L_d}{2}\right)\right]\right\} \tag{3-1}$$

其中，$\gamma=E_q/E_p$，为电荷场归一化因子，表示电荷场峰值与电势场之比，且 γ 值随 N 增加从零开始增加，反映 N 的变化对器件性能的影响。

在给定 L_d 下，零掺杂超结（PIN）具有最高且恒定的击穿电压值，该值记为 V_{B_0}，它仅为与 L_d 有关的函数，可通过在击穿条件中取 PIN 的电势场 E_{p_0} 获得。因此给定 L_d 下的 V_{B_0} 可作为超结击穿电压 V_B 的度量单位。对不同耐压级别的器件，可使用击穿电压归一化系数 $\eta=V_B/V_{B_0}$ 作为唯一变量进行描述，该值为 0~1。

将式（3-1）代入电离率公式[1]$\alpha(E)=CE^7$ 可得：

$$\int_{-L_d/2}^{L_d/2} CE^7(0,y)\mathrm{d}y = 1 \tag{3-2}$$

分别令 $\gamma=0$ 和 $\gamma\neq0$，得到零掺杂与任意掺杂超结的击穿状态表达式，再利用相同 L_d 下的关系式 $V_B/V_{B_0}=E_p/E_{p_0}$，可得到击穿电压归一化系数表达式：

$$\eta=[1+\lambda F(\gamma)]^{-1/7} \tag{3-3}$$

其中，$\lambda=W/L_d$，为超结半元胞宽长比，$F(\gamma)$ 为 γ 的函数，推导过程见附录 2，表达式为：

$$F(\gamma)\approx\frac{1}{1680f}\gamma(2940+\gamma(4410+\gamma(4900+\gamma(3675+2\gamma(882+5\gamma(49+6\gamma))))))\,。$$

任意超结器件的耐压问题可通过两个参数 γ 和 λ 来描述，其中 γ 反映电荷场与电势场的相互作用，λ 表示元胞尺寸的影响。图 3-1 给出不同 λ 下，η 随 γ 的变化情况，并与仿真值相比较。在相同 λ 下，η 随 γ 的增大而减小，且 γ 越大，η 减小得越快。这是因为物理上，γ 增大表示电荷场峰值 E_q 增加，由于碰撞电离率"强烈依赖"于电场，从而导致击穿更早发生，η 减小得更快；随着长宽比增加，γ 对 η 的影响减小，在物理上该现象可描述两方面内容。一方面，元胞长度 L_d 不变而宽度 W 减小，这导致电荷场峰值 E_q 降低并且 A 点附近高电场区电场下降得更快，从而在相同 L_d 下，η 随 V_B 的增加而增加。其次，W 不变而 L_d 增加，这导致电势场 E_p 降低，电场叠加后高电场区电场整体降低，同样在相同 L_d 下，η 随 V_B 的增加而增加。另一方面，在相同 γ 下，η 的增幅随 λ 降低而逐渐减小，这反映了高电场区电场对碰撞电离率积分的贡献减弱。当耐压层的掺杂浓度很低时，可将超结视为 PIN 器件，满足 $\gamma=0$ 且 $\eta=1$，即 $V_B=V_{B_0}$，此时电荷场 E_q 为 0，这是任意超结耐压设计的极限，体现为图 3-1 中一族曲线的渐近线。

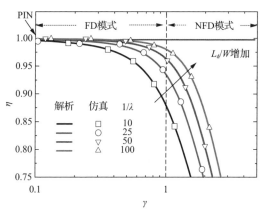

图 3-1　超结器件 η 与 γ 的关系

上述归一化方法是无量纲分析法，得到的无量纲函数与具体器件参数取值无关，反映作用规律。这是由于物理规律和现象与所选用的度量单位无关，可以对物理问题中所涉及的同类量做除法（相除）。本节中的处理方法为碰撞电离率积分所致击穿状态下同量纲表达式之比，从而将各种影响因素综合为无量纲量，如本例中的 η、γ 和 λ 均是无量纲量。电荷场归一化分析法仅用两个无量纲参数即给出击穿电压随电场及尺度变化的规律，此法可拓展到其他研究中。

关态条件下，功率半导体器件的电势为电场的积分，其非耗尽区为电中性，即电场为 0,电场的作用范围处于耗尽区内.对于常规功率半导体器件,如 VDMOS、LDMOS 等,$R_{on,sp}$ 的优化条件一定对应漂移区完全耗尽。因为如果漂移区不能完全耗尽,此时再增加耐压层长度,只是增加了中性区的长度,耐压区被限制在耗尽区中,器件击穿电压保持不变,只是增加了漂移区的串联电阻,不利于降低 $R_{on,sp}$。究其根源,这是电荷场完全依赖于耐压层长度所致。以耐压层均匀掺杂的 VDMOS 为例,若关态条件下耐压层恰好为 FD 状态,此时再增加耐压层长度,如果耐压层继续耗尽,新耗尽电荷所产生的电场线依然终止于器件表面,会导致整个耐压层电场增加。所以说,常规功率半导体器件耐压层长度的增加必然导致电荷场峰值的增加和场分布的变化。换句话说,电荷场分布依赖于耐压层长度。

从式（2-32）可以看出，超结特殊的结型耐压层导致电荷场峰值 E_q 由 NW 决定,且电荷场随系数 $W/4f$ 呈指数衰减,使得电场的高电场区及分布独立于耐压层长度 L_d,这反映了超结横向电荷场对纵向电荷场的调制作用。由于超结电荷场具有对称性,且该特性在 A 点和 A'点一致,电荷场的影响被局限在这两点附近很短的 $0.78W$ 范围内。关态条件下,随着 V_d 增加,超结中 N 区同时被源端 P$^+$ 和两个毗邻 P 区耗尽,耗尽区边界向漏端扩展,而 A'点是最终被耗尽的点。如果耐压时 A'点被耗尽,那么耐压层完全耗尽,对 P 区和 B'点可类似分析。

发生击穿时,A'、B 两点的电场值为 0 是耐压层完全耗尽的判断依据。结合式（2-32）和式（2-33）即可得到完全耗尽条件,即 $E_q=E_p$,也就是 $\gamma=1$。从图 3-1 可看出,可根据 γ 的大小将超结分为两种耐压模式:当 $\gamma>1$ 时,为 NFD 模式;当 $0\leqslant\gamma\leqslant1$ 时,为 FD 模式。NFD 模式为超结特有的耐压模式,是二维电荷场作用的结果。

3.1.2 NFD 模式

如图 3-1 所示,工作于 NFD 模式下的超结的击穿电压仍可能达到相同 L_d 下 PIN 的 80%以上。显然,超结可以工作在 NFD 模式或者 FD 模式。当 $E_q>E_p$ 时,工作于 NFD 模式,发生击穿时在 A'和 B 两点附近存在 NFD 区,如图 3-2 所示。图 3-2 中的 NFD 区用阴影表示,其最大宽度位于 AA'线和 BB'线上,记为 δ。当 $\delta>0$ 时,工作于 NFD 模式;当 $\delta=0$ 时,工作于 FD 模式。由于 δ 区的电荷场分布独立于 L_d,当超结工作于 NFD 模式时,若增加 L_d,NFD 区随 L_d 增加仅发生相对位移而自身分布不变。图 3-3 给出 NFD 模式超结三维 y 方向电场分量 $E_y(x, y)$ 分布,在超结耐压层大部分区域内,超结 y 方向的电场值为常数 E_p,峰值与谷值场区都局限在上下界面局部区域内,且满足条件 $E_q>E_p$,NFD 区位于 A'、B 两点附近的局部区域内。

这展示了超结器件一个非常奇妙的特性,即器件耐压时可处于 NFD 模式,且 NFD

区跟随 L_d 移动，器件耐压不受完全耗尽条件的限制。这是由超结电荷场的二维调制作用决定的。随着 V_d 增加，耐压层 N 区和 P 区之间相互耗尽，电通量如图 3-3 所示，大部分电通量横向流走，但并非全部流走。上下两个电势边界为等势面，而在 P⁺端和 N⁺端，耐压层界面无显著横向电场，因此峰值场区与谷值场区出现。由于 N 区和 P 区的耗尽已发生交叠，等势关系决定了只要超结横向 NW 不变，y 方向电荷场分布也不会发生变化。而峰值场区与谷值场区都局限在如图 3-3 所示的由掺杂及横向尺寸决定的局部区域内，中性区与上下等势面的相对位置不变且独立于 L_d。这与常规功率 MOS 耐压层出现不完全耗尽后 V_B 保持不变的特性不同，也是本节研究 NFD 模式的根源所在，反映了超结电荷场的强调制作用。

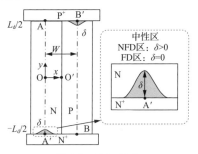

图 3-2　NFD 模式

从图 3-1 可以看出，FD 模式对应条件为 $0 \leqslant \gamma \leqslant 1$，$\gamma$ 的增加代表了耐压层掺杂剂量的增加。从降低 $R_{on,sp}$ 的角度来看，在保证击穿电压的同时应尽可能增加掺杂剂量。而对 FD 模式而言，优化条件为 $\gamma=1$，这对应 $E_q=E_p$，也就是电荷场产生的电场峰值与电势场相等，超结经典的 $R_{on,sp}$ 与 V_B 之间的 1.32 次方关系[2]就是在该条件下获得的。将 $\gamma=1$ 代入式（3-3）可以得到超结 FD 模式的归一化击穿电压表示式：

$$\eta_1 = (1+14.62\lambda)^{-1/7} \tag{3-4}$$

当 λ 从 0.25 变化到 0.01 时，η_1 从 0.81 变化到 0.98，可以看出当 λ 较小时，任意掺杂超结的击穿电压十分接近理想 PIN 的击穿电压，设计余量非常大。

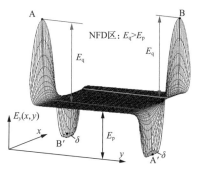

图 3-3　NFD 模式超结三维 y 方向电场分量 $E_y(x, y)$分布

为了比较两种模式的差异，图 3-4 给出 NFD 和 FD 模式器件的电场分布比较，两者击穿电压 V_B 均为 1200V，N 区和 P 区宽度 W 为 1μm。

图 3-4（a）为 NFD 和 FD 模式的电场分布，其中 η 为 0.9 和 0.8，分别表示 NFD 模式的超结的 V_B 达到具有相同耐压层长度的 PIN 的 V_B 的 90% 与 80%。为了达到与 FD 模式的超结相同的 V_B，NFD 模式的超结在增加耐压层掺杂浓度 N 的同时具有更长的漂移区长度 L_d。图 3-4（b）表示图 3-4（a）的高电场 H 区的局部放大图，可以看出与 FD 模式相比，NFD 模式的 E_q 显著增加而 E_p 略微降低。图 3-4（c）是图 3-4（a）的低电场 L 区的局部放大图，B′点附近为中性区，插图是 P 区的 FD 区边界仿真结果，其 $\delta<0.5\mu m$。可以看出，在 NFD 模式下，耐压层的掺杂浓度比 FD 模式的更高，$R_{on,sp}$ 显著减小。当然，增加掺杂浓度会增大 E_q 并增强电场峰值，使 V_B 和 E_p 略微降低，但是，只需要适当增加 L_d 就可以达到相同的 V_B。这是由于 NFD 区仅存在于 B′点附近，漂移区长度增加，耐压距离也随之增加。图 3-4（d）所示为 B′点的三维电场分布，可以看出，在 NFD 模式下，耐压层中性区只分布在一个很小的 δ 区域内，并且谷值场区亦被限制在 $0.78W$ 的范围内。由于 NFD 区电场为 0，电荷场的绝对值与电势场相等，δ 可由式（2-32）式（2-33）得出，即 $\delta=W/4f\left[\ln\left(E_q/E_p\right)\right]$。

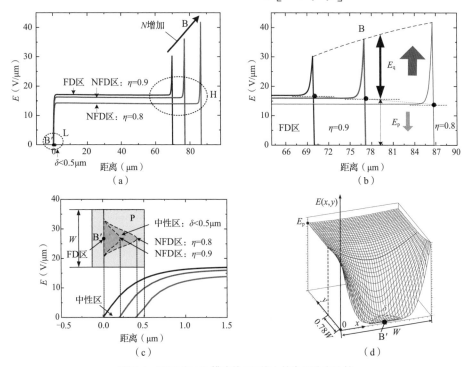

图 3-4　NFD 和 FD 模式的 BB′线上的电场分布比较
（a）NFD 和 FD 模式的电场分布；（b）高电场 H 区的电场放大；
（c）低电场 L 区的电场分布及物理图像；（d）NFD 区附近三维电场分布

3.1.3 $R_{\mathrm{on,min}}$ 归一化判断依据

与相同 V_{B} 下的 FD 模式的器件相比，工作于 NFD 模式的超结器件有两方面不同：掺杂浓度 N 增加，导致器件 $R_{\mathrm{on,sp}}$ 降低；为了在更高电荷场条件下实现相同 V_{B}，漂移区长度 L_{d} 增长，导致器件 $R_{\mathrm{on,sp}}$ 升高。NFD 模式下，N 和 L_{d} 两个关键因素的改变导致 $R_{\mathrm{on,sp}}$ 存在折中关系。为了寻求给定 V_{B} 下的 $R_{\mathrm{on,min}}$，借鉴 3.1.2 节的归一化方法，纵向超结的比导通电阻满足 $R_{\mathrm{on,sp}}=2L_{\mathrm{d}}/(qN\mu_{\mathrm{N}})$，考虑迁移率 $\mu_{\mathrm{N}}=2.58\times10^4 N^{-1/12}$ [3]，可知 $R_{\mathrm{on,sp}}\propto L_{\mathrm{d}}/N^{11/12}$；若仅考虑将超结耐压层横向放置，形成横向超结器件，则满足 $R_{\mathrm{on,sp}}\propto L_{\mathrm{d}}^2/N^{11/12}$，该值与 FD 模式的 $R_{\mathrm{on,sp}}$ 之比可作为优化 $R_{\mathrm{on,sp}}$ 的判断依据，NFD 模式和 FD 模式超结的漂移区长度之比为 $(\eta_1/\eta)^{7/6}$，而掺杂浓度之比为 $\gamma(\eta/\eta_1)^{7/6}$。根据归一化思想，得到判断纵向与横向超结比导通电阻的归一化函数：

$$F_{\mathrm{R}}=\begin{cases}\gamma^{-11/12}(\eta_1/\eta)^{161/72} & （纵向超结）\\ \gamma^{-11/12}(\eta_1/\eta)^{245/72} & （横向超结）\end{cases} \tag{3-5}$$

设计超结比导通电阻的实质就是寻找式（3-5）中 F_{R} 的最小值。从式（3-3）和式（3-4）可以看出，F_{R} 可被视为与 γ 和 λ 相关的函数。在给定 λ 下，F_{R} 的最小值 γ 可通过数值方法得到，从而 η 也可通过式（3-3）直接计算出来，得到如图 3-5 所示的横向与纵向超结器件 $1/\lambda$ 与 η 和 γ 之间的关系。

从图 3-5 可以看出，纵向、横向两种超结器件的曲线虽趋势一致，但取值有异，这正是 $R_{\mathrm{on,sp}}$ 差异所致。纵向超结器件的 $R_{\mathrm{on,min}}$ 的确是在 NFD 模式（$\gamma>1$）下取得的，而对于横向超结器件，只有当长宽比 $1/\lambda$ 较小时才存在 FD 条件更优的现象。这是由于当 $1/\lambda$ 较小时，随 γ 增加，η 下降得更快（如图 3-1 所示），也就是说 N 增加时，实现同等 V_{B} 需要更长的 L_{d}，这更易导致横向超结器件 $R_{\mathrm{on,sp}}$ 的增加。与横向超结器件相比，纵向超结器件在优化情况下具有更大的 γ 与更小的 η，这反映了 $R_{\mathrm{on,sp}}$ 分别正比于 L_{d}^2 和 L_{d} 的差异。图 3-5 中还展示了一个非常有意思的现象，即器件最优时所对应的 η 几乎为常数，纵向与横向超结器件的 η 分别约为 0.8 和 0.9。

这种"巧合"是超结电荷场与电势场相互作用的结果。3.1.2 节中我们论证了超结电荷场高电场区被限制在 $0.78W$ 内，且在 NFD 模式下，掺杂浓度 N 增加和漂移区长度 L_{d} 增大分别体现为 $0.78W$ 内电荷场的增加以及整个漂移区中电势场的降低。由于 $0.78W$ 远小于 L_{d}，可粗略将高电场区与整个漂移区中碰撞电离率积分相对独立地考虑。这种独立性导致超结优化有一个显著特点，即优化条件下耐压层长度增加比例一致。换句话说，优化条件对应的两区碰撞电离率积分值为常数，从电荷场归一化分析法可看出，高电场区碰撞电离率积分值为 $1-\eta^{35/6}$，对应纵向与横向超结器件时，该值分别为 0.73 和 0.46，这意味着当高电场区碰撞电离率积分值为 0.73 和 0.46 时，器件 $R_{\mathrm{on,sp}}$

最低。可以看出正是纵向与横向超结器件 $R_{on,sp}$ 分别正比于 L_d 和 L_d^2，导致纵向超结器件的优化 η 约为横向超结器件的优化 η 的平方，这反映了 $R_{on,sp}$ 与 η 间的统一性。

当然，如果超结长宽比 $1/\lambda$ 较小，$0.78W$ 占据 L_d 的比例增大，则会影响碰撞电离率积分的独立性，表现为图 3-5 中 η 的略微降低。然而我们仍可选用 η 为常数来作为器件的优化条件，原因有二：首先 η 的略微降低对应 γ 的较大幅度降低，因此在 $1/\lambda$ 较小的条件下，与 FD 模式相比，NFD 模式下 $R_{on,sp}$ 的降低幅度有限。比如对于 $L_d{=}5W$ 的器件，纵向超结器件 NFD 模式下 $R_{on,sp}$ 的降低比例仅为 6%，而横向超结器件则几乎不发生变化；其次，η 为常数具有非常清晰的物理意义并可极大简化解析公式的计算。因此我们分别选取 η 约为 0.8 和 0.9 作为纵向与横向超结器件的优化条件，以体现物理性与简洁性。

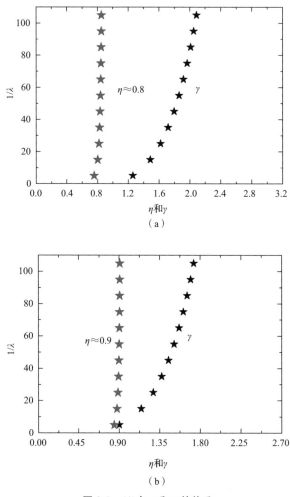

图 3-5　$1/\lambda$ 与 η 和 γ 的关系
（a）纵向超结器件；（b）横向超结器件

从式（3-3）可以得到含 η 的击穿判断依据：

$$\lambda F(\gamma) = \eta^{-7} - 1 \qquad (3\text{-}6)$$

式（3-6）反映了超结所有可能的击穿状态，同时论证了当 η 为 0.8 和 0.9 时所对应超结的 $R_{on,min}$ 条件，从而使超结的优化变得尤为简单，只需要满足式（3-6）右边为常数即可。将 η 代入得到 $\eta^{-7} - 1$ 的值分别为 3.77 和 1.09，即获得横向与纵向超结器件的优化 $R_{on,sp}$ 的归一化判断依据。然而上述优化的归一化判断依据较为复杂，不易作为器件设计公式，下面将从式（3-6）出发进一步推导器件设计公式。

3.1.4 纵向超结器件设计

借助电荷场归一化分析法，我们对超结器件的性能做了较全面的研究。但该方法反映规律时皆使用无量纲量，且解析式较为复杂，因此虽用作物理规律研究时非常有效，但不易应用。下面我们将研究所得的基本规律回溯到具体器件设计中，给出超结器件的设计公式。从 $R_{on,sp}$ 的表达式中可以看出，$R_{on,sp}$ 与 N 和 L_d 相关，其中横向电荷场作用使得 N 主要取决于由工艺决定的 W；纵向电荷场作用使得 L_d 主要取决于目标击穿电压 V_B。综上，超结器件设计就是寻求 $R_{on,min}$ 条件下设计参数 N、W 和 L_d 与指标参数 V_B 的显函数关系。

将击穿电压归一化系数代入式（3-2），结合 $V_B = E_p L_d$，可以将电势场 E_p 与漂移区长度 L_d 表示为 η 和 V_B 的函数：

$$\begin{cases} E_p = c^{-1/6} \eta^{7/6} V_B^{-1/6} \\ L_d = c^{1/6} \eta^{-7/6} V_B^{7/6} \end{cases} \qquad (3\text{-}7)$$

结合 $E_q = \gamma E_p = f E_0$，并考虑碰撞电离率[1,4]所引入的误差，即可得到关键设计参数与指标参数 V_B 之间的关系：

$$\begin{cases} NW = 1.094 \times 10^{13} \gamma \eta^{7/6} V_B^{-1/6} & (\text{cm}^{-2}) \\ L_d = 1.78 \times 10^{-2} \eta^{-7/6} V_B^{7/6} & (\mu m) \end{cases} \qquad (3\text{-}8)$$

选取 η，从式（3-6）中通过非线性拟合的方式可得到 γ 与 λ 的函数关系，详细推导过程见附录 2。再将 λ 代入式（3-7）中 L_d 的表达式，即可获得器件最终优化设计公式。此过程采用对数表达式拟合以及二阶泰勒级数取零等较为复杂的内容，且并未涉及新的物理概念，因此推演过程在附录 2 中给出，此处不赘述。附录 2 中还针对不同 η 给出对应的设计公式。这里以纵向超结器件为例给出 NFD 模式下的设计公式：

$$\begin{cases} NW = 2.19 \times 10^{12} W^{-0.267} V_B^{0.145} & (\text{cm}^{-2}) \\ L_d = 2.31 \times 10^{-2} V_B^{7/6} & (\mu m) \end{cases} \qquad (3\text{-}9)$$

若将 $\gamma=1$ 与 η_1 代入式（3-8）即可得到 FD 模式下的设计公式：

$$\begin{cases} NW=1.094\times10^{13}\,aV_B^{-1/6} & (\text{cm}^{-2}) \\ L_d=1.78\times10^{-2}\,a^{-1}V_B^{7/6} & (\mu\text{m}) \end{cases} \tag{3-10}$$

其中，$a=\eta_1^{7/6}$。将式（3-8）中 L_d 代入式（3-4）得到：

$$a=(1+903.3W/V_B^{7/6})^{-1/7} \tag{3-11}$$

从式（3-8）可以看出，归一化方法给出了任意 W 和 V_B 下击穿状态所对应的参数值，完成了第 2 章介绍的解析优化法的前两步，即求解电场精确表达式和确定击穿状态。通过选择不同的优化判断依据，式（3-9）和式（3-10）给出了器件的优化设计结果，前者使用式（3-6）中给出的 $R_{on,min}$ 判断依据，后者对应 FD 模式下的完全耗尽判断依据。在上述表达式中，给定参数 W 和 V_B，就可以直接计算出 NW 和 L_d 的值，从而完成器件优化。

图 3-6 给出半元胞宽度 W 分别为 0.5μm、2μm 和 5μm 的超结器件的掺杂剂量 NW 和击穿电压 V_B 的关系，其中实线和虚线分别为式（3-9）和式（3-10）的计算结果，三角形和圆点为仿真结果。NW 定量表示横向与纵向电荷场峰值 $E_q=fE_0\propto NW$。NFD 模式下，NW 随 V_B 的增加而增加，而 FD 模式下，该趋势与此相反。由于碰撞电离率积分路径变长，两种模式下 E_p 都随 V_B 也就是 L_d 的增加而降低。FD 模式下，$E_q=E_p$，NW 随 V_B 的增加而略微降低。NFD 模式下，E_p 降低会导致整个高电场区电场降低，优化条件下高电场区碰撞电离率积分值固定为 0.79，NW 随 V_B 的增加略有增加。更为重要的是，NFD 模式下，NW 随 W 的减小显著增加，比如当 $W=0.5\mu\text{m}$ 时，NW 大于 $6\times10^{12}\text{cm}^{-2}$，甚至达到 $8\times10^{12}\text{cm}^{-2}$，而 FD 模式下，$NW$ 可看成约 $3\times10^{12}\text{cm}^{-2}$ 的常数。这是由于 W 较小时，从式（2-32）可以看出，电荷场导致高电场区面积变小，从而在碰撞电离率积分值固定的条件下，NW 可以显著变大。相反，FD 模式下，NW 受限于条件 $E_q=E_p$，且几乎为常数，这种限制导致 FD 模式下的器件未发挥出超结 $R_{on,sp}$ 降低的潜力，这也是我们提出 NFD 模式的原因。

从图 3-6 还可以看出，当 $W=5\mu\text{m}$ 时，从式（3-9）获得的 NW 可能略小于式（3-10）的计算值，其原因是当 W 较大而 V_B 较小时，器件长宽比 $1/\lambda$ 较小。从图 3-5 可以看出，$1/\lambda$ 较小时，选择 $\eta=0.8$ 作为优化条件会出现一定误差，此时可选择 FD 模式作为器件的优化条件。这就出现了设计中两种模式的选择，通过令 γ 关于 λ 的函数关系式中的 γ 为 1，可以得到给定 V_B 下 FD 模式的最小半元胞宽度 W_{min}，并作为给定 V_B 时设计公式的选择条件，W_{min} 的表达式如下：

$$W_{min}=5.24\times10^{-3}V_B^{7/6} \qquad (\mu\text{m}) \tag{3-12}$$

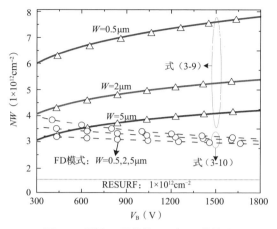

图 3-6　不同 W 下超结 NW 与 V_B 的关系

当 $W \leqslant W_{min}$ 时，器件具有更大的长宽比 $1/\lambda$，式（3-9）可作为器件设计公式；当 $W > W_{min}$ 时，器件具有更小的长宽比 $1/\lambda$，式（3-10）可作为器件设计公式。根据式（3-12），针对给定 V_B 的超结器件，可将由工艺确定的 W 与 W_{min} 相比较，从而方便地选择对应的器件设计公式。

图 3-7 给出了 W_{min} 和 V_B 的关系，W_{min} 随 V_B 的增加而增加，这是由于高 V_B 器件具有更长的 L_d，从而器件长宽比 $1/\lambda$ 增加。当 V_B 分别为 300V 与 1200V 时，W_{min} 分别为 4.1μm 和 20.5μm，在实际工艺中较容易实现 NFD 模式。事实上，对于式（3-4），若令 $\eta_1 < 0.8$，还可以得到 NFD 模式的另一个等效条件：$1/\lambda > 3.88$，该条件表明当超结长宽比大于 3.88 时，即可使用式（3-9）进行设计。

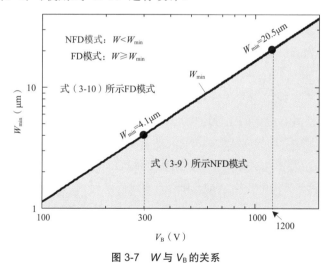

图 3-7　W 与 V_B 的关系

在前文的电荷场归一化分析法中，只考虑了 A、B 点的击穿。实际上，当掺杂浓

度 N 显著增加时，超结横向 PN 结可能不完全耗尽，V_B 由横向 PN 结的 V_B 决定，此时对应的 N 为超结器件的浓度极限 N_{max}，定义为超结实现给定 V_B 的最大掺杂浓度。随着 N 不断增加，电荷场 E_q 增加可导致 E_p 降低，要实现给定 V_B 就需要增大 L_d。当 N 接近 N_{max} 时，L_d 迅速增大，导致 $R_{on,sp}$ 迅速增大。借鉴文献[5]中的方法，可得到 O'点的横向电场峰值与 W 的关系：

$$E_{max} = \frac{9.78(21.87 - \ln W)}{\ln W + 3.87} \qquad (3\text{-}13)$$

从而获得 N_{max} 的表达式：

$$N_{max} = \frac{2\varepsilon_s}{qW} E_{max} \qquad (3\text{-}14)$$

详细推导过程见附录 2。在 N_{max} 下大部分耐压层未耗尽，超结器件仅有横向 PN 结耐压，$V_B \approx 0.25 q N_{max} W^2 / \varepsilon_s$，当 W 为 1μm 和 5μm，N_{max} 分别为 $7.21 \times 10^{16} \text{cm}^{-3}$ 和 $9.44 \times 10^{15} \text{cm}^{-3}$。图 3-8 所示为 V_B 为 300V 与 1200V 的超结器件的 N 与 W 的关系，图中线和圆点分别表示解析结果与仿真结果。

将 V_B 代入式（3-12）得到 W_{min} 分别为 20.5μm 和 4.1μm，V_B 为 1200V 的器件工作于 NFD 模式，N 由式（3-9）给出；V_B 为 300V 的器件则在较窄的 W 下工作于 NFD 模式，而在较宽的 W 下工作于 FD 模式，N 由式（3-10）给出。为进行比较，图 3-8 中还给出 N_{max} 曲线（黑色点划线），可以看出，本章设计公式所得到的优化掺杂浓度 N_{op} 与 N_{max} 较为接近，且能实现给定 V_B。在 N_{max} 下，W 为 1μm 和 5μm 的器件的仿真 V_B 仅为 24.9V 和 90.7V。

上面分析了 NFD 模式所导致的超结耐压层浓度的增加，这会导致耐压层长度 L_d 的略微增加，图 3-9 所示为不同 W 下 NFD 模式与 FD 模式中 L_d 与 V_B 的关系。图 3-9 中曲线和点分别为解析与仿真结果，PIN 掺杂浓度为 0，从而具有最短的漂移区长度。FD 模式下，由于式（3-4）中的 η_1 随 λ 的增加而减小，导致式（3-10）中 L_d 随 W 的增加略有增加。从式（3-9）可看出，虽然 NFD 模式下 L_d 略有增加，但是由于掺杂浓度 N 大大增加，器件具有更低的比导通电阻。

第 2 章中提到功率半导体器件解析优化的基本方法是在优化判断依据下求解器件的参数性能。常用的 $R_{on,sp}$-V_B 关系也是在该思想下体现的，比如对典型场优化法设计的 FD 模式下的超结器件，其优化条件为 A'点和 B'点电场恰好为 0，该条件下所获得的 $R_{on,sp}$-V_B 关系即经典的 1.32 次方关系[2]。对于 NFD 模式与 FD 模式下的超结器件，优化条件下 N 与 L_d 的取值在式（3-9）和式（3-10）中给出，代入超结比导通电阻的表达式 $R_{on,sp}=2L_d/(q\mu_N N)$ 中，并考虑迁移率与浓度的关系表达式[3] $\mu_N=2.58 \times 10^4 N^{-1/12}$，即可得到 NFD 模式与 FD 模式下的 $R_{on,sp}$-V_B 关系。

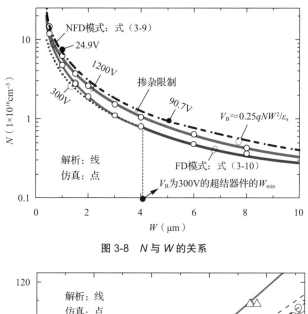

图 3-8 N 与 W 的关系

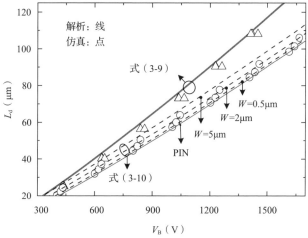

图 3-9 不同 W 下 L_d 与 V_B 的关系

对于 NFD 模式下的超结器件：

$$R_{\text{on,sp}} = 1.17 \times 10^{-3} W^{1.16} V_B^{1.03} \quad (\text{m}\Omega \cdot \text{cm}^2) \quad (3\text{-}15)$$

对于 FD 模式下的超结器件：

$$R_{\text{on,sp}} = 2.07 \times 10^{-4} a^{-1.92} W^{0.92} V_B^{1.32} \quad (\text{m}\Omega \cdot \text{cm}^2) \quad (3\text{-}16)$$

从式（3-15）和式（3-16）可以看出，与 FD 模式的 $R_{\text{on,sp}}$-V_B 的 1.32 次方关系相比，在 NFD 模式下，$R_{\text{on,sp}} \propto V_B^{1.03}$，这正是由于常规场优化法只是给出给定优化电场条件所对应器件的 $R_{\text{on,sp}}$-V_B 而并未给出其最小值。在附录 2 中，我们还给出了在 $\mu_{N1} = 55.2 + 1373.8 / [1 + (N/1.02 \times 10^{-17})^{0.73}]$ 基础上引入的误差因子 σ 后更精确的迁移率的表达式[6]，以及考虑 JFET 效应[7]时针对不同 η 的情况的 $R_{\text{on,sp}}$-V_B 关系。

图 3-10 给出了 NFD 模式和 FD 模式下超结器件的 $R_{on,sp}$-V_B 关系，并给出常规 VDMOS 的极限关系[8]，插图为仿真所使用槽栅 VDMOS 的器件结构。图 3-10 中的线和点分别表示解析与仿真结果，其中实线为根据式（3-15）得到的 NFD 模式的结果；虚线为根据式（3-14）得到的 FD 模式的结果，在计算时使用附录 2 中更为精确的 $R_{on,sp}$ 表达式。在不同的 W 下，NFD 模式的超结通过优化设计 $R_{on,min}$ 获得更低的 $R_{on,sp}$。

根据设计式（3-9）和式（3-10），可设计出 V_B 为 1200V 的 NFD 模式和 FD 模式下的超结器件实例。采用如图 3-10 所示的槽栅超结 MOSFET 结构进行 $R_{on,sp}$ 的仿真和解析计算，可得到 NFD 模式和 FD 模式下超结的 V_B 与 N 之间的关系。图 3-10 分别给出与纵向和横向 $R_{on,min}$ 相对应的两种 NFD 模式器件（其 η 分别为 0.8 和 0.9），并与 FD 模式器件进行比较（其 η 为 η_1）。其中，假定横向超结区高度 H 为 10μm。根据式（3-9）和式（3-10），对于纵向与横向超结器件，NFD 模式下 L_d 分别为 90.3μm 和 78.7μm，FD 模式下 L_d 为 71.7μm。对应的 N 分别为 $6.12×10^{16}$cm^{-3}、$5.14×10^{16}$cm^{-3} 和 $3.26×10^{16}$cm^{-3}，解析及仿真所得的各参数如表 3-1 所示。图 3-11 中实心点为解析设计结果，虚线反映在计算所得 L_d 条件下，超结 N 逐渐增加对 V_B 的影响。由于 NFD 模式下器件具有更长的耐压层，因此随着 N 增加，纵向与横向超结器件的 V_B 分别从更高的 V_{B_0} 下降至 1200V。

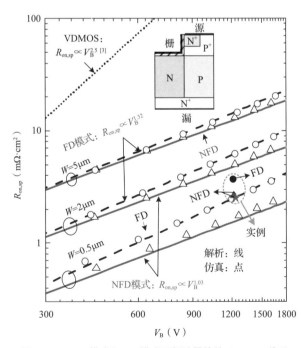

图 3-10　NFD 模式和 FD 模式下超结器件的 $R_{on,sp}$-V_B 关系

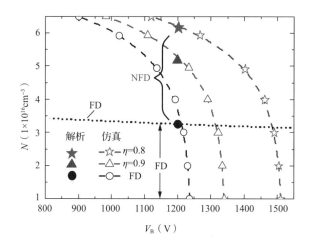

图 3-11　耐压为 1200V 的超结器件实例

上述设计参数及仿真结果在表 3-1 中给出，可以看出器件在 NFD 模式下的掺杂浓度高于 FD 模式下的。仿真得到 V_B 为 1200V 时，3 个不同条件的纵向超结器件的 $R_{on,sp}$ 分别为 2.69mΩ·cm²、2.71mΩ·cm² 和 3.68mΩ·cm²，横向超结器件的 $R_{on,sp}$ 分别为 24.29mΩ·cm²、21.49mΩ·cm² 和 26.39mΩ·cm²。当 η 分别为 0.8 和 0.9 时，纵向与横向超结器件分别实现比 FD 模式下更低的 $R_{on,sp}$。因此，采用本章电荷场归一化分析法获得的设计公式完全适用于横向与纵向超结器件的设计，其差别在于横向超结器件的耐压层处于器件表面，在计算 $R_{on,sp}$ 时导致优化点发生转移。

表 3-1　NFD 模式与 FD 模式下超结器件的设计参数及仿真结果

参数	单位	NFD（η=0.8）	NFD（η=0.9）	FD
W	μm	1	1	1
V_B	V	1200	1200	1200
W_{min}	μm	20.5	6.1	—
NW	cm⁻²	6.12×10^{12}	5.14×10^{12}	3.26×10^{12}
L_d	μm	90.3	78.7	71.7
$R_{on,sp}$ 计算（纵向超结）	mΩ·cm²	2.53	2.65	3.64
$R_{on,sp}$ 计算（横向超结）	mΩ·cm²	22.85	20.86	26.10
V_B 仿真	V	1238	1224	1212
$R_{on,sp}$ 仿真（纵向超结）	mΩ·cm²	2.69	2.73	3.68
$R_{on,sp}$ 仿真（横向超结）	mΩ·cm²	24.29	21.49	26.39

3.1.5 超结器件 E_c 增强

当超结元胞宽度进一步缩小时，决定碰撞电离率积分的高电场区缩短，可能产生 E_c 增强效应。选取图 3-2 中 A 点的电场峰值为 E_c，该值可表示为 $E_c=\eta(1+\gamma)E_{p_0}$，其中电荷场归一化因子 γ 可表示为 W 和 V_B 的指数函数 $\gamma=0.26W^{-0.267}V_B^{0.312}$，$E_{p_0}$ 为 PIN 的 E_p，即 $E_{p_0}=30.18L_d^{-1/7}$(V/μm)，该值可从碰撞电离公式 $\alpha_i=1.8\times10^{-35}E^7(\mathrm{cm}^{-1})$ 中求出，进而得到 NFD 模式（$\eta=0.8$）下超结的 E_c 的表达式：

$$E_c = 24.14L_d^{-1/7}[1+0.73(W/L_d)^{-0.267}] \tag{3-17}$$

FD 模式下，超结的 E_c 的表达为：$E_c=2\eta_1E_{p_0}$，代入式（3-4）给出的 η_1 可得：

$$E_c = 60.36L_d^{-1/7}(1+14.62W/L_d)^{-1/7} \tag{3-18}$$

图 3-12 给出超结和 VDMOS 的 E_c 与 W 的关系，还给出超结在一定 W 条件下的最大临界击穿电场 E_{max}，表达式详见附录 2（A2-36）。在该条件下发生击穿时，耐压层大部分区域为不完全耗尽，此时，E_p 很低，器件仅有横向 PN 结耐压 $\Delta\phi$。从图 3-12 中可以看出，等势关系使得 NFD 模式和 FD 模式下的超结的 E_c 皆高于常规 VDMOS 的 E_c；FD 模式下，超结的 E_c 几乎为常数，$E_c\approx2E_{p_0}$。当 L_d 分别为 50μm 和 100μm 时，E_{p_0} 分别为 17.2V/μm 和 15.6V/μm。可以看出，当 L_d 增加一倍时，E_p 只降低 9.3%，而 E_c 只降低 18.6%。NFD 模式下，E_c 随 W 的减小而增大，特别是当 $W<2$μm 时，该值明显大于 FD 模式下的值，且更靠近 E_{max}。但是 E_c 随 L_d 的变化几乎不发生变化。

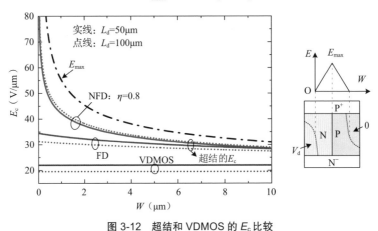

图 3-12 超结和 VDMOS 的 E_c 比较

综上便可以得到一个结论：对于超结器件，特别是工作在 NFD 模式下的超结器件，由于耐压层掺杂浓度 N 和电荷场 E_q 增加，$R_{on,sp}$ 出现较大幅度的降低，尽管 E_c 增强导致漂移区中的电场提高，但 V_B 仅有较小幅度的降低，且可以通过略微增长 L_d 使 V_B 保持不变。

3.2 纵向超结器件 $R_{on,min}$ 理论

3.1 节给出在 NFD 与 FD 两种模式下纵向超结器件的研究结果，表明在 NFD 模式下超结器件可实现更低的 $R_{on,sp}$，但由于解析法中采用较简单的碰撞电离率指数式 $\alpha=1.8\times10^{-35}E^{7[1]}$，且如迁移率降低效应与寄生 JFET 效应等次级效应难以包含在解析分析中，加之优化击穿电压归一化系数 $\eta=0.8$ 等假设，解析法获得的器件设计公式与仿真结果相比有较大的误差。

解析法具有明晰的物理概念，有以下 4 点值得深入研究。①优化过程未考虑超结 N 区和 P 区之间 PN 结的击穿，PN 结的击穿在高掺杂条件下起决定作用。②电荷场归一化分析法中碰撞电离率采用较简单的指数式 $\alpha=1.8\times10^{-35}E^{7[1]}$，从而获得简明表达式，实际应采用更为精确的经验公式 $\alpha=7.03\times10^{5}\exp(-1.468\times10^{6}/E)^{[4]}$，但解析计算中后者仅能处理耐压层电场为线性、均匀等简单电场分布情况。其中，仅是线性电场的碰撞电离率积分结果就需使用指数积分函数等非初等函数形式表示，当电场分布更复杂时，更无法获得解析结果。③计算所采用迁移率 $\mu_N=2.58\times10^{4}N^{-1/12[3]}$ 的掺杂浓度适用范围为 $1\times10^{15}\sim3\times10^{16}\mathrm{cm}^{-3}$，根据 NFD 模式研究，超结可工作于更高掺杂浓度下，此时采用迁移率 $\mu_{N1}=55.2+1373.8/\left[1+(N/1.02\times10^{-17})^{0.73}\right]^{[6]}$ 效果更佳。④比导通电阻优化过程中未考虑开态超结 N 区和 P 区之间寄生 JFET 效应 [7] 的影响，该效应使得 $R_{on,sp}$ 的实际值比计算值更大，该效应的影响随元胞宽度减小而增加。

本节提出的最低比导通电阻 $R_{on,min}$ 优化法，旨在找出超结真正的 $R_{on,min}$。其中的思想异于场优化法，过程是求出给定 W 和 V_B 下超结所有可能的击穿点的 $R_{on,sp}$，通过优化法找到全域最低点作为优化设计。$R_{on,min}$ 优化法考虑了上述 4 点，从而具有更高的计算精度，同时也是功率半导体器件比导通电阻优化的一种普适方法。该优化法首先给出超结习用的 $R_{on,sp}$ 电场优化法的局限性，进而分析超结电荷场的调制作用，获得 R-阱模型，再考虑 NFD 和 FD 两种模式下所有可能的优化值点，全域优化超结器件 $R_{on,sp}$ 以获得最小值。以界面无介质常规超结器件为例，该优化法寻求给定 W 和 V_B 条件下的 $R_{on,min}$，可拓展到介质超结器件的优化中。

超结器件具有典型的二维耐压层结构，其碰撞电离率积分由二维电场分布决定，从本章的分析可以看出，超结的设计需满足目标 V_B 和工艺条件给定 W。如果可以获得给定 W 和 V_B 条件下的所有可能击穿状态，就能选择其中的最低值作为器件的优化条件。本节在分析超结所有可能击穿状态的基础上，利用全域优化的思想提出 R-阱模型，寻找超结的最低比导通电阻 $R_{on,min}$。

3.2.1 $R_{on,min}$ 物理与解析基础

图 3-13 所示为超结结构与最短耐压层长度 $L_{d,min}$ 和最高掺杂浓度 N_{max}。图 3-13（a）

所示为超结结构。超结结构从一维角度可被视为横向 PN 结与纵向 PIN 的叠加，如图 3-13（b）和图 3-13（c）所示。这两个简单的一维结构分别给定 L_d 和 N 的取值范围。随着 N 增加，超结器件 $E_q(x, y)$ 的横向分量增加，最终导致图 3-13（a）中 O 点的电场大大增加，临界状态 C 点和 C′点的电场为 0，此时器件 V_B 由电离积分路径 CC′决定，等势线及电场分布分别如图 3-13（b）和图 3-13（d）中的实线所示，电场呈现三角分布，其中 C 点和 C′点的电场为 0，O 点的电场为 E_{max}。该电场状态确定了超结最高掺杂浓度 N_{max}。当 $N \geqslant N_{max}$ 时，器件 V_B 恒等于横向 PN 结 V_B，难以满足超结器件承受任意 V_B 的条件。随着 N 减小，$E_q(x, y)$ 对 E_p 的调制作用减弱。从 3.1.1 节中电场归一化分析法可以看出，当 N 趋近于零时，给定 L_d 下的器件具有最高 PIN 击穿电压 V_{B_0}。换句话说，对于给定 V_B 的超结器件，零掺杂时器件具有最短的漂移区长度 $L_{d,min}$，其等势线和电场分布分别如图 3-13（c）和图 3-13（e）中实线所示。显然 N_{max} 和 $L_{d,min}$ 定义了超结参数的取值范围，给定 W 和 V_B 条件下优化的超结器件参数需满足 $0 < N < N_{max}$ 以及 $L_d > L_{d,min}$。超结器件的优化电场分布如图 3-13（d）和图 3-13（e）中虚线所示。

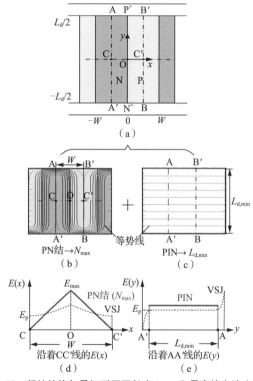

图 3-13　超结结构与最短耐压层长度 $L_{d,min}$ 和最高掺杂浓度 N_{max}
（a）超结结构；（b）横向 PN 结决定的 N_{max}；（c）纵向 PIN 决定的 $L_{d,min}$；
（d）具有 N_{max} 和 N_{op} 的超结 CC′线上的电场分布；（e）具有 $L_{d,min}$ 和优化 L_d 的超结 AA′线上的电场分布通过简单的一维分析及最小二乘法非线性拟合，得到超结器件两个极限参数 N_{max} 和 $L_{d,min}$ 的表达式：

$$\begin{cases} N_{max} = 6.863 \times 10^{16} W^{-1.236} & (cm^{-3}) \\ L_{d,min} = 2.136 \times 10^{-2} V_B^{1.14} & (\mu m) \end{cases} \tag{3-19}$$

其中，W 以 μm 为单位。可以看出 N_{max} 和 $L_{d,min}$ 分别仅由参数 W 和 V_B 决定，而与另一参数无关。

关态条件下，功率半导体器件耐压层中载流子在电场作用下沿着电场线方向加速并最终产生碰撞电离，而碰撞电离率积分沿着电场线方向并强烈依赖于电场。通过某点的碰撞电离率积分路径只有一条，不像电场积分求电势那样与路径无关，在耐压层所有积分路径中只要其中一条碰撞电离率积分值等于 1，器件即发生击穿。在研究雪崩击穿问题时，求解泊松方程实际上只是获得耐压层中可能的电场分布，具体击穿发生在何处还需根据碰撞电离率积分值在哪条路径上率先达到 1 来确定。正是由于碰撞电离率的电场强依赖性，一般击穿路径总是经过电场最高点，功率半导体器件由于受曲率效应等因素的影响，表面电场峰值更大，耐压技术也被称为降低表面电场技术。

超结器件 $E_q(x, y)$ 的横向与纵向分量的最大值分别在 O 点以及 A、B 两点取得，它们都是器件可能的击穿点，其中 A、B 两点电场所致击穿已详细讨论。O 点为超结 N 区与 P 区形成 PN 结电场的最高点，从而也可能发生击穿[2]，其积分路径如图 3-13（b）中 COC′ 虚线所示。这是由 $E_q(x, y)$ 的横向最大分量所决定的积分路径，为超结结型耐压层所独有，对其的分析也更为复杂。图 3-13（a）所示为超结二极管单元胞结构，其可能的电离积分路径为 AA′、BB′ 和 COC′，其中 AA′ 和 BB′ 通过 y 方向电场峰值点 A 和 B，COC′ 通过 x 方向电场峰值 O 点。值得注意的是，为了讨论方便及表达式的简洁性，图 3-13 中的坐标原点为 O 点，因此只需进行简单的坐标平移即可由式（2-10）～式（2-12）给出器件的电场分布。

研究表明分别考虑 O 点或 A、B 两点的击穿时，优化结果差异并不显著，因此采用如图 3-14 所示的较为简单的 AA′ 上的电场进行电荷场归一化分析。本节采用更加精确的数值方法来计算器件的碰撞电离率积分，发现超结器件的击穿更可能发生在 O 点，这是由超结二维电荷场的特殊分布决定的，包括如下三个原因。

① 高掺杂条件下，O 点具有更高电场峰值。从式（2-10）可以看出，$E_q(x, y)$ 在 O 点的电场横向分量为 E_0，在 A 点的电场纵向分量为 E_T，显然 $E_T < E_0$。而随着 N 的增加必将出现 O 点合电场 $\sqrt{E_0^2 + E_p^2}$ 高于 A 点合电场 $E_T + E_p$ 的情形，甚至出现横向 PN 结击穿，也就是说，随着 N 的增加，超结的击穿点最终一定处于 O 点。

② 电离积分路径 COC′ 横跨 N 区和 P 区两个区域，因此积分路径长度比 AA′ 和

BB′更长。

③ 超结器件中横向 PN 结面积远大于纵向 A、B 两点附近的局部 PN 结面积，通过横向 PN 结碰撞电离产生的载流子量远比纵向多，导致电流明显增加。

图 3-14 给出了 COC′上的电场线与电场分布，特点如下：COC′上的电场线通过 O 点，且在 N 区与 P 区中呈中心对称分布，电荷场的 x 分量增加了 O 点附近电场而 y 分量降低了 C 点和 C′点附近电场；积分路径 COC′较 AA′和 BB′更长，积分值介于 L_d 和 L_d+W 之间，且电场分布中 C 点与 C′点并未与结构中 A′点和 B′点重合；COC′上的电场为横向与纵向电场矢量和，且越接近 O 点，电荷场的横向分量越大，叠加后总电场越大。

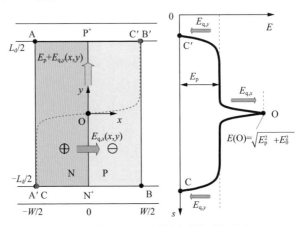

图 3-14 超结 COC′上的电场线与电场分布

下面将基于超结器件泰勒级数法结果获得 COC′上的电场分布。碰撞电离率积分沿着电场线方向，根据电场线切线方向与电场方向一致，得到电场线方程为 $dx/dy = E_x/E_y$。从式（2-10）～式（2-12）可以看出，超结 x 方向电场分量在耐压层大部分区域为线性分布且 y 方向电场分量在耐压层大部分区域为均匀分布，只是在靠近 N^+ 和 P^+ 两端，x 方向电场分量逐渐衰减为 0 而 y 方向电场分量逐渐变为指数分布。对碰撞电离率积分路径 COC′而言，上述结论依然在耐压层大部分区域内成立，只是在靠近 C 点与 C′点的局部区域内，x 与 y 两个方向的电场变化较大。超结电场在 y 方向的最大作用距离位于 AA′和 BB′上，因此其影响距离近似为靠近 A′和 B 附近 $2T_c$，而 COC′上靠近 C、C′两点处的电场在 y 方向 $2T_c$ 距离内呈指数降低。由于 $2T_c$ 一般远小于 L_d 且 x 方向电场分量在此范围内几乎为 0。因此，为简化计算，假定 COC′上所有位置 x 方向电场分量为线性分布且 y 方向电场分量为均匀分布。

对式（2-10）～式（2-12）进行坐标平移且考虑超结结构与电场的对称性，得到化简后的 COC′路径方程：

$$\frac{\mathrm{d}x}{\mathrm{d}y} \approx \frac{E_T}{E_p}\left(\frac{W/2 - |x|}{T_c}\right), \qquad -\frac{W}{2} \leqslant x \leqslant \frac{W}{2} \tag{3-20}$$

求解上述方程并且将 x 表示为 y 的函数，可以得到 COC′路径方程为以下分段函数：

$$x = \begin{cases} \dfrac{W}{2}\left[\exp\left(\dfrac{E_T}{E_p}\dfrac{y}{T_c}\right)-1\right], & -\dfrac{L_d}{2} \leqslant y < 0 \\[4mm] \dfrac{W}{2}\left[1-\exp\left(-\dfrac{E_T}{E_p}\dfrac{y}{T_c}\right)\right], & 0 \leqslant y < \dfrac{L_d}{2} \end{cases} \tag{3-21}$$

从式（3-21）可以看出，在 $W \ll L_d$ 条件下，y 取值接近 $-L_d/2$ 或 $L_d/2$ 时，x 取值近似为 $W/2$ 或 $-W/2$。$E_{q,y}(y)$ 可以直接代入坐标变换后的式（2-10）和式（2-12），加之 $E_{q,x}(y)$ 在 y 方向的变化可忽略，将式（3-21）给出的路径方程代入电场表达式，即可得到 COC′ 上的电荷场 x 与 y 方向电场分量：

$$\begin{cases} E_{q,x}(y) = E_0 \exp\left(-\dfrac{E_T}{E_p}\dfrac{|y|}{T_c}\right) \\[4mm] E_{q,y}(y) = -E_T \exp\left[\dfrac{1}{T_c}\left(|y|-\dfrac{L_d}{2}\right)\right] \end{cases} \tag{3-22}$$

COC′上的电荷场可表示为 x 与 y 方向电场分量的叠加，即 $E_q(y) = E_{q,x}(y) + E_{q,y}(y)$。由于超结中 $W \ll L_d$，电场满足以下关系：当 $y=0$ 时，$E_{q,x}(y)=E_0$ 且 $E_{q,y}(y) \approx 0$，进而得到 O 点电场 $E(\mathrm{O}) = \sqrt{E_p^2 + E_0^2}$；当 $y = \pm L_d/2$ 时，$E_{q,y}(y)=-E_T$，也就是说，$E_{q,x}(y)$ 随着 y 迅速从 E_0 衰减，$E_{q,y}(y)$ 只有在靠近 C 点与 C′点附近才有较大的负值，达到 $-E_T$，上述分布特点如图 3-14 所示。

3.2.2 纵向超结 R-阱模型

采用图 3-13 中的超结 MOS 结构分析 $R_{on,sp}$。为了尽可能精确，需要高精度计算在给定尺寸和浓度下的器件 $R_{on,sp}$，然后在此基础上进一步寻找最低值。考虑迁移率降低及 JFET 效应，$R_{on,sp}$ 的计算表达式为：

$$R_{on,sp} = \frac{2}{q\mu_N}\frac{W}{W_e}\frac{L_d}{N} \tag{3-23}$$

其中，迁移率 $\mu_N = 55.2 + 1373.8/\left[1 + (N/1.02\times10^{-17})^{0.73}\right]$ [6]，考虑寄生 JFET 效应[7]，等效电流路径宽度 $W_e = (W_s - W_d)/\ln(W_s/W_d)$。开态时，超结漂移区电势在从源端到漏端方向上越靠近漏端，N 区和 P 区之间电势差越大，W_e 采用外加电势 V_d 以及内建电势 V_{in} 作用下源端和漏端的电流路径宽度 W_s 和 W_d 表示，表达式为 $W_s = W - \sqrt{\varepsilon_s V_{in}/(qN)}$，$W_d = W - \sqrt{\varepsilon_s(V_d + V_{in})/(qN)}$。

虽然通过式（3-23）可获得任意给定尺寸及浓度条件下超结器件的 $R_{on,sp}$，但并非任意条件都是我们需要的。首先从物理上定性分析给定 W 和 V_B 下超结器件 $E_q(x,y)$ 对器件 $R_{on,sp}$ 的影响。从式（3-23）可以看出，由于 W_e 和 μ_N 皆由 N 决定，超结器件 $R_{on,sp}$ 由 W、N 和 L_d 三者决定，W 为工艺给定，从而 $R_{on,sp}$ 实质上是由 N 和 L_d 决定的。当 N 增加时，由式（3-22）决定的电荷场峰值增加，它与电势场叠加后导致器件在 O 点提前发生击穿，使得在给定 L_d 下，器件 V_B 降低。换句话说，在给定 W 和 V_B 条件下，器件 N 增加必然导致 L_d 增加。其中 N 增加导致 $R_{on,sp}$ 降低而 L_d 增加导致 $R_{on,sp}$ 增加。考虑两个极限情况，在 $L_{d,min}$ 条件下，掺杂为 0，仅有本征载流子参与导电，电阻很大；同时当 N 趋近于 N_{max} 时，电荷场峰值持续增大。因碰撞电离率强烈依赖于电场，最终 N 的细微增加将导致电势场 E_p 大幅降低，从而满足给定 V_B 下的 L_d 必将大大增加。N_{max} 为掺杂浓度的上限，此时器件的 V_B 等于横向 PN 结的 V_B，因此理论上 L_d 将趋近于无穷大。当 N 趋近于 N_{max} 时，N 几乎不变而 L_d 大幅增加，这导致 $R_{on,sp}$ 增加。可以预计 $R_{on,sp}$ 在降低和增加的过程中，必然存在一个最小值，超结 $R_{on,sp}$ 设计的目的就是找到这个最小值，并将其作为器件的优化结果。

下面分析如何通过解析获得较为精确的击穿条件，从而给出 $R_{on,sp}$ 随 N 和 L_d 的变化规律。若给定 N、W、L_d 三者之值，可根据式（3-22）计算出电荷场的分布，并根据雪崩击穿条件计算出对应的 V_B。我们知道电子碰撞电离率 α_n 与空穴碰撞电离率 α_p 表达式不同，当器件未发生击穿时，如需较为精确地计算倍增因子，需要考虑电子与空穴电离率的差异，并采用积分上限函数作为积分变量导致碰撞电离率积分表达式 $I = \int \alpha_n \exp[-\int_x (\alpha_n - \alpha_p) dx'] dx$ 较为复杂且难以计算。但在雪崩击穿条件下，可证明碰撞电离率积分由以下等效碰撞电离率 α_e 唯一确定[4]：

$$\alpha_e = \alpha_n \frac{\gamma_\alpha - 1}{\ln \gamma_\alpha} \tag{3-24}$$

其中，$\alpha_n = 70.3 \exp(-123.1/E)$，$\gamma_\alpha = 2.25 \exp(-80.5/E)$。

采用式（3-24）计算击穿状态下的 I 可避免较为复杂的积分上限函数且具有较高的精度。同时由于 I 为沿着 COC′路径的曲线积分，需使用曲线积分公式化为关于 y 的积分：

$$I = \int \alpha_e(E) \cdot \sqrt{1 + \left(\frac{E_{q,x}(y)}{E_p + E_{q,x}(y)}\right)^2} \, dy \tag{3-25}$$

其中，$E = \sqrt{E_{q,x}^2(y) + [E_p + E_{q,y}(y)]^2}$。

结合式（3-22）和式（3-25）就能计算出任意给定 W、N 和 L_d 条件下，超结耐压层沿着 COC′路径的碰撞电离率积分。在 $0 \sim N_{max}$ 范围内，找出 $I=1$ 条件下，E_p 和 L_d

的乘积恰好等于给定 V_B 的所有 N 和 L_d 取值的对应关系，并代入式（3-23）就能得到如图 3-15 所示的给定 W 和 V_B 条件下，$R_{on,sp}$ 随 N 和 L_d 的变化关系。可以看出，$R_{on,sp}$ 随 N 和 L_d 的变化与预想的一致，会先降低后增加，在该过程中会存在优化取值点 K，该点对应 $R_{on,min}$。图 3-15 中给出了给定 W 和 V_B 条件下，$R_{on,sp}$ 优化的所有可能性：其中 N-L_d 平面给出了所有可能的参数取值点，$R_{on,sp}$-N 和 $R_{on,sp}$-L_d 平面分别给出了 $R_{on,sp}$ 随 N 和 L_d 的变化情况。事实上，对于 $0\sim N_{max}$ 范围内的任意 N，都能找到唯一 L_d 使得 $I=1$ 和目标 V_B 同时满足，因此 L_d 亦可被视为 N 的函数。$R_{on,sp}$-N 曲线在图 3-16 中给出，可以看出 $R_{on,sp}$ 随 N 的变化为典型的 U 形阱分布，即超结器件 R-阱。

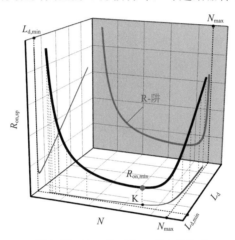

图 3-15　$R_{on,sp}$ 随 N 和 L_d 的变化关系

超结器件 R-阱是优化 $R_{on,sp}$ 的基础，关于超结器件的各种优化方法都可以纳入 R-阱中加以分析讨论。R-阱中 N 的取值范围为 $0\sim N_{max}$，这给 $R_{on,sp}$ 的优化带来很大的影响：无论超结器件如何千变万化，实现 $R_{on,min}$ 的 N 一定在这一范围内，所谓的优化只是尽可能精确地定位。

超结器件 R-阱有以下两个特点。

（1）R-阱的物理本质是反映电荷场 $E_q(x, y)$ 的调制。

从 3.1.1 节电荷场归一化分析法可以看出，对于给定 L_d 下的超结，由掺杂浓度 N 增加所致 $E_q(x, y)$ 的增加必将导致 E_p 的降低，因此为满足同一给定 V_B 需采用更大的 L_d。N 和 L_d 的增加分别会导致 $R_{on,sp}$ 的降低与增加，故 R-阱分为两个区域。

① 下降区域。当 N 较低时，$E_q(x, y)$ 对 E_p 的调制不明显，器件的 L_d 几乎等于 $L_{d,min}$，$R_{on,sp}$ 几乎随 N 以反比关系降低，只是在 N 趋近于零以及 N 较高时有一定的差异。N 趋近于零造成的差异受低 N 条件下寄生 JFET 效应的影响；N 较高时造成的差异是高浓度下 L_d 的增加及 μ_N 的降低所致的，当 N 增加至优化掺杂浓度 N_{op}，$R_{on,sp}$ 达到最低

比导通电阻 $R_{on,min}$。

② 上升区域。当 $N>N_{op}$ 时，特别是 N 趋近于 N_{max} 时，N 几乎为常数 N_{max}，L_d 的增加会导致 $R_{on,sp}$ 的剧烈增加。

（2）R-阱的优化思想是考虑所有满足器件参数条件下的全域优化。

从前面讨论可知，在给定 W 条件下，满足任意给定 V_B 的超结器件的 N 落在 $0\sim N_{max}$ 范围内，R-阱给出该范围内所有可能的 $R_{on,sp}$ 取值。如图 3-16 所示，在超结 R-阱中，最高掺杂浓度曲线 $N=N_{max}$ 以及 FD 条件对应的掺杂浓度曲线将 $R_{on,sp}$-N 平面分为 3 个区域：$E_q \leq E_p$ 的 FD 模式区域；$E_q>E_p$ 的 NFD 模式区域；$N>N_{max}$ 的横向 PN 结击穿区域，此区域超结仅有横向 PN 结耐压，已不能满足设计要求。因此采用 R-阱模型的优化贯穿了本章中整个 FD 模式与 NFD 模式，这是一种全域优化。任何关于超结 $R_{on,sp}$ 的优化都可以在 R-阱中找到对应的优化点，差别仅为优选条件不同，优化方法具有一致性。

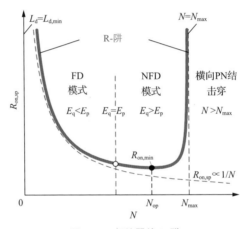

图 3-16　超结器件 R-阱

超结器件在给定 W 和 V_B 下的 R-阱具有唯一性，即只存在唯一的 $R_{on,sp}$-N 曲线。对此进行如下说明：当 W 为常数时，超结所有可能的 N 位于 $0\sim N_{max}$ 范围内；对该范围内任意 N，给定 L_d 可以通过式（3-22）获得电荷场 $E_q(y)$ 两分量表达式，从而存在唯一的 E_p，E_p 与 $E_q(y)$ 的两分量矢量叠加后满足式（3-25）中的 $I=1$。因为碰撞电离率随电场增加为单调函数，所以满足 $I=1$ 时 E_p 的增加或降低必然导致 I 大于 1 或者小于 1。给定 L_d 下，器件击穿电压 $V_B=E_pL_d$，因为碰撞电离率随电场非线性变化，因此 L_d 的增加不可能等比例降低 E_p，这导致 V_B 随着 L_d 的增加单调增加，从而满足给定 V_B 的 L_d 仅有一个。换句话说，给定 W 和 V_B 下，对应 $0\sim N_{max}$ 范围内任意 N 的 L_d 是唯一的，从式（3-23）即可得到 R-阱上对应该 N 的唯一 $R_{on,sp}$，从而验证了 R-阱的唯一性。

R-阱的唯一性的意义在于，R-阱可实现超结器件 $R_{on,sp}$ 的全域优化，且优化路径是唯一的。好比登山道路唯一，不论攀登者想在何处歇息，皆可找到该处对应的 $R_{on,sp}$。更为重要的是，沿着此唯一路径可直达峰顶，寻求 $R_{on,min}$。

3.2.3 纵向超结 $R_{on,min}$ 优化法

$R_{on,min}$ 优化法选取 $R_{on,min}$ 作为给定 W 和 V_B 下的器件优化条件，该条件下电场分布仅用来确定击穿状态以联系关态 V_B 与开态 $R_{on,sp}$。正是由于将超结二维电场 $E(x, y)$ 视为电荷场与电势场的叠加，才促使本书作者提出 $R_{on,min}$ 优化法。$R_{on,min}$ 优化法基于 3.3.3 节提出的 R-阱模型，存在三个亟待解决的问题：①如何计算 $0\sim N_{max}$ 范围内任意 N 对应的 $R_{on,sp}$ 的取值从而获得 R-阱；②怎样迅速找到 R-阱的 $R_{on,min}$；③是否可以直接获得器件优化结果而不需要进行前两步复杂计算。针对以上 3 个问题，提出 $R_{on,min}$ 的三步优化法，优化过程中对式（3-23）中值的计算采用数值积分法[9]。

$R_{on,min}$ 优化法分为以下 3 个步骤，算法见附录 4。

第一步：求解给定 W 和 V_B 下任意 N 对应的 $R_{on,sp}$。

从 3.2.1 节可以看出，给定 W 的超结存在最高掺杂浓度 N_{max}，而 $R_{on,min}$ 条件对应的掺杂浓度范围为 $0\sim N_{max}$，首先求解该范围内任意给定 N 对应的 $R_{on,sp}$。对于式（3-20）中的电荷场，给定 W，L_d 和 N，有唯一确定的表达式。将式（3-23）中的 E_p 视为迭代变量，从给定初始值开始，采用自适应迭代步长的方式确定击穿条件 $I=1$ 对应的 L_d，从而给出对应的击穿电压 V_b，再修正 L_d 直到满足给定的 V_B。上述步骤分为两个层次，一是迭代修正 E_p，直到满足 $I=1$；二是迭代修正 L_d，直到满足给定 V_B。具体程序流程可简单描述如下。

初值：$E_p=20V/\mu m$，$L_d=V_B/20$，$V_b=V_B-10$

if $|V_b-V_B|\geq 0.1$，$L_d=L_d V_B/V_b$，求 I；

  if $|I-1|\geq 0.01$，$E_p=E_p/I^{1/7}$，求 I；

  else $V_b=E_p L_d$；

else 输出 $R_{on,sp}$。

设定初始值 $E_p=20V/\mu m$，是因为 $20V/\mu m$ 接近 E_p 的实际值，该设定可减少迭代步骤。初次迭代以 $V_b=V_B-10$ 开始。两个自适应步长中都将超结电场简单视为均匀电场，这是由于超结高电场区仅分布在 $2T_c$ 范围内，远小于 L_d，其中 $E_p=E_p/I^{1/7}$ 源于 α 指数式 $\alpha=1.8\times10^{-35}E^{7[1]}$，$L_d=L_d V_B/V_b$ 源于 V_B 近似正比于 L_d。此外，为避免不必要的误差及不收敛情况，I 的积分只能在 $E_{q,y}(y)\geq E_p$ 的电场下进行，也就是积分上下限为 $-L_d/2+\delta\leq y\leq L_d/2-\delta$，其中 $\delta=T_c \ln(E_T/E_p)\geq 0$ 表示中性区长度。

第二步：求解给定 W、V_B 下的 $R_{on,min}$。

通过第一步我们可以计算 $0 \sim N_{max}$ 浓度范围内任意一点的 $R_{on,sp}$，现在采用优化法寻找 $R_{on,min}$。从超结器件 R-阱分析可以看出，R-阱为 $0 \sim N_{max}$ 上的单峰函数，只存在唯一最小值。有很多优化法可以用来找到该最小值点，比如让 N 均匀增大，当较大 N 产生的 $R_{on,sp}$ 比相邻较小 N 产生的 $R_{on,sp}$ 更大时，即认为较小值点为最小值点；或者利用数值计算微分寻找微分值的拐点作为最小值点等。在这些方法中，还可以采用微分值优选步长等。本节采用的是一种更为优化的方法——黄金分割优化法[10]。它是求解单峰函数极值的一种高效方法，通过求解给定 N 区间内两个黄金分割点的 $R_{on,sp}$ 值并加以比较。由于 $R_{on,min}$ 点不可能落在两个 $R_{on,sp}$ 中较大值之外的 R-阱区间，因此优化 R-阱区间缩短至原来区间的 0.618。黄金分割优化法使得优化区间长度指数降低，是一种较其他方法更优的优化法，该方法的算法思想如下。

初值：$N_0=0$，$N_1=N_{max}$，$\lambda=(\sqrt{5}-1)/2$；

if $N_1 \geqslant 1.001 N_0$；

$\quad\quad N_{00}=\lambda N_0 + (1-\lambda)N_1$，求 $R_{on,00}$；

$\quad\quad N_{11}=(1-\lambda)N_0 + \lambda N_1$，求 $R_{on,11}$；

$\quad\quad$ if $R_{on,00}<R_{on,11}$，$N_1=N_{11}$；

$\quad\quad$ else $N_0=N_{00}$；

else $N=(N_1+N_0)/2$，输出 $R_{on,min}$。

优化过程完全建立在第一步算法基础上，其中 N_{00} 和 N_{11} 分别表示黄金分割点掺杂浓度取值，对应比导通电阻分别为 $R_{on,00}$ 和 $R_{on,11}$。当区间范围达到给定精度后，取区间中点作为最优解点，输出 $R_{on,min}$。

第三步：N_{op}、L_d 和 R_{on} 公式拟合。

3.1 节通过理论推导获得了式（3-9）给出的 N、L_d 的设计式和式（3-15）给出的 $R_{on,sp}$-V_B 关系，但精度略低。本节采用更为精确的算法找到器件真正的最小值点，其中包含的基本物理概念与 3.1 节一致，因此有理由相信 N、L_d 和 $R_{on,sp}$ 的优化设计公式仍满足同样的函数关系。采用第二步，在 $0.5\mu m \leqslant W \leqslant 10\mu m$ 和 $200V \leqslant V_B \leqslant 2000V$ 的范围内计算出系列 $R_{on,min}$ 值，通过非线性拟合即可得到设计公式，拟合所得函数需满足最小二乘法原理以降低误差。

根据以上三步优化法，采用式（3-9）的解析形式，可以得到 $R_{on,min}$ 条件下超结 N 和 L_d 的表达式：

$$\begin{cases} N=4.355\times10^{16}W^{-1.269}V_B^{0.038} & (\mathrm{cm}^{-3}) \\ L_d=3.158\times10^{-2}W^{0.0167}V_B^{1.109} & (\mu m) \end{cases} \qu\quad （3\text{-}26）$$

其中，W 的单位为 μm。

从式（3-26）可以看出，超结器件的优化 N 主要由 W 决定，N 和 V_B 为弱函数关系；优化 L_d 主要由 V_B 决定而与 W 几乎无关，所得结果较式（3-9）的解析结果更加精确，且两者具有一致的分布特性。从中可以看出 N_{max} 和 $L_{d,min}$ 对器件优化参数的强限制作用，其中 N 的取值随 V_B 的增加略有增加的原因是，在更大的 V_B 条件下，E_p 略微降低，增加相同浓度 ΔN 引起 $E_q(x, y)$ 峰值的增量恒定，与 E_p 叠加后的合电场也略微降低，从而导致优化 N 的轻微增加。此外，L_d 随 W 的增加略微增加的原因也可以进行类似分析。为了验证超结器件比导通电阻的三步优化法，在图 3-17～图 3-19 中，以 W 分别为 2μm 和 4μm、V_B 分别为 500V 和 1000V 的超结器件为例，对其性能进行深入分析。解析结果皆为三步优化法所得结果，数值结果皆为仿真结果。图 3-17～图 3-19 分别比较了图 3-15 中的 3 条投影曲线。

图 3-17 所示为超结器件 L_d 和 N 的关系，$L_{d,min}$ 和 N_{max} 用虚线给出。显然，具有不同 V_B 和相同 W 的器件具有相同的 N_{max}。当 W 为 2μm 和 4μm 时，由式（3-19）可计算出 N_{max} 分别为 $2.91×10^{16}\text{cm}^{-3}$ 和 $1.24×10^{16}\text{cm}^{-3}$。具有不同 W 和相同 V_B 的器件具有相同的 $L_{d,min}$。根据式（3-19）可计算当 V_B 为 500V 和 1000V 时，W 分别为 25.5μm 和 56.2μm。这体现了超结器件中两个设计参数 W 和 V_B 对器件参数取值的基本限制作用。从图 3-17 中可以看出，$L_{d,min}$ 和 N_{max} 分别为 L_d-N 曲线的两条渐进线。随着 N 的增加，L_d 的取值从 $L_{d,min}$ 逐渐增加，特别是当 N 趋近于 N_{max} 时，L_d 将趋近于无穷大，这体现了超结电荷场的调制作用。图 3-17 中每个器件的优化值点 K 以实心圆点表示，可以直接从式（3-19）中计算得到。对任意给定 W 和 V_B 的超结器件，不论以何种方式优化，参数取值都会落在唯一的 L_d-N 曲线上，差别仅是取值不同。

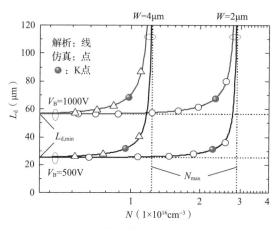

图 3-17　超结器件 L_d 和 N 的关系

图 3-18 所示是不同 W 和 V_B 条件下超结器件 $R_{on,sp}$ 和 L_d 的关系。在相同 V_B 下，不同 W 的超结器件的 $R_{on,sp}$ 先沿着 $L_{d,min}$ 的渐近线竖直降低，待通过最小值点 $R_{on,min}$ 后随

L_d 的增加而增加，且逐渐趋近于渐近线 $R_{on,sp} \propto L_d$。具有相同 W 和不同 V_B 的器件具有唯一的 $R_{on,sp} \propto L_d$ 渐近线，这是由于当 N 增加至趋近于 N_{max} 时，式（3-23）中 μ_N 和 W_e 都为常数，从而仅存在唯一自变量 L_d，产生 $R_{on,sp} \propto L_d$ 渐近线。在 $R_{on,sp}$-L_d 曲线中，所有具有不同 V_B 和相同 W 的器件由于具有唯一 N_{max} 而趋近于同一渐近线。因而两条渐近线 $L_d = L_{d,min}$ 和 $R_{on,sp} \propto L_d$ 共同决定了 $R_{on,sp}$ 随 L_d 的变化情况，这也可以被视为另一种 R-阱分布。

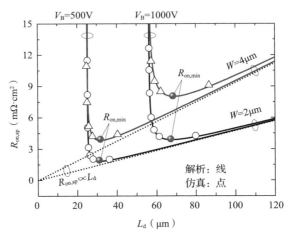

图 3-18 超结器件 $R_{on,sp}$ 与 L_d 的关系

选择如图 3-19 所示的具有明确边界的 $R_{on,sp}$-N 曲线作为 R-阱。图 3-19 中给出了具有不同 W 和 V_B 的超结器件的 R-阱分布，可以看出对于每一对 W 和 V_B 的组合，都具有唯一的 R-阱。其中，具有相同 W 的器件都具有唯一的 N_{max}，这给 $R_{on,min}$ 的取值范围定义了一个明确的上边界，实现 $R_{on,min}$ 的 N 一定在 $0 \sim N_{max}$ 范围内。N 较低时，具有相同 V_B 的器件的 $R_{on,sp}$-N 曲线并未重合，具有更大 W 的器件在相同 N 下具有更低的 $R_{on,sp}$。这正是寄生 JFET 效应结果的影响：W 越大，内建电势产生的耗尽区占整个元胞的比例越小，$R_{on,sp}$ 更低。但 $R_{on,min}$ 在小 W 条件下取值更低，这正是小 W 导致更高 N_{max}，进而具有更高 N 的原因。

图 3-17 和图 3-18 还标出了不同条件下的 $R_{on,min}$ 点，它们可以作为对应条件下器件的优化条件，所对应的优化 L_d 和 N 也可以由式（3-26）直接计算得到。同时还可以看出，W 和 V_B 分别为 4μm 和 500V 的超结器件与 W 和 V_B 分别为 2μm 和 1000V 的超结器件相比，两者 $R_{on,min}$ 取值几乎相等但后者略低，取值几乎相等是因为 V_B 增加导致 $R_{on,sp}$ 增加，可以通过选用更小的 W 和更高的 N 来弥补，两者效果相当；后者略低是因为在较小的 W 和较高的 N 的条件下，JFET 效应以及迁移率的影响较为显著。

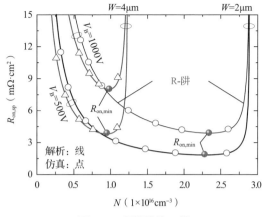

图 3-19　超结器件 R-阱

3.2.4　全域 $R_{on,sp}$ 和电荷场归一化因子与 $R_{on,sp}-V_B$ 关系

R-阱的唯一性已经在 3.2.2 节中予以论述，对超结器件所有可能的优化都会落在 R-阱上，只是不同方法中取值不同。采用解析法，可以将迄今作者所知的优化 $R_{on,sp}$ 的方法按照优化条件下对应的击穿电压归一化系数 η 和电荷场归一化因子 γ 的取值不同分为两大类。

（1）η 为常数类：$R_{on,min}$ 优化法。

$R_{on,min}$ 优化法的特点是击穿电压归一化系数 η 几乎为常数，在 3.1.3 节中，我们用解析计算法求解了 $R_{on,min}$ 下的 η。对于纵向与横向超结器件，η 可分别被视为常数 0.8 和 0.9。该结论在本节仍然成立，可通过直接计算给定 W 和 V_B 下的 η 加以验证。这是由于决定优化 N 取值的 $E_q(x, y)$ 的高电场区限制在由 W 宽度决定的极窄区域内，而决定优化 L_d 取值的 E_p 平均电场区为整个耐压层区域。在不同器件中，N 增加总是导致 L_d 增加得越来越快，从而当不同器件的 L_d 增加比例几乎一致时，会同时取到 $R_{on,min}$ 点。这与 3.1.3 节中认为两区碰撞时电离率积分可相对独立考虑是一致的，体现了 $E_q(x, y)$ 对 E_p 的优化调制结果趋同的现象。

（2）γ 为常数类：场优化法。

场优化法的特点是器件发生击穿时，电场分布满足给定的优选条件，为单一的耐压优化，可以用 γ 的不同常数取值表示，$\gamma=0.742$ 认为 $E_0=E_p$ 时器件最优[11-12]，同时这也是介质超结的优化条件[2]；$\gamma=1$ 认为 $E_q=E_p$ 时器件最优[2,13-14]，即经典的 FD 条件，该条件实现 $R_{on,sp}$ 和 V_B 之间的 1.32 次方关系；$\gamma\approx1.33$ 是通过使图 3-13 中 A、C 两点同时处于击穿条件下计算所得[15]。场优化法通过分析器件电场，认为在给定电场条件下器件实现最优，但并未真正实现超结器件的 $R_{on,min}$。

上述两大类方法，一方面说明不同优化方法之间的共性，更为重要的是当 η 和 γ 分别为常数时，可以采用解析法，给出器件设计公式及 $R_{\mathrm{on,sp}}$-V_{B} 关系的解析式，其中 η 为常数对应 NFD 模式下的优化表达式，而 γ 为常数对应 FD 模式下的优化表达式。因此关于 NFD 和 FD 两种模式的解析优化结果完全普适于上述两大类优化法，可计算出不同条件下的设计公式以及 $R_{\mathrm{on,sp}}$-V_{B} 关系，并作为采用 R-阱最小二乘法拟合的解析表达式。

基于本章提出的 R-阱模型，上述所有优化法也可以通过三步实现，简述如下：第一步，由于 R-阱的唯一性，求解方法对所有情况完全一样；第二步，对 $R_{\mathrm{on,min}}$ 的优化是采取黄金分割优化法获得的。对其他不同的优化法，我们根据其特点分别给出了优化判断依据以及自适应步长，如表 3-2 所示，其中场优化法中 N 的初始值选取需要满足条件 $NW=1\times10^{12}\mathrm{cm}^{-2}$，即可根据自适应步长自动求出所有优化点的值；第三步，对不同 W、V_{B} 条件下的系列取值进行最小二乘法拟合，拟合时采用的方程形式为解析法所得。

图 3-20 所示为基于 R-阱模型的各种优化法的优化结果，其中 W 和 V_{B} 分别为 2μm 和 1000V。第一步获得 R-阱上任意点取值，第二步沿着 R-阱利用表 3-2 找到对应的优化点，可以看出场优化法给出的优化点所对应的 N 都小于对应 $R_{\mathrm{on,min}}$ 的优化值，其中利用 $\eta=0.8$ 得到的 $R_{\mathrm{on,sp}}$ 与实际 $R_{\mathrm{on,min}}$ 较为接近，体现了电荷场归一化分析法的有效性。

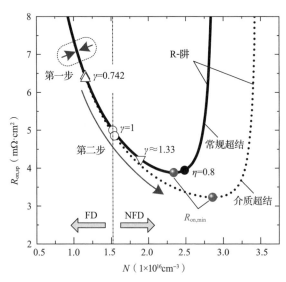

图 3-20　基于 R-阱模型的普适优化法

图 3-20 中还给出了介质超结的优化结果，以虚线表示。由于介质超结的碰撞电

离率积分不能越过介质层，积分仅在 N 区或者 P 区内进行，其最高掺杂浓度 $N_{\text{I,max}}$ 表示为：

$$N_{\text{I,max}} = 8.499 \times 10^{16} W^{-1.278} \quad (\text{cm}^{-3}) \tag{3-27}$$

从图 3-20 中可以看出，介质超结器件具有更高的 N_{op} 以及更小的 $R_{\text{on,min}}$。此外，如利用 $\gamma=0.742$ 得到的介质超结的 $R_{\text{on,sp}}$ 并未比常规超结的 $R_{\text{on,sp}}$ 降低很多，原因正是两器件具有相同的 $L_{\text{d,min}}$ 且决定 N 的 E_0 受限于 E_{p}。

为不失一般性，给出以下几组典型结构的设计公式。

介质超结器件在 $\gamma=1$ 条件下的设计公式：

$$\begin{cases} N=1.289 \times 10^{17} a W^{-0.97} V_{\text{B}}^{-0.2} & (\text{cm}^{-3}) \\ L_{\text{d}}=1.446 \times 10^{-2} a^{-1} W^{0.0259} V_{\text{B}}^{1.192} & (\mu\text{m}) \end{cases} \tag{3-28}$$

其中，a 由式（3-11）给出。

介质超结器件在 $R_{\text{on,min}}$ 条件下的设计公式：

$$\begin{cases} N=5.45 \times 10^{16} W^{-1.307} V_{\text{B}}^{0.0382} & (\text{cm}^{-3}) \\ L_{\text{d}}=3.937 \times 10^{-2} W^{0.00578} V_{\text{B}}^{1.081} & (\mu\text{m}) \end{cases} \tag{3-29}$$

介质超结器件在 $\gamma=0.742$ 条件下的设计公式：

$$\begin{cases} N=1.059 \times 10^{17} a_1 W^{-0.963} V_{\text{B}}^{-0.216} & (\text{cm}^{-3}) \\ L_{\text{d}}=1.516 \times 10^{-2} a_1^{-1} W^{-0.0255} V_{\text{B}}^{1.187} & (\mu\text{m}) \end{cases} \tag{3-30}$$

其中，$a_1=(1+407W/V_{\text{B}}^{7/6})^{-1/7}$，由式（3-3）中令 $\gamma=0.742$ 给出。

从式（3-29）可以看出，介质超结器件的优化 $R_{\text{on,min}}$ 常规超结器件的类似。两种结构的 $R_{\text{on,sp}}$ 的上升都是 L_{d} 迅速增长所致，可以证明介质超结器件的 $R_{\text{on,min}}$ 也几乎对应 $\eta=0.8$。式（3-30）所示为 γ 为任意常数类优化法的例子，其设计公式形式与 $\gamma=1$ 的设计公式形式类似，只需将表达式中的参数修正为对应 γ 的结果即可。

表 3-2　不同优化方法优化判断依据和自适应步长

类型	优选条件	参考文献	判断依据	自适应步长
场优化	$\gamma=0.742$	[2,11-12]	$\lvert\gamma-0.742\rvert \geqslant 0.001$	$N=N/(\gamma+0.258)^{0.5}$
	$\gamma=1$	[2,13-14]	$\lvert\gamma-1\rvert \geqslant 0.001$	$N=N/\gamma^{0.5}$
	$\gamma \approx 1.33$	[13]	$*\lvert I_{\text{A}}-I_{\text{O}}\rvert \geqslant 0.001$	$N=NI_A^{0.5}$
$R_{\text{on,min}}$ 优化	$\eta=0.8$	本文	$\lvert\eta-0.8\rvert \geqslant 0.001$	$N=N(\eta+0.2)$
	$R_{\text{on,min}}$	本文	$N_1 \geqslant 1.001 N_0$	$N_{00}=\lambda N_0 + (1-\lambda) N_1$ $N_{11}=(1-\lambda) N_0 + \lambda N_1$

$*I_{\text{A}}$ 和 I_{O} 分别为考虑 A 点或 O 点发生击穿时的碰撞电离率积分值。

对于上述典型超结器件，都可以直接通过相应设计公式获得优化结果。同样，其他优化法的设计公式也可以由完全类似的方法获得，这里不再赘述。

超结器件的优化本质是电荷场的调制。本章提出的全域优化以及 3.1.1 节中采用的电荷场归一化分析法都体现了一个字——"变"，即从运动变化的观点看待超结器件的优化设计。当超结器件的 N 为 0 时，器件退变为纵向 PIN；当 N 接近 N_{max} 时，超结又变为简单横向 PN 结。在 3.2.1 节中，我们根据这两个简单一维近似定义了超结优化参数的边界，在极限条件下，超结二维电场与简单一维近似电场趋同。因此从电荷场调制的角度，超结全域特性揭示了器件结构从纵向 PIN 到超结再到横向 PN 的变化过程。

以 W 和 V_B 分别为 2μm 和 1000V 的超结器件为例，上述电荷场调制由电荷场归一化因子 $\gamma=E_q/E_p=5.64\times10^{-16}WL_dN/V_B$ 定量表示，其中 W 和 L_d 以 μm 为单位，结果如图 3-21 所示。在 $N<N_{op}$ 的大部分区域内，L_d 几乎为常数 $L_{d,min}$，γ 随 N 线性变化，$\gamma\approx6.34\times10^{-17}N$；在 N_{max} 附近，电荷场的剧烈调制导致 L_d 大幅增加，从而导致 γ 急剧增加。

当 $\gamma=0$ 时，零掺杂对应零调制，典型结构为 PIN，具有最高击穿电压 V_{B_0}。

当 $0<\gamma\leqslant1$ 时，低掺杂对应弱调制，典型结构为 VDMOS，优化 $\gamma\approx0.5$。

当 $1<\gamma<\infty$ 时，高掺杂对应强调制，$\gamma=1$，典型结构为 FD 模式的超结；$\gamma>1$，典型结构为 NFD 模式的超结。最优掺杂对应最优调制，$\gamma_{op}=1.79$ 对应 $R_{on,min}$。

当 $N\geqslant N_{max}$ 时，过掺杂对应过调制，典型结构为 PN 结耐压，无超结功能，介质超结相似，$R_{on,min}$ 更低。

超结器件机理：耐压层从阻型到结型发生质变，导致二维电荷场特别是其横向分量场发生强调制，实现全域唯一 $R_{on,min}$，获得新极限关系 $R_{on,sp}\propto V_B^{1.03}$。

从归一化解析法及本章分析可看出，超结器件 $R_{on,min}$ 优化法对应 η 为常数，而场优化法对应 γ 为常数。这两类条件下的 $R_{on,sp}$-V_B 关系都已经在 3.1 节中给出，其表达形式将作为优化法第三步最小二乘法拟合的基本表达式的形式，从而得到不同结构及优化条件下的 $R_{on,sp}$-V_B 关系，具体如下。

满足 $R_{on,min}$ 条件的超结 $R_{on,sp}$：

$$R_{on,sp}=1.437\times10^{-3}W^{1.108}V_B^{1.03} \qquad (m\Omega\cdot cm^2) \qquad (3\text{-}31)$$

满足 $\gamma=1$ 条件的超结 $R_{on,sp}$：

$$R_{on,sp}=2.665\times10^{-4}a^{-1.453}W^{0.837}V_B^{1.32} \qquad (m\Omega\cdot cm^2) \qquad (3\text{-}32)$$

满足 $R_{on,min}$ 条件的介质超结 $R_{on,sp}$：

$$R_{on,sp}=1.176\times10^{-3}W^{1.133}V_B^{1.03} \qquad (m\Omega\cdot cm^2) \qquad (3\text{-}33)$$

满足 $\gamma=0.742$ 条件的介质超结 $R_{on,sp}$：

$$R_{on,sp} = 3.643 \times 10^{-4} a_1^{-0.9091} W^{0.8331} V_B^{1.32} \qquad (m\Omega \cdot cm^2) \tag{3-34}$$

从式（3-31）～式（3-34）可看出，超结 $R_{on,sp}$-V_B 关系分为两类，其中 $R_{on,min}$ 优化法满足 $R_{on,sp} \propto V_B^{1.03}$ 关系，而场优化法满足 $R_{on,sp} \propto V_B^{1.32}$ 关系。对于场优化法，当 γ 选取不同常数值（如 1 或 0.742）时，仅改变由式（3-3）中采用不同 γ 所得到的不同表达式，而不改变 V_B 的指数项；对于 $R_{on,min}$ 优化法，可以证明不论是常规超结器件还是介质超结器件，优化条件下 η 几乎为常数 0.8，从而满足 $R_{on,sp} \propto V_B^{1.03}$ 关系，上述讨论体现了两类优化法的统一性。

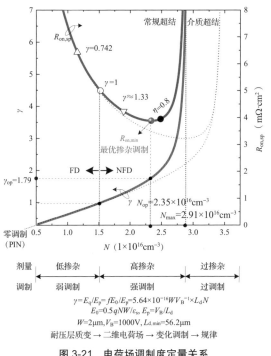

图 3-21　电荷场调制度定量关系

图 3-22 所示为不同优化法下的超结器件 $R_{on,sp}$-V_B 关系，其中以 W 分别为 1μm 和 4μm 的结构为例，曲线和点分别表示解析和仿真结果。从图 3-22 中可以明显看出 $R_{on,min}$ 优化法和场优化法指数项所致曲线斜率的变化情况。与各种场优化法相比，$R_{on,min}$ 优化法在相同 V_B 下获得了更低的 $R_{on,sp}$，直接采用优化条件 $\eta = 0.8$ 获得的 $R_{on,sp}$ 与 $R_{on,min}$ 非常接近，这也是采用 $R_{on,sp} \propto V_B^{1.03}$ 进行最小二乘法拟合的原因。在相同 V_B 条件下，采用 $R_{on,min}$ 优化法所得的器件 $R_{on,sp}$ 皆较场优化法得到的结果更低，这是介质超结中碰撞电离率积分不能越过介质的缘故。更短的积分路径，特别是介质超结高电场区仅有一半电场参与积分，致使优化条件下器件具有更高的掺杂剂量，详见第 4 章。

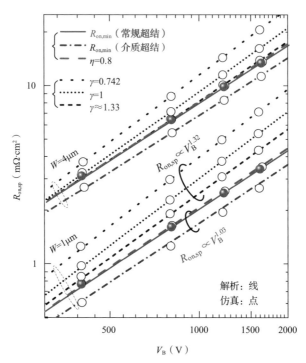

图 3-22 $R_{on,min}$ 优化法和场优化法解析 $R_{on,sp}$-V_B 关系的比较

图 3-23 所示为 $R_{on,min}$ 优化法与已报道的实验结果的比较情况，其中实线为式（3-29）给出的 $R_{on,sp}$-V_B 解析趋势线，虚线连接已报道的实验结果以及采用式（3-24）设计器件的仿真结果，两者具有相同的 W 与 V_B。可以看出在 200V 及 600V 耐压级别下，最优实验结果对应的 W 分别为 1.35μm[21]和 1.5μm[22]。该工艺条件所实现的是 W 为 3.4μm 和 5.4μm 所能达到的理论极限值。对于所有根据式（3-24）设计的器件，其 $R_{on,sp}$ 较已报道的结果有较大降低，这主要是因为实验中采用了较式（3-24）给出的优化取值更低的 N。例如，文献[18]采用的 N 和 L_d 分别为 $3.3 \times 10^{15} \text{cm}^{-3}$ 和 42μm，获得 688V 的击穿电压，而根据式（3-24）所得到的 N 和 L_d 的优化取值分别为 $5.74 \times 10^{15} \text{cm}^{-3}$ 与 45μm。另外，在实际工艺中还必须考虑终端耐压设计，终端曲率效应的影响会使得整个器件的击穿电压小于元胞区的击穿电压，这也是实际器件性能与极限差异较大的原因。与已报道的实验结果相比，本节 $R_{on,min}$ 优化法得到的结果具有优势：当 W 为 5～10μm 时，$R_{on,min}$ 优化法得到的 $R_{on,sp}$ 可以再降低 20%～40%；而当 W 为 1～4μm 时，$R_{on,min}$ 优化法得到的 $R_{on,sp}$ 的降低量达 60%～80%，设计余量非常大。

图 3-24 对比了 600V 耐压级别下不同系列产品 $R_{on,sp}$ 随时间的变化趋势，其中的数据点为作者根据公开报道结果整理。传统功率 MOS 器件受"硅极限"限制，耐压为 650V 的器件的 $R_{on,sp}$ 高达 89.4mΩ·cm²。由于超结器件的 $R_{on,sp}$ 几乎正比于 W，因此很

长一段时间内超结的发展主要集中在工艺技术的革新，呈现"类摩尔定律"的发展趋势，即追求更小的元胞宽度 W 以实现器件 $R_{on,sp}$ 的不断降低。我国超结器件相关的研究与制备起步较晚，上海华虹宏力半导体制造有限公司联合电子科技大学，突破深槽刻蚀及填充工艺技术难题，使我国成为继日本之后全球第二个掌握该技术的国家，并于 2010 年生产出我国第一个超结功率 MOS 器件。国产超结器件在短时间内实现了国际先进水平的器件性能。然而，实际产品的 $R_{on,sp}$ 受限于工艺能力、容差和散热等因素，难以进一步降低。目前最小元胞宽度约为 $3\mu m$，正向着多功能融合、高可靠方向发展。

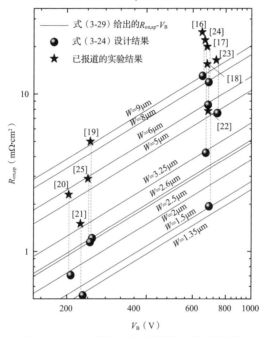

图 3-23　$R_{on,min}$ 优化法与已报道的实验结果比较

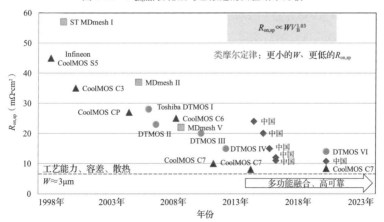

图 3-24　典型超结产品的 $R_{on,sp}$ 随时间的变化趋势

3.2.5 超结尺寸极限与 3-D 超结 $R_{\text{on,min}}$

1. 超结尺寸极限

在超结 $R_{\text{on,min}}$ 优化条件下，可获得式（3-31）给出的 $R_{\text{on,sp}}$-V_B 关系，且 $R_{\text{on,sp}} \propto W^{1.108}$，即 $R_{\text{on,sp}}$ 随 W 减小单调降低。该 $R_{\text{on,sp}}$-V_B 关系适用于 W 为 0.5～10μm 范围，这一范围覆盖了典型超结元胞宽度范围。当 W 进一步减小至亚微米乃至纳米尺寸时，掺杂浓度 N 显著增加。$R_{\text{on,sp}}$ 主要受下面 4 个效应影响。

（1）JFET 效应：当 W 减小时，由于内建电势及外加电势产生的耗尽区宽度不能等比例缩小，非导电区在元胞中的占比增大，$R_{\text{on,sp}}$ 随之增加，因此，纳米超结中 JFET 效应显著降低电流路径，甚至在高漏电压下出现夹断，使器件无法导电。

（2）隧穿效应：伴随 W 的减小，N 显著增加，势垒区能带出现倾斜，甚至使得超结 N 区导带底比 P 区价带顶更低。当超结为反向偏压时，势垒区内强电场将使能带的倾斜度增大，隧道长度缩短，器件是否发生击穿主要由载流子的波动性决定。隧穿效应可等效为载流子电离的阈值能量降低，从而导致电离率增加，并在更低的外加电压下发生击穿。

（3）禁带宽度变窄效应：当纳米超结的优化 N 显著增加至 1×10^{17}～1×10^{19}cm^{-3}，高掺杂导致杂质原子间距较小，杂质原子之间的电子波函数发生交叠，实现共有化运动，杂质能级拓展为杂质能带，使禁带宽度变窄，造成载流子电离能降低，电离率增加。

（4）载流子非完全电离效应：室温下，造成 N 型杂质中 90% 的载流子发生电离的掺杂浓度 N 的上限约为 3×10^{17}cm^{-3}，当 N 增加至 3×10^{18}cm^{-3} 时，仅有 60% 的载流子发生电离，这使得高浓度条件下，载流子浓度降低，$R_{\text{on,sp}}$ 增加。

图 3-25 所示为发生雪崩击穿时，N_{max} 下超结横向 PN 结的 V_B 与 W 的关系[26]。可以看出仅由雪崩击穿条件确定的 V_B 首先随着 W 的减小而降低，但当 W<53nm 时，V_B 随 W 的减小而增加，与实测数据不符。根据半导体物理相关知识，V_B>$6\xi_g/q$ 时为雪崩击穿，而 V_B<$4\xi_g/q$ 时为隧道击穿，其中 ξ_g 为禁带宽度。测试结果表明，器件 V_B 会随 W 的减小持续降低。

对 W<53nm 时 V_B 的反常现象，可做如下解释：在 1.2.1 节中，碰撞电离率可被视为碰撞率与电离率之积，一般认为碰撞电离率强烈依赖于电场主要是指电离率强烈依赖于电场。当 W<53nm 时，由于上述隧穿效应和禁带宽度变窄效应，耗尽区内电场极高，几乎所有参与碰撞的载流子都产生二次载流子，此时碰撞电离率主要由碰撞率也就是载流子平均自由程决定，且逐渐趋于常数。因此，当 W 极小时，碰撞电离率变为与电场无关的常数，导致 E_c 急剧增加，V_B 也随之增加。但是，实际上纳米超结的击

穿会逐渐从雪崩击穿向隧道击穿转变，使得 V_B 降低。

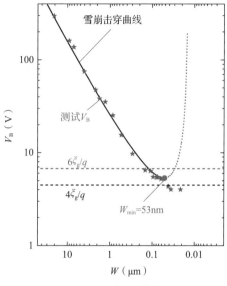

图 3-25 V_B 与 W 的关系

图 3-26 所示为超结发生隧道击穿时的能带结构，其中 ξ_c、ξ_v 和 ξ_g 分别为导带底能带、价带顶能带和禁带的宽度。能带弯曲量由电荷场的横向最大电势差 $\Delta\phi_q$ 决定。当 W 显著减小时，外加反向电压会显著减薄超结 N 区和 P 区之间的势垒宽度，从而产生隧穿效应，使得电流急剧增大。这意味着超结器件 E_c 的增量变缓，也就是优化 N 降低，$R_{on,sp}$ 增加。隧穿对超结特性的影响取决于图 3-13（b）中的横向 PN 结隧穿，当超结横向 PN 结产生隧穿效应时即认为超结发生了隧穿效应。

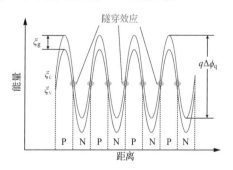

图 3-26 发生隧道击穿时超结元胞的能带结构

与传统结构不同，超结的隧穿效应随外加电压变化分为 3 个阶段：外加电压小于 FD 电势 $2\Delta\phi_q$ 时，N 区和 P 区存在中性区，载流子可以直接通过内部 PN 结发生隧穿，导致泄漏电流增大；外加电压继续增加且离 V_B 较远时，漂移区完全耗尽，中性区仅存在于靠近源端、漏端两侧，因此击穿原理从齐纳击穿变化为雪崩击穿；外加电压接近 V_B 时，漂移区中可能存在较多碰撞电离产生的电子空穴对，这些电荷可能通过隧穿效应跨越禁带宽度，呈现耐压方向为雪崩击穿和垂直耐压方向为齐纳击穿的各向异性击穿特点。因此，隧穿效应对超结 $R_{on,sp}$ 的主要影响是降低了最高掺杂浓度，使其降低为 $N_{max,z}$。如果 $N_{max,z} \geq N_{op}$，器件 $R_{on,min}$ 点在 N_{op} 下取得；如果 $N_{max,z} < N_{op}$，器件 $R_{on,min}$ 点在 $N_{max,z}$ 下取得。理论与仿真表明，当 $W<140$nm，即满足 $N_{max,z}<N_{op}$ 条件时，器件优值由齐纳击穿决定。

图 3-27 给出 $R_{on,min}$ 条件下，耐压为 600V、1000V 和 1500V 的超结器件的 $R_{on,sp}$ 随 W 的变化情况。根据上述分析，可依据 W 的大小将超结特性分为 3 个区域。

（1）雪崩击穿区（$W \geq 0.5\mu m$）：器件击穿以雪崩击穿为主，超结 $R_{on,sp}$ 与 W 几乎成正比，$R_{on,sp}$ 由式（3-31）决定。

（2）齐纳击穿区（22nm$\leq W<0.5\mu m$）：必须考虑隧穿效应对器件击穿的影响，JFET 效应对器件 $R_{on,sp}$ 的调制作用使 $R_{on,sp}$ 随 W 增大而降低的趋势变缓，并在 $W=100$nm 时取得最小值，从而确定了超结的尺寸极限 W_{min}。

（3）JFET 夹断区（$W<22$nm）：考虑齐纳击穿的影响，超结将在 $W<22$nm 时发生完全夹断，无法实现导通功能。

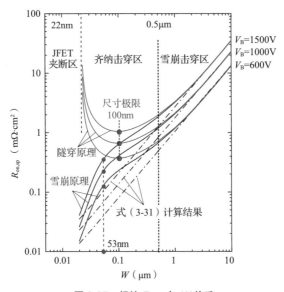

图 3-27　超结 $R_{on,sp}$ 与 W 关系

在 W_{min} 条件下，超结的极限 $R_{on,sp}$-V_B 关系为：

$$R_{on,sp} = 2.678 \times 10^{-4} V_B^{1.13} \quad (m\Omega \cdot cm^2) \quad （3-35）$$

以耐压为 600V 的超结为例，其理论 $R_{on,min}$ 仅为 $0.37m\Omega \cdot cm^2$，比目前最好的实验结果降低约两个数量级。事实上，若考虑实际工艺，超结 N 区和 P 区之间不可避免会发生互扩散，特别是进入亚微米级别后，超结的掺杂分布会由理想矩形分布变为高斯分布，产生 N 区和 P 区之间的相互补偿及耗尽区宽度增加的效果。这限制了超结 $R_{on,sp}$ 的进一步降低，工艺极限与杂质高斯分布的标准差有关，如以离子注入形成超结可实现的最小元胞宽度约为 $0.2\mu m$。

2. 3-D 超结 $R_{on,min}$

超结除了有典型的 2-D 叉指状结构之外，还有如图 3-28 所示的 3-D 结构。该结构的特点是 P 区位于元胞中心且被 N 区环绕。与 2-D 叉指状结构相比，3-D 结构的 P 区与周围 N 区保持体电荷平衡，当两区宽度均为 W 时，P 区的掺杂浓度为 N 区的 3 倍。这种特殊的结构将产生 3-D 电荷场并对整体电势场进行调制，其优化思想仍然是通过可变 3-D 电荷场对电势场的调制，实现全域最低的 $R_{on,min}$。

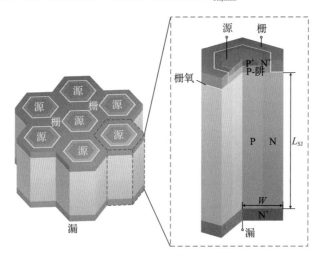

图 3-28　具有六角形元胞的 3-D 结构

3-D 超结的势场分布解析较 2-D 超结的更加复杂，需求解柱坐标下的泊松方程，如图 3-29 所示。决定器件击穿的电离积分路径也变为从 P 区中心跨越 PN 结到 N 区中心的复杂路径 AOB。圆柱坐标下的泊松方程求解可采用贝塞尔函数表示的无穷级数形式，但该形式复杂，难以实现进一步化简，而采用 2.3.2 节的泰勒级数法可实现化简求解。假定 N 区掺杂浓度为 N_N，为保持电荷平衡，P 区掺杂浓度 N_P 为 $3N_N$，可给出化简后的 P 区和 N 区电离积分路径上电荷场 $E_{q,p}(y)$ 和 $E_{q,n}(y)$ 分布：

$$
\begin{cases}
E_{q,p}(y) = E_0 \exp\left(-\dfrac{2E_0 y}{E_p W}\right) - E_{q,p}\dfrac{\cosh\left[\dfrac{1}{T_p}\left(y+\dfrac{L_d}{2}\right)\right]}{\sinh\dfrac{L_d}{T_p}}, & -\dfrac{L_d}{2} \leqslant y < 0 \\[6mm]
E_{q,n}(y) = E_0 \dfrac{\exp\left(\dfrac{4E_0 y}{3E_p W}\right)}{\sqrt{4-3\exp\left(\dfrac{4E_0 y}{3E_p W}\right)}} - E_{q,n}\dfrac{\cosh\left[\dfrac{1}{T_n}\left(-y+\dfrac{L_d}{2}\right)\right]}{\sinh\dfrac{L_d}{T_p}}, & 0 \leqslant y \leqslant \dfrac{L_d}{2}
\end{cases}
$$

$$(3\text{-}36)$$

其中，$E_0=\dfrac{qN_p W}{4\varepsilon_s}$、$E_{q,p}=\dfrac{qN_p T_p}{\varepsilon_s}$、$E_{q,n}=\dfrac{qN_N T_n}{\varepsilon_s}$ 分别为 O 点、A′点和 B′点的电荷场峰值，$T_p=\dfrac{W}{2\sqrt{3}}$、$T_n=\dfrac{\sqrt{120\ln 2-45}}{20}W$ 分别为 P 区和 N 区的特征厚度。

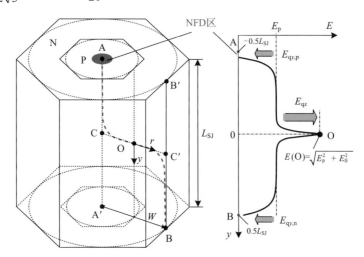

图 3-29 3-D 超结的雪崩击穿路径及对应电场分布

由于三维耗尽作用，3-D 超结特性具有以下特点。

（1）P 区特征厚度 T_p 大于 N 区特征厚度 T_n，AA′线的电场峰值较 BB′线的高得多。在 $R_{\mathrm{on,min}}$ 条件下，呈现 P 区为 NFD 模式而 N 区为 FD 模式的混合耐压模式，NFD 模式仅存在于 A 点附近而在 B 点附近为 FD 模式。

（2）O、C 两点间的电势差高于 O、C′两点间的电势差，且由于电荷场在耐压层内部产生的零电势面不再处于 PN 结上，因此不再有等势关系，A、C′两点间的电势差为 O、C 两点间电势差的 4/3 倍，而 B′、C′两点间的电势差为 O、C′两点间电势差的 3/5。

（3）体电荷平衡导致 R_N-阱和 R_P-阱的双阱优化特点，相同设计点 R_P-阱的掺杂浓

度比 R_N-阱的大 3 倍，如图 3-30 所示。

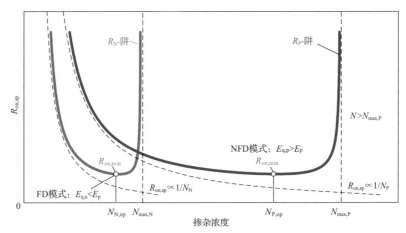

图 3-30　3-D 超结的 R_N-阱和 R_P-阱优化

可以证明 3-D 超结的最短耐压层长度与 2-D 超结的一致，通过 CC′线上的电荷场化简计算，得到 3-D 超结的最高掺杂浓度：

$$\begin{cases} N_{\max,N} = \exp(38.42W^{-0.03329}) \\ N_{\max,P} = 3\exp(38.42W^{-0.03329}) \end{cases} \tag{3-37}$$

采用全域优化法，给出器件设计式：

$$\begin{cases} N_N = \exp(37.89W^{-0.03444}V_B^{0.001297}) \\ N_P = 3\exp(37.89W^{-0.03444}V_B^{0.001297}) \\ L_d = 3.313\times10^{-2}W^{0.01269}V_B^{1.104} \end{cases} \tag{3-38}$$

$R_{on,sp}$-V_B 关系为：

$$R_{on,sp} = 1.3\times10^{-3}W^{1.13}V_B^{1.03} \tag{3-39}$$

同理获得 FD 模式下的设计式与 $R_{on,sp}$-V_B 关系：

$$\begin{cases} N_N = 5.896\times10^{16}a_{3D}W^{-0.9631}V_B^{-0.2076} \\ N_P = 3N_N \\ L_d = 1.33\times10^{-2}a_{3D}^{-1}W^{-0.03521}V_B^{1.203} \end{cases} \tag{3-40}$$

$$R_{on,sp} = 4.177\times10^{-4}a_{3D}^{-0.9298}W^{0.8234}V_B^{1.32}$$

其中，$a_{3D} = (1+774.4W/V_B^{7/6})^{-1/7}$，为 P 区 FD 模式（$\gamma_p$=1）下引入的系数。

图 3-31 对比了 3-D 超结和 2-D 超结器件 $R_{on,sp}$ 与 V_B 的关系，可以看出在 $R_{on,min}$ 条件下，3-D 超结可以比 2-D 超结在相同 V_B 下获得更小的 $R_{on,sp}$，这主要源于 3-D 超结 N 区更低掺杂浓度导致的较高迁移率与 JFET 效应导致的耗尽区占比减少。由于曲率效应，3-D 超结 A′点的电荷场峰值显著增加，因而在 FD 模式下，2-D 超结较 3-D 超结更优。

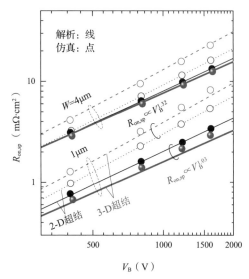

图 3-31　3-D 超结与 2-D 超结器件 $R_{\mathrm{on,sp}}$ 和 V_B 对比

通过对 3-D 超结的讨论，我们发现全域 $R_{\mathrm{on,min}}$ 的降低并不显著。这带来的启发是当元胞尺寸确定时，不同元胞结构下的器件具有类似的优化特性，单纯元胞结构乃至耗尽维度的变化仅能实现特性的微弱改进，在器件设计时是否采用该类改进，需予以综合考虑。

3.3　纵向半超结器件 $R_{\mathrm{on,min}}$ 优化

超结器件的结构特点导致相同 W 下，N 区和 P 区的深宽比随器件 V_B 的增加而增加，这会导致工艺更加复杂，特别是对 $V_\mathrm{B}>1000\mathrm{V}$ 的器件，元胞区耐压层长度需大于 56μm。为降低工艺难度并改善器件的反向恢复特性，将超结与阻型耐压层结合，提出如图 3-32 所示的半超结耐压层结构。本节将讨论给定 V_B、半超结区宽度 W 和长度 L_{SJ} 时，半超结器件的 $R_{\mathrm{on,min}}$。首先获得半超结器件的二维势、场分布模型，其次通过二维优化方式获得器件的 $R_{\mathrm{on,min}}$。

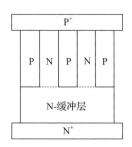

图 3-32　半超结耐压层结构

显然，半超结器件的基本结构由两部分构成，其比导通电阻 $R_{\text{on,sp}}$ 为超结区比导通电阻 $R_{\text{SJ,sp}}$ 和 N-缓冲层比导通电阻 $R_{\text{B,sp}}$ 之和，击穿电压 V_{B} 为超结区耐压 $V_{\text{B,SJ}}$ 和 N-缓冲层耐压 $V_{\text{B,B}}$ 之和：

$$\begin{cases} R_{\text{on,sp}} = R_{\text{SJ,sp}} + R_{\text{B,sp}} \\ V_{\text{B}} = V_{\text{B,SJ}} + V_{\text{B,B}} \end{cases} \tag{3-41}$$

3.3.1　纵向半超结二维势、场解析

与全超结器件相比，半超结器件在工艺上更容易实现。但是由于超结只占据整个耐压层中的一部分，因此其二维势、场解析也更加复杂，需要同时考虑部分超结 N 区和 P 区之间电荷场与 N-缓冲层一维电荷场对电势场的调制作用，从电场叠加原理出发，半超结电场可以分解为 3 种结构电场的叠加，如图 3-33 所示。

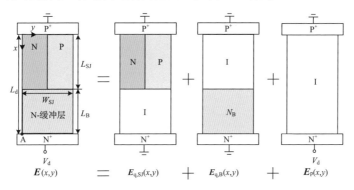

图 3-33　半超结器件电场叠加原理

半超结区宽度、长度和掺杂浓度分别为 W、L_{SJ} 和 N_{SJ}，N-缓冲层长度和掺杂浓度分别为 L_{B} 和 N_{B}，半超结二维电场 $E(x, y)$ 可以分解为半超结电荷场 $E_{\text{q,SJ}}(x, y)$、N-缓冲层电荷场 $E_{\text{q,B}}(x, y)$ 和电势场 $E_{\text{p}}(x, y)$ 三者的叠加。因此优化半超结器件本质上是双电荷场对电势场的二维调制，其电场分布的解析及优化均较全超结器件的更复杂。

本节首先从二维泊松方程出发获得半超结的二维势、场分布。$E_{\text{q,B}}(x, y)$ 和 $E_{\text{p}}(x, y)$ 均为一维，为简化器件将二者的电场叠加定义为调制电势场 $E_{\text{pm}}(x, y)$，其分布特点是超结区电场为矩形分布，N-缓冲层电场为梯形分布。假定超结区平均电场为 $E_{\text{p,SJ}}$，易得 $E_{\text{pm}}(x, y)$ 为：

$$E_{\text{pm}}(x, y) = \begin{cases} E_{\text{p,SJ}}, & 0 \leqslant y < L_{\text{SJ}} \\ E_{\text{p,SJ}}\left[1 + (\lambda - 1)\dfrac{y - L_{\text{SJ}}}{L_{\text{B}}}\right], & L_{\text{SJ}} \leqslant y \leqslant L_{\text{SJ}} + L_{\text{B}} \end{cases} \tag{3-42}$$

其中，λ 为调制因子；$\lambda E_{\text{p,SJ}}$ 表示 N-缓冲层靠近 N$^+$ 端的梯形下底处电场，λ 从 0 变化到

1 分别对应 N-缓冲层掺杂浓度从最高掺杂到零掺杂，因此通过改变 λ 即可全域表示 N-缓冲层的掺杂变化情况。击穿条件下，易得 $E_{p,SJ}=V_B/[L_{SJ} + 0.5 (1+\lambda) L_B]$。

$E_{q,SJ}(x, y)$ 由超结区的泊松方程和 N-缓冲层的拉普拉斯方程共同决定，采用泰勒级数法可以求解，获得其分布：

$$E_{q,SJ,i}(x, y) = E_T \xi_i(x, y), \qquad i = x, y \tag{3-43}$$

$\xi_i(x, y)$ 为二维分布函数：

$$\xi_x(x,y) = \begin{cases} \dfrac{x}{T}\left[1 - \dfrac{\sinh\dfrac{L_{SJ} - y}{T} + (1-k)\sinh\dfrac{y}{T}}{\sinh\dfrac{L_{SJ}}{T}}\right], & 0 \leqslant x \leqslant \dfrac{W}{2},\ 0 \leqslant y < L_{SJ} \\[4mm] \dfrac{x}{T}\dfrac{k\sinh\dfrac{L_D - y}{T}}{\sinh\dfrac{L_N}{T}}, & 0 \leqslant x \leqslant \dfrac{W}{2},\ L_{SJ} \leqslant y < L_D \end{cases}$$

$$\xi_y(x,y) = \begin{cases} \left[1 - \dfrac{1}{2}\left(\dfrac{x}{T}\right)^2\right]\dfrac{\cosh\dfrac{L_{SJ} - y}{T} - (1-k)\cosh\dfrac{y}{T}}{\sinh\dfrac{L_{SJ}}{T}}, & 0 \leqslant x \leqslant \dfrac{W}{2},\ 0 \leqslant y < L_{SJ} \\[4mm] \left[1 - \dfrac{1}{2}\left(\dfrac{x}{T}\right)^2\right]\dfrac{-k\cosh\dfrac{L_D - y}{T}}{\sinh\dfrac{L_B}{T}}, & 0 \leqslant x \leqslant \dfrac{W}{2},\ L_{SJ} \leqslant y < L_D \end{cases} \tag{3-44}$$

其中，$T = W/(2\sqrt{2})$，为特征厚度；电荷场峰值 $E_T = qN_{SJ}T/\varepsilon_s$；$k$ 表示半超结区与 N-缓冲层边界处电场与 E_T 的比例系数，$k = 2\sinh^2(0.5L_{SJ}/T)\sinh(L_B/T)/\sinh(L_D/T)$，其中 $4T \leqslant L_{SJ} \leqslant L_d - 2T$。

图 3-34 所示为半超结器件电场解析结果与仿真结果对比，其中 W 和 L_{SJ} 分别为 5μm 和 50μm，半超结区掺杂浓度 N_{SJ} 为 $2.0\times10^{15} \text{cm}^{-3}$、$4.6\times10^{15} \text{cm}^{-3}$、$7.5\times10^{15} \text{cm}^{-3}$。可以看出仿真结果与解析结果吻合良好，且随着 N_{SJ} 增加，半超结区平均电场 $E_{p,SJ}$ 降低，导致 $V_{B,SJ}$ 降低，为保持 V_B 不变，$V_{B,B}$ 增大。相应地，$R_{SJ,sp}$ 也由于 N_{SJ} 增加而降低，$R_{B,sp}$ 则由于 N-缓冲层电场斜率降低而增加。这构成了半超结器件优化 V_B 和 $R_{on,sp}$ 的基本矛盾。

为了获得较为精确的 V_B 和 $R_{on,sp}$，采用如图 3-35 所示的模型进行计算。图 3-35（a）所示为半超结器件的电离积分路径及电场分布，碰撞电离率积分仍采用式（3-25）进行计算，只需将积分路径上的电场替换为式（3-42）、式（3-43）和式（3-44）化简所得的电场即可。由于除分段积分以及电场解析表达式的化简涉及系数 k 之外，积分思想与前文完全一致，此处不赘述。

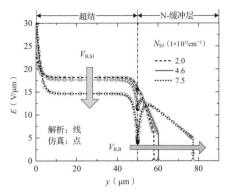

图 3-34　半超结器件电场解析结果与仿真结果对比

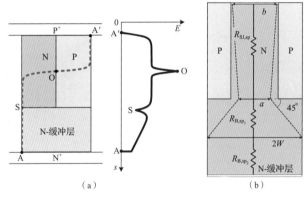

（a）　　　　　　　　　　　（b）

图 3-35　半超结器件 V_B 和 $R_{on,sp}$ 计算模型
（a）电离积分路径及电场分布；（b）简化分区电阻计算模型

半超结 $R_{on,sp}$ 的计算需考虑寄生 JFET 效应的影响，$R_{on,sp}$ 可以表示为如图 3-35（b）所示的 3 个电阻之和，即 $R_{on,sp} = R_{SJ,sp} + R_{B,sp_1} + R_{B,sp_2}$，具体表达式如下：

$$\begin{cases} R_{SJ,sp} = 2\rho_{SJ}L_{SJ}W/W_e \\ R_{B,sp_1} = \rho_B(2W-a)W/W_{B,e} \\ R_{B,sp_2} = \rho_B(L_B - W + 0.5a) \end{cases} \quad (3\text{-}45)$$

其中，$W_e = (b-a)/\ln(b/a)$ 和 $W_{B,e} = (2W-a)/\ln(2W/a)$ 分别表示超结区和 N-缓冲层电流拓展区等效宽度。

$$\begin{cases} a = W - \sqrt{\varepsilon_s\left(V_d\dfrac{R_{SJ,sp}}{R'_{on,sp}} + V_{in}\right)/(qN_{SJ})} \\ b = W - \sqrt{\varepsilon_s V_{in}/(qN_{SJ})} \\ \rho_{SJ} = \dfrac{1}{qN_{SJ}\mu_{SJ}} \\ \rho_B = \dfrac{1}{qN_B\mu_B} \end{cases}$$

其中，μ_{SJ}、μ_{B} 表示两区由于掺杂浓度变化导致的迁移率变化。为了简化计算且不引入显著误差，$R'_{\text{on,sp}}$ 的表达式中将 N-缓冲层的电阻看作简单矩形电阻，忽略扩展电阻的影响。

3.3.2 纵向半超结 $R_{\text{on,min}}$ 优化

通过数值积分法可以获得任意给定 V_{B}、W 和 L_{SJ} 条件下，N_{SJ} 和 λ 变化时器件的 $R_{\text{on,sp}}$，得到如图 3-36 所示的半超结器件二维 R-阱分布，其中 V_{B}、W、L_{SJ} 分别为 1000V、5μm 和 50μm。N_{SJ} 和 λ 定量表示了半超结区和 N-缓冲层对器件 $R_{\text{on,sp}}$ 的影响，N_{SJ} 和 λ 的优化范围分别为 $0 \sim N_{\text{max}}$ 和 $0 \sim 1$，因此半超结优化的实质是当 N_{SJ} 和 λ 变化时寻求唯一的 $R_{\text{on,min}}$。

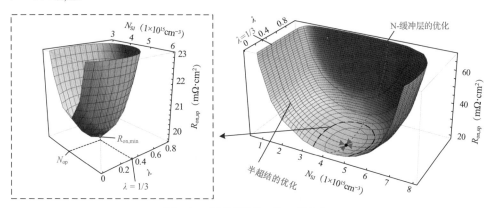

图 3-36　半超结器件二维 R-阱分布

二维优化可以通过将黄金分割优化法拓展到二维实现，为提高效率，本节先从理论上进行降维。从式（3-42）可得 N-缓冲层满足：

$$\begin{cases} V_{\text{B,B}} = E_{\text{p,SJ}}L_{\text{B}} - 0.5qN_{\text{B}}L_{\text{B}}^2 \ / \ \varepsilon_{\text{s}} \\ qN_{\text{B}}L_{\text{B}} \ / \ \varepsilon_{\text{s}} = E_{\text{p,SJ}}(1-\lambda) \end{cases} \tag{3-46}$$

从而可以将 N-缓冲层电阻简单表示为 λ 的函数：

$$R_{\text{B,sp}} = \frac{4V_{\text{B,B}}^2}{\mu\varepsilon_{\text{s}}E_{\text{p,SJ}}^3} \frac{1}{(1-\lambda)(1+\lambda)^2} \tag{3-47}$$

由于 N-缓冲层掺杂浓度发生变化时，$E_{\text{p,SJ}}$ 几乎为常数，因此通过 $\partial R_{\text{B,sp}} / \partial \lambda = 0$ 即可获得 $R_{\text{B,sp}}$ 取得极小值时 λ 的最优值：

$$\lambda = \frac{1}{3} \tag{3-48}$$

这样，从理论上对半超结二维 R-阱进行了降维。图 3-37 给出给定 V_{B} 下 $R_{\text{on,sp}}$ 随 λ

的变化情况。可以看出，$R_{on,sp}$ 在 $\lambda=1/3$ 处获得 $R_{on,min}$，也可以看出，N-缓冲层恰好完全耗尽的条件，即 $\lambda=0$ 时半超结器件的 $R_{on,sp}$ 并未取得极小值，因此与全超结器件不同的是在 $R_{on,min}$ 条件下，N-缓冲层处于 FD 模式。

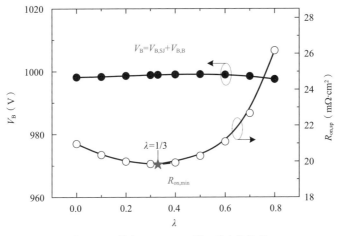

图 3-37　给定 V_B 下 $R_{on,sp}$ 随 λ 的变化情况

图 3-38 给出 $\lambda=1/3$ 条件下 $R_{on,sp}$ 随 N_{SJ} 的变化情况及 $R_{SJ,sp}$ 和 $R_{B,sp}$ 的取值。可以看出当 N_{SJ} 增加时，半超结区比导通电阻 $R_{SJ,sp}$ 单调减小，且 N-缓冲层比导通电阻 $R_{B,sp}$ 单调增大，其原理是 N_{SJ} 增加导致超结区耐压降低而 N-缓冲层耐压增加，因此需要 L_B 较大的 N-缓冲层并降低掺杂浓度 N_B 才能满足给定 V_B 的要求，从而得到 $R_{on,min}$。

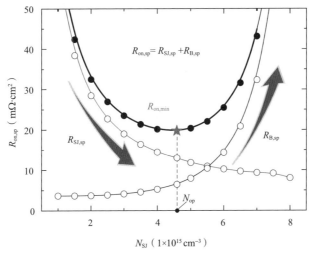

图 3-38　$\lambda=1/3$ 条件下 $R_{on,sp}$ 随 N_{SJ} 的变化情况

通过上面的优化过程，可以获得任意给定 V_B、W 和 L_{SJ} 条件下，$R_{on,min}$ 对应的优

化 N_{SJ}、N_B 和 L_B 的取值。作者曾尝试用 3.2 节中较简单的解析表达式进行二维非线性拟合并给出设计公式，但是由于半超结器件设计涉及 3 个自变量，且在 L_{SJ} 从零开始增加的过程中器件会发生从 VDMOS 到半超结再到全超结的结构转变，特别是当 L_{SJ} 接近全超结漂移区长度时，L_B 迅速减小，导致 N_B 急剧增加。因此，很难得出较为满意的设计公式。考虑到"归一化方法是无量纲分析法，得到的无量纲函数与具体器件参数取值无关，仅反映其中的作用规律"的特点，可寻找 L_{SJ} 增加过程中，器件设计参数的变化规律。

归一化方法的基本思想是将 VDMOS 和全超结 $R_{on,min}$ 的优化条件作为归一化边界，将 L_{SJ} 趋近于 0 条件下的 4 个设计参数分别定义为 N_{SJ_0}、N_{B_0}、L_{B_0} 和 R_{on,sp_0}，通过最小二乘法拟合得到其表达式：

$$\begin{cases} N_{SJ_0} = 5.813 \times 10^{16} W^{-1.124} \exp(W/56.47) V_B^{-0.2178} \\ N_{B_0} = 1.347 \times 10^{18} V_B^{-1.328} \\ L_{B_0} = 2.191 \times 10^{-2} V_B^{1.165} \\ R_{on,sp_0} = 8.991 \times 10^{-6} V_B^{2.462} \end{cases} \tag{3-49}$$

其中，W 以 μm 为单位。值得注意的是，N_{SJ_0} 的拟合数据是不同 L_{SJ} 条件下将 N_{SJ} 外推至趋近于 0 时获得的。

全超结 $R_{on,min}$ 的边界定义为 L_{SJ_1} 和 R_{on,sp_1}，其解析表达式在 3.2 节中给出：

$$\begin{cases} L_{SJ_1} = 3.158 \times 10^{-2} W^{0.0167} V_B^{1.109} \\ R_{on,sp_1} = 1.437 \times 10^{-3} W^{1.108} V_B^{1.03} \end{cases} \tag{3-50}$$

首先定义自变量为归一化超结长度 $\gamma_L = L_{SJ}/L_{SJ_1}$，然后定义归一化超结掺杂浓度、N-缓冲层掺杂浓度、长度和比导通电阻：$f_1 = N_{SJ}/N_{SJ_0} = f_1(\gamma_L)$、$f_2 = N_B/N_{B_0} = f_2(\gamma_L)$、$f_3 = L_B/L_{B_0} = f_3(\gamma_L)$、$f_4 = R_{on,sp}/R_{on,sp_0} = (1.2 f_{R_1} - 0.1) + (1.1 - 1.2 f_{R_1}) = f_4(\gamma_L)$，其中 $f_{R_1} = R_{on,sp_1}/R_{on,sp_0}$，且 $f_{R_1} \propto W^{1.108} V_B^{-1.432}$，是全超结 $R_{on,min}$ 对 VDMOS 边界的归一化。因此，半超结器件的设计公式归结为 $f_1 \sim f_4$ 的归一化函数表达式。

半超结的优化范围为 200V≤V_B≤2000V、0.5μm≤W≤10μm 和 0<L_{SJ}<$L_{d,min}$，其中 $L_{d,min} = 2.136 \times 10^{-2} V_B^{1.14}$，和前述最短漂移区长度一致。得到归一化函数表达式：

$$\begin{cases} f_1 = 0.8998 \exp[-0.46/\ln(0.7702\gamma_L)] \\ f_2 = 0.8331 \exp[-0.6041/\ln(0.9861\gamma_L)] \\ f_3 = 1.174(0.8547 - \gamma_L)^{0.9704} \\ f_4 = (191.79 W^{1.108} V_B^{-1.432} - 0.1) + (1.1 - 191.79 W^{1.108} V_B^{-1.432}) \\ \quad \times (-0.7448\gamma_L^4 + 2.3704\gamma_L^3 - 1.2556\gamma_L^2 - 1.2417\gamma_L + 0.991) \end{cases} \tag{3-51}$$

其中，归一化漂移区长度 $\gamma_L = \dfrac{L_{SJ}}{3.158 \times 10^{-2} W^{0.0167} V_B^{1.109}}$。

最终可得半超结器件的设计公式：

$$\begin{cases} N_{SJ} = 5.813 \times 10^{16} W^{-1.124} \exp(W/56.47) V_B^{-0.2178} f_1 \\ N_B = 1.347 \times 10^{18} V_B^{-1.328} f_2 \\ L_B = 2.191 \times 10^{-2} V_B^{1.165} f_3 \\ R_{on,sp} = 8.991 \times 10^{-6} V_B^{2.462} f_4 \end{cases} \tag{3-52}$$

图 3-39 给出半超结器件优化 N_B 随 L_{SJ} 的变化规律，在 L_{SJ} 比较小时，N_B 随 L_{SJ} 的增加缓慢增加；当 L_{SJ} 靠近 $L_{d,min}$ 时，N_B 随 L_{SJ} 的增加剧增。这是由于半超结漂移区长度逐渐接近全超结漂移区长度，因此 N_B 由于 L_B 的减小而迅速增加。

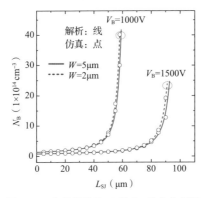

图 3-39　半超结器件 N_B 随 L_{SJ} 的变化规律

图 3-40 给出半超结器件优化 L_B 随 L_{SJ} 的变化规律，随着 L_{SJ} 增加，超结区承担的电压增加而 N-缓冲层承担的电压降低，因此 L_B 几乎随 L_{SJ} 的增加而单调减小。图 3-40 中曲线与 L_B 轴和 L_{SJ} 轴的交点反映出 VDMOS 漂移区较全超结漂移区更长的特点。可以看出，N-缓冲层的参数与 W 为弱函数关系，这说明 N-缓冲层的耗尽取决于长距离的纵向耗尽，因而不显著依赖于 W。

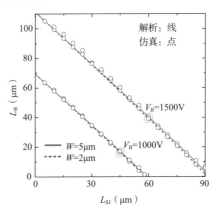

图 3-40　半超结器件 L_B 随 L_{SJ} 的变化规律

图 3-41 给出半超结器件优化 N_{SJ} 随 L_{SJ} 的变化规律，显然半超结器件的 N_{SJ} 显著依赖于 W，且随 W 减小迅速增加，同时 N_{SJ} 随 L_{SJ} 的增加而增加。这是由于 L_{SJ} 增加，半超结区承担更高电压，N-缓冲层电势差降低，N_{SJ} 增加导致的 $R_{SJ,sp}$ 降低比 $R_{B,sp}$ 增加更为显著。可以预见当 L_{SJ} 逐渐增加至全超结器件漂移区长度时，N_{SJ} 也将逐渐过渡到全超结优化 N。

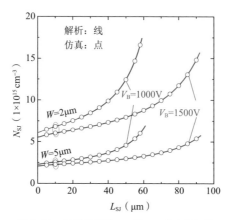

图 3-41　半超结器件 N_{SJ} 随 L_{SJ} 的变化规律

图 3-42 给出 VDMOS、半超结、全超结器件 $R_{on,sp}$ 随 L_{SJ} 的变化规律，$R_{on,sp}$ 随 L_{SJ} 的增加而单调降低。当 $L_{SJ}=0$ 时，不同 W 的半超结均退化成 VDMOS，因而具有相同的 $R_{on,sp}$；当 $0<L_{SJ}<L_{d,min}$ 时，器件为半超结，$R_{on,sp}$ 随 L_{SJ} 的增加而单调降低且 W 较小的结构具有更低的 $R_{on,sp}$；当 $L_{SJ} \geq L_{d,min}$ 时，半超结转变为全超结，$R_{on,sp}$ 的变化规律与 3.2 节的完全一致，最终在 NFD 模式下取得 $R_{on,min}$。然而半超结器件的 $R_{on,min}$ 处于 FD 模式下，表现出与全超结器件不一致的特点。表 3-3 给出两个典型半超结器件的设计参数，且仿真结果与解析结果相符。

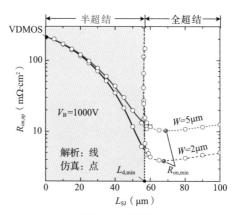

图 3-42　VDMOS、半超结、全超结器件 $R_{on,sp}$ 随 L_{SJ} 的变化规律

表 3-3　两个典型半超结器件的设计参数

	参数	半超结器件 1	半超结器件 2
给定	V_B（V）	1000	1500
	W（μm）	5	5
	L_{SJ}（μm）	50	70
计算	η	0.73	0.65
	f_1	1.98	1.74
	f_2	5.08	3.21
	f_3	0.16	0.25
	f_4	0.09	0.12
	N_{SJ}（cm^{-3}）	4.59×10^{15}	3.69×10^{15}
	N_B（cm^{-3}）	7.09×10^{14}	2.62×10^{14}
	L_B（μm）	11.00	27.90
	$R_{on,sp}$（mΩ·cm^2）	19.90	69.21
仿真	V_B（V）	1007.84	1515.67
	$R_{on,sp}$（mΩ·cm^2）	19.80	71.06

与传统设计理论相比，本节给出的半超结设计理论实现了 $R_{on,min}$，其优势体现在两方面：在相同 $R_{on,sp}$ 条件下，可使用比对比结构更短的超结区，降低工艺难度；在相同工艺条件下，可实现 $R_{on,sp}$ 更低而器件特性更优。图 3-43 所示为相同 V_B 和 $R_{on,sp}$ 条件下本节设计理论所得 L_{SJ} 与传统设计理论所得 L_{SJ} 的对比情况。图 3-43 中的数据为相应的漂移区长度。可以看出，由于本节实现了半超结器件的 $R_{on,min}$，因此在所有条件下均实现了更短的漂移区。

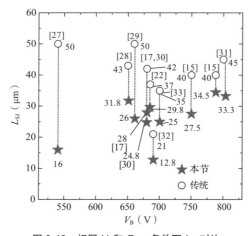

图 3-43　相同 V_B 和 $R_{on,sp}$ 条件下 L_{SJ} 对比

图 3-44 为相同 V_B、W 和 L_{SJ} 条件下本节设计理论所得 $R_{on,sp}$ 和传统设计理论所得 $R_{on,sp}$ 的对比情况。可以看出，本节设计理论优于传统设计理论，实现了更低的 $R_{on,sp}$。

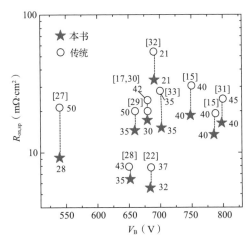

图 3-44　相同 V_B、W 和 L_{SJ} 条件下 $R_{on,sp}$ 对比

3.4　纵向超结器件电流特性与安全工作区

3.4.1　电流特性

图 3-45 给出耐压为 500V 的超结器件和 VDMOS 的 I-V 特性曲线[13]。超结器件的比导通电阻（$R_{on,sp}$=5.3mΩ·cm^2）比 VDMOS 的（$R_{on,sp}$=62mΩ·cm^2）低一个数量级。因此超结栅开启后，电流迅速增大，并且具有更大的饱和电流密度。例如在栅压 V_G 为 8V 且 V_d 为 150V 的条件下，超结器件的饱和电流密度约为 VDMOS 的 8 倍。在不考虑其他电导增强效应时，功率 MOS 器件可流过的最大电流密度可按如下表示：

$$J_{dmv} \approx qN_d v_s \tag{3-53}$$

其中，v_s 为电子饱和速度，N_d 为耐压层的掺杂浓度。超结器件中仅有 N 区参与导电，根据 JFET 电流的计算公式[3]，得到超结器件的最大电流密度：

$$J_{dm} \approx qN_d \mu_N \frac{\Delta\phi_q}{6L_d} \tag{3-54}$$

其中，$\Delta\phi_q$ 为超结横向电势。

可见，超结最大电流密度 J_{dm} 随 N 区掺杂浓度 N_d 的增大而增大，随耐压层长度 L_d 的增加而减小。由于超结器件 N 区的掺杂浓度高于 VDMOS 的掺杂浓度，因此具有更大的饱和电流密度，如本例中超结器件和 VDMOS 的饱和电流密度分别为 1.39×10^{-4}A/μm 和 1.7×10^{-5}A/μm，前者约为后者的 8 倍。

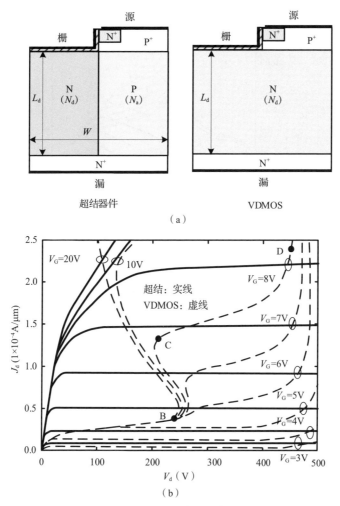

图 3-45　耐压为 500V 的超结器件和 VDMOS

（a）器件结构；（b）不同栅压条件下的 I-V 曲线（超结器件的参数：L_d=27.64μm、W=3.725μm、N_d=N_a=8.46×10^{15}cm^{-3}；VDMOS 的参数：L_d=33.34μm、N_d=2.9×10^{14}cm^{-3}）

　　当然上述 J_{dm} 只能用于粗略地估计器件的最大电流值，J_{dm} 还受到沟道区 P-阱产生的寄生 JFET 效应以及不同栅压下源端 N$^+$ 区向耐压层注入的电子数量等因素的影响。同时，在高漏电压下，碰撞电离产生电子空穴对，也能使电流进一步上升。

3.4.2　安全工作区

　　如前文所述，超结器件在高栅压下同样存在最大电流密度 J_{dm} 及准饱和区，超结器件的电流密度大小为流过 N 区的最大电流密度的一半且受到 JFET 效应的影响。为了对超结器件的安全工作区进行分析，图 3-46 给出耐压为 600V 的超结器件的 I-V 曲线和安全工作区的仿真结果（仿真参数：L_d=37μm、W=10μm、N_d=N_A=2×10^{15}cm^{-3}）[34-35]。

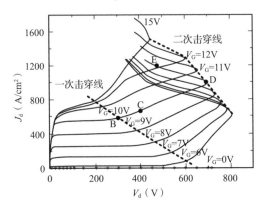

图 3-46　超结器件的 I-V 曲线和安全工作区

从图 3-46 可以看出，当沟道夹断进入饱和区，J_d 不随 V_d 变化而变化。随着 V_d 增加，器件耐压层电场增加，导致碰撞电离发生，器件发生一次击穿，且一次击穿电压随 V_G 的增加及 I_d 的增加而降低。虽然超结器件比常规 VDMOS 具有更优越的 I-V 性能，但超结器件中仍存在寄生 NPN 管，会对开态特性，特别是安全工作区产生影响。随着 V_d 逐渐增加到接近关态 V_B 时，由于寄生 NPN 管的开启，超结器件将发生二次击穿，二次击穿的电压边界决定了器件的安全工作区。

为了进行比较，图 3-47 给出 20A/600V 条件下超结器件 SPP20N60S5 安全工作区的测试结果[36]。可以看出，该器件发生了两次击穿，这证明了上述分析的正确性。其中，一次击穿电压随电流密度增加近似为一条直线，安全工作区大大增加。

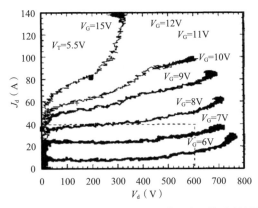

图 3-47　超结器件 SPP20N60S5 安全工作区的测试结果

我们仍然可以从电荷的角度来分析超结器件开态下的势、场分布。器件开态可以等效为在耐压层中引入了负电荷。假设高 V_d 条件下饱和电流密度为 J_d 且电子以饱和

速度 v_s 运动，那么电子漂移带来的耐压层平均负电荷浓度 $n = J_d/(qv_s)$，因此器件开态下 N 区耗尽区中的等效掺杂浓度 n_d 减少，表示如下：

$$n_d = N_d - n \tag{3-55}$$

对应 P 区等效掺杂浓度增加为 $T = t_s\sqrt{(1 + t_{es}/t_s)/2}$。由于电流引入的非平衡电荷 n 打破了关态下超结 N 区和 P 区之间的电荷平衡，因此靠近漏端区域的电场增大。从非平衡负电荷浓度的表达式可知，电子饱和速度 $v_s = 1 \times 10^7 \text{cm/s}$，器件电流密度每增加 100A/cm^2，引入非平衡负电荷的浓度为 6.24×10^{13}cm^{-3}。因此在 VDMOS 应用的电流密度范围内，由电流引起的电场变化并不明显。

由于超结器件开态电流密度大，因此由电流引入的负电荷浓度不可忽略，且电流密度越大这种影响越明显，表现为图 3-46 中一次击穿后的曲线翘曲，这是由于碰撞电离产生电子空穴对增强了耐压层的电导率。器件发生一次击穿后产生碰撞电离，在两次击穿之间耐压层的净电荷密度不发生变化，可将漏端 N$^+$ 与包括 N 区在内的整个耐压层视为单边突变结的耐压。单边突变结的倍增因子 M 可近似如下[37]：

$$M = \frac{1}{1 - (V_d/V_B)^m} \tag{3-56}$$

其中，m 为 3～6 的常数，V_d/V_B 为使用击穿电压归一化的漏端外加电势。

图 3-48 给出倍增因子 M 和归一化漏电压 V_d/V_B 之间的关系，可以看出当 V_d/V_B 为 0.45 和 0.65、m 为 3 和 6 时，M 为 1.1，即开始发生明显碰撞电离；而当 V_d/V_B 增加到 0.79 和 0.89 时，电流才增加一倍，因此可以认为发生碰撞电离之后，只要 V_d 在 V_B 的 80%以下，电流就不会出现显著的上升。正是由于 M 缓慢上升，在两次击穿之间的电流可较为平缓地上升。

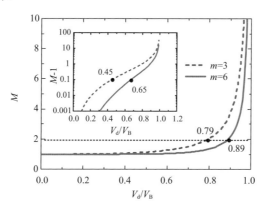

图 3-48　单边突变结 M 和 V_d/V_B 的关系

图 3-49 中给出图 3-46 中 V_G 为 10V 时，超结器件电流密度 J_d 和寄生 NPN 管发射结电势 V_{be} 随漏电压 V_d 的变化情况。B、C、D 和 E 这 4 个点分别表示一次击穿点、二

次击穿前、二次击穿点和二次击穿后的电流密度。从图 3-49 中可知，B 点发生一次击穿后，碰撞电离产生的空穴电流经基区电阻使得寄生 NPN 管 V_{be} 增加。C 点发生碰撞电离后，电子空穴对分别形成电子电流与空穴电流，但寄生 NPN 管未开启，空穴电流密度使寄生 NPN 管发射结两端的电势差继续增大，直到 D 点寄生 NPN 管发射结两端电压为 0.7V，寄生 NPN 管开启，发生二次击穿。E 点的寄生 NPN 管发射结仍然正偏，J_d 随着基极电流的增大而增大，V_d 则降低至其维持电压。

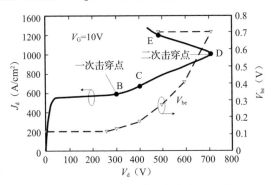

图 3-49　超结器件的 I-V 曲线与寄生 NPN 管 V_{be}

图 3-50 给出图 3-46 中 V_G 为 10V 时不同 V_d 下超结器件的电流线和等势线分布及两次击穿之间的碰撞电离率分布[34]，其中图 3-46（a）和图 3-46（b）中的横线和纵线分别表示等势线和电流线。图 3-50（a）表示 B 点对应的电流线和等势线分布。由于非平衡电子的引入使得漏端的等势线较源端的更密集，因此漏端的电场更高。此时仅存在通过 N 区的电子电流，未见明显碰撞电离，P 区无空穴电流。图 3-50（b）表示 C 点对应的电流线和等势线分布。C 点电流值介于两次击穿之间，此时碰撞电离产生电子空穴对，其中电子直接通过漏端 N⁺ 流出漏极，而空穴越过低阻的 P 区形成空穴电流，这些空穴电流等效为 P 区掺杂的增加，因此超结器件发生一次击穿后，电子空穴对仍能在一定程度上保持电荷平衡。图 3-50（c）表示 E 点发生二次击穿后的电流线和等势线分布，由于寄生 NPN 管的开启使 P 区产生明显的电流。图 3-50（d）表示图 3-50（b）中虚线框所示耐压层中的碰撞电离率分布，碰撞电离主要发生在 N 区靠近漏端的位置，这是由于电流引入的非平衡负电荷增强了该处的电场，并且 N 区中存在的大量电子皆可产生碰撞电离。

总之，超结器件在耐压层中引入 P 区，抑制了寄生 NPN 管的开启；同时 N 区掺杂浓度增加，超结器件的最大电流密度远大于常规 VDMOS 的最大电流密度。一方面，大电流密度使超结安全工作区扩大。但是另一方面，在耐压层中引入电子电荷带来的影响也不可忽略，如近漏端的电场增大和产生的雪崩击穿等，由此带来了超结器件异于 VDMOS 的二次击穿和安全工作区特性。

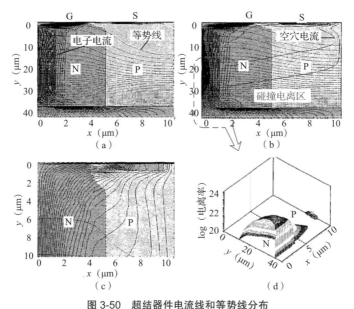

图 3-50　超结器件电流线和等势线分布

（a）B 点电流线和等势线分布，V_d=300V；（b）C 点电流线和等势线分布，V_d=400V；

（c）E 点电流线和等势线分布，J_d=1200A/cm²；（d）C 点碰撞电离率分布

电荷平衡在实际超结制造中较难实现，由 N 区和 P 区掺杂带来的电荷非平衡同样会影响超结器件的安全工作区。图 3-51（a）表示当 N 区掺杂剂量 D_N 不变时，P 区掺杂剂量 D_P 变化 10%对 I-V 曲线的影响。较低的 D_P 减少了耐压层中的负电荷量，因此在 D_P=90%D_N 条件下，超结器件具有更高的一次击穿电压。同时 D_P 的降低增加了寄生 NPN 管的基区电阻，导致二次击穿的电流密度减小。当 D_P 大于 D_N 时，得到的结论与此相反。图 3-51（b）表示电荷非平衡对安全工作区的影响，由于本例中由掺杂带来的非平衡电荷的浓度仅为 1×10^{14}cm⁻³，因此电荷非平衡对安全工作区的影响不大。

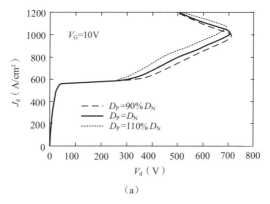

图 3-51　电荷非平衡对 I-V 曲线和安全工作区的影响

（a）电荷非平衡对 I-V 曲线的影响

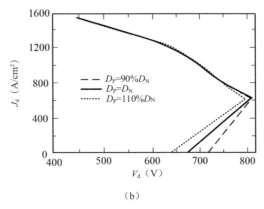

（b）

图 3-51　电荷非平衡对 *I-V* 曲线和安全工作区的影响（续）
（b）电荷非平衡对安全工作区的影响

3.5　纵向超结器件瞬态特性

　　器件的瞬态特性由器件内部等效电容及外接电路决定，因此在分析纵向超结器件瞬态特性之前，我们先对器件等效电容特性进行分析。常规 VDMOS 的等效电容为栅源电容 C_{GS}、栅漏电容 C_{GD} 和漏源电容 C_{DS}[38]，超结器件耐压层由常规 VDMOS 的阻型耐压层变为结型耐压层，因此其等效电容需考虑 N 区和 P 区之间的结电容。由于超结器件的沟道区结构与常规 VDMOS 的类似，超结器件的 C_{GS} 与 VDMOS 的一致；超结器件 N 区和 P 区之间的横向耗尽作用使得耐压层在 V_d 为 $\Delta\phi_q$ 时几乎完全耗尽，因此超结器件的 C_{GD} 较 VDMOS 的更小，并且电容值 V_d 变化很快；超结器件 N 区和 P 区之间的结电容主要增加输出电容 C_{DS}，由于该结电容面积正比于耐压层厚度，因此超结器件的 C_{DS} 比常规 VDMOS 的大得多，关于上述电容的详细分析见文献[39]。由于与 VDMOS 相比，超结器件的 C_{GS} 和 C_{GD} 无显著变化，因此两种器件的开启时间几乎完全一样。此外，超结器件 C_{DS} 的增大，会使得器件关断时存在一段延迟时间，该延迟时间就由 C_{DS} 决定。本节讨论的超结瞬态模型亦可用于其他使用超结概念设计的器件中[40-42]。

　　超结器件是多子导电器件，在导通后耐压层无电导调制效应，因此关断后，与 IGBT 的耐压层不同，超结的耐压层内不会储存大量过剩的载流子，不会出现电流拖尾现象，且关断延迟时间比 IGBT 的小得多[43]。为了深入地讨论超结器件的导通和关断瞬态机理，作者对导通和关断这两个过程进行仿真，分别做出导通过程中 V_d 为 45V 和 5V 时的导通图像和关断过程中 V_d 为 15V 和 400V 时的关断图像，如图 3-52 和图 3-53 所示。

　　1. 超结器件开启过程

　　图 3-52 给出超结器件开启过程中电流线与等势线的分布情况。图 3-52（a）表示

超结器件开启过程中从源端注入 N 区与 P 区的电子电流、空穴电流以及漏电流随时间的变化情况。可以看出，漏电流等于电子电流减去空穴电流。器件开启过程中，源端同时存在电子电流与空穴电流，并分别对 N 区与 P 区间形成的结电容进行充电，其中电子电流大于空穴电流，且两者之差为漏电流。开启过程中，特别是器件开启的初期，源端对 N 区与 P 区的充电电流较大且几乎相等，这是因为器件开启过程中电子空穴对的同向异位运动[43]。空穴电流只存在于器件开启过程中并在器件完全导通后降低为 0。图 3-52（a）中的插图是在开启过程中漏端的电流、电压随时间的变化情况，可以看出超结器件的导通时间很短，为纳秒量级。V_d 下降至 45V（A 点）和 5V（B 点）的情形如图 3-52（a）中插图所示。

图 3-52（b）表示器件在导通过程中的电流线与等势线分布。当器件由关断变为开启时，整个耗尽耐压层变为中性区，耐压层中需要存在大量的电子空穴对从而实现器件导通。在耐压层的 N 区，有电子从源区注入，使得一部分 N 区变成中性区。电子电流的前端与耗尽区的顶部电位一致，即 N 区中电子电流前端以下部分仍处于 FD 状态；同理分析，P 区中空穴电流前端以下部分仍处于 FD 状态。耗尽区的电荷分布使得顶部 N 区和 P 区之间产生横向电势差，其值等于横向 PN 结耗尽电势。当 V_d=45V 时，横向电势和横向电场分别为 10V 和 10V/μm 量级。该电势差使得 P 区电势为负，且同一水平面，P 区的电势低于 N 区的电势，从而驱使空穴继续向下流。换句话说，电子电流与旁边 P 区伴随的空穴电流形成同向异位空穴电子对运动。

从前文可知，超结器件中由耗尽电荷产生的电场在除源、漏两端之外的大部分耐压区几乎不发生变化，因此开启过程中，N 区和 P 区耗尽区顶部的横向电势差几乎保持不变。简单起见，可以认为在整个开启过程中，电子电流和空穴电流在电场作用下以饱和速度越过耐压层，且越过的时间就是器件的开启时间 t_on：

$$t_\mathrm{on}=\frac{L_\mathrm{d}}{v_\mathrm{s}} \tag{3-57}$$

其中，v_s 为饱和耐压层速度，其值可取 $1\times10^7\mathrm{cm/s}$。由此计算出的超结器件的开启时间很短，在纳秒量级。

当电子与空穴以饱和漂移速度从源端开始运动并靠近漏端时，由于漏端 N$^+$耗尽区边界等势，N 区和 P 区耗尽的横向电势差逐渐减小到 0，成为等势面。如图 3-52（b）所示，在漏端附近的 P 区，由于漏端与空穴电流前端的电势差变为 0，空穴电流消失。随着导通过程延续至 B 点，V_d 下降至 5V，耗尽区变窄，漏电流完全由电子电流构成，此时器件只存在流过 N 区的电子电流，如图 3-52（c）所示。

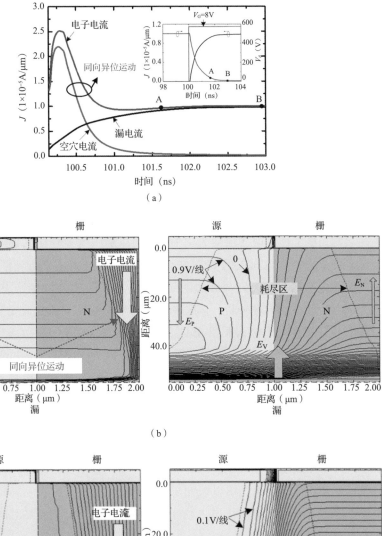

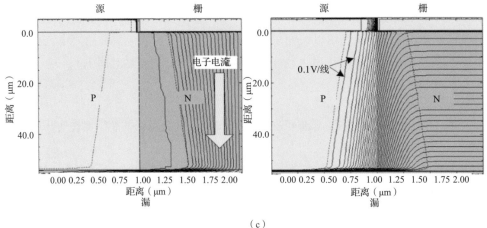

图 3-52　超结器件开启瞬态的电流线和等势线分布（L_d=52μm、W=2μm、N=1.53×10^{16}cm^3）
（a）超结器件开启瞬态的电流、电压分布；（b）V_d=45V，左边为电流线，右边为等势线；（c）V_d=5V，左边为电流线，右边为等势线

2. 超结器件关断过程

图 3-53 给出超结器件的关断过程及电流线和等势线分布，其中图 3-53（a）体现了超结器件关断时的电流、电压分布。可以看出，与 VDMOS 相异，超结器件的关断过程分为两个阶段：延迟阶段和下降阶段。在关断延迟阶段，虽然栅已经关闭，但是电流几乎保持不变，然后才是电流快速下降阶段。下面分析关断过程中 V_d 上升到 15V（A 点）和 400V（B 点）的情形。图 3-53（b）表示电流、电压分布在关断延迟点 A（$V_d=15V$）时的情形。电子电流不能通过沟道消失，N/P 两区之间的耗尽区部分展开，N 区电势高于 P 区电势，全部的空穴和电子几乎以饱和速度流出，电子空穴对形成了一种反向异位运动，P 区空穴流向顶部再从源端流出，与此同时 N 区电子流向底部再从漏端流出[43]。由于超结器件的掺杂浓度高于 VDMOS 的掺杂浓度，N/P 两区中的大量电子和空穴能够保持电流几乎不变，存在与总存储电荷相关的关断延迟时间 Q_s：

$$Q_s = Q_d + Q_a \tag{3-58}$$

因此可以得到超结器件的延迟时间 t_d[44]：

$$t_d = \frac{qNW + A_g(V_G - V_{FB})\varepsilon_I/t_I}{I_d} \tag{3-59}$$

其中，N 为 N 区掺杂浓度，A_g 为由栅形成的积累区的面积，V_G 和 V_{FB} 为栅压和平带电压，ε_I 和 t_I 是栅氧化层的介电常数和厚度，I_d 为初始关断电流。

式（3-59）中分子第一项为耐压层中存储电荷 Q_d，第二项为栅极下积累层电荷 Q_a，二者的抽取时间构成延迟时间。超结器件 t_{on} 为 0.1μs 量级。图 3-53（c）表示电流、电压在电流下降点 B（$V_d=400V$）时的情形。为简单起见，假设电流下降区器件耐压层完全耗尽，那么耐压层耗尽区的电容 $C_{GD} = A\varepsilon_s/L_d$，其中 A 为器件横向面积。超结器件的电流下降过程可被视为对 C_{GD} 充电，根据电流下降时间的定义，超结器件的下降时间 t_f 表示如下：

$$t_f = \tau \ln(10) = 2.3 R_L C_{GS} \tag{3-60}$$

其中，R_L 为外电路电阻大小，τ 是 C_{GS} 充电时间常数。

以 N 型 VDMOS 为例，当其源极相对于漏极加高电压，且栅极接零电位时，源端 P-体区与 N-耐压层形成的 PN 结 J_1 正偏，称为 VDMOS 的反向导通。因此，VDMOS 反向导通时，耐压层发生了电导调制效应。超结器件反向导通时，P-体区与 N 区、P 区与 N 区以及 P 区与 N$^+$ 形成的 J_1、J_2 和 J_3 3 个 PN 结且都处于正偏。因此，VDMOS 和超结器件在反向导通时均起到反向并联续流二极管的作用。反向导通时的电导调制效应使 P 区和 N 区具有很高的反向恢复电荷 Q_{rr}。前文已经指出超结器件的反向关断过程与 VDMOS 的不完全相同，下面予以简明说明。

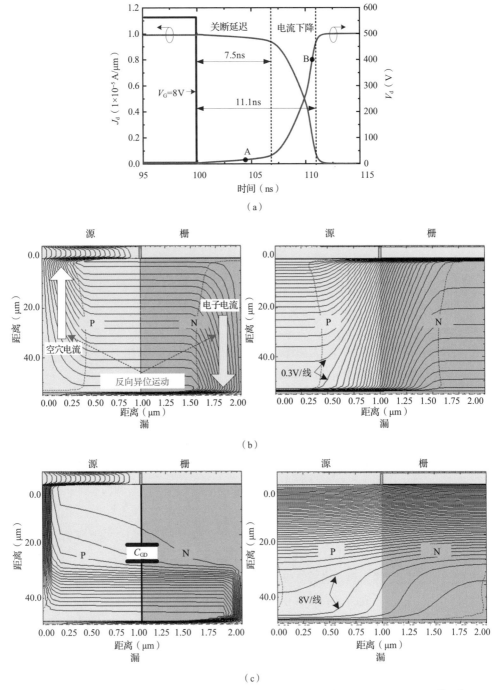

图 3-53　超结器件的关断过程及电流线和等势线分布（L_d=52μm、W=2μm、N=1.53×10^{16}cm^3）
（a）超结器件关断时的电流、电压分布；（b）超结器件关断延迟点 A（左边为电流线，右边为等势线，V_d=15V）；（c）超结器件电流下降点 B（左边为电流线，右边为等势线，V_d=400V）

图 3-54 比较了反向关断时 VDMOS 和超结器件耐压层的情况。当器件关断后，漏端电压由 0 升高至 V_B。当器件关断时，耗尽区首先出现在 J_1 结。对于 VDMOS，当 J_1 结出现耗尽区时，器件就开始逐渐承受漏端电压。对于超结器件则不然，当 J_1 结出现耗尽区时，横向 J_2 结和纵向 J_3 结因 P 区存储大量的空穴，因此仍然处于导通状态。只有当 J_1 结、J_2 结和 J_3 结全部出现耗尽区时，超结器件才逐渐承受高的反向电压。因此，电流会有一段关断延迟。由于 3 个 PN 结的耗尽区同时扩展，加之一般情况下 N 区和 P 区各占一半的耐压层面积，超结器件要比 VDMOS 关断得快。另外，在关断时会出现较大的 di/dt，可能会引起电磁干扰（Electromagnetic Interference，EMI）噪声，这是待解决的一个问题。

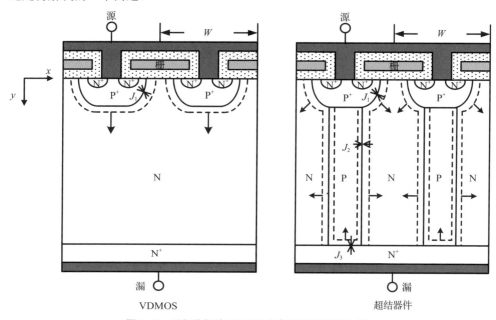

图 3-54　反向关断时 VDMOS 和超结器件耐压层对比

3.6　纵向超结器件实验

1. 纵向超结 MOS 实验

纵向超结实验中所采用的超结元胞结构和终端结构如图 3-55 所示。器件为平面栅结构，漂移区的 P 区使用深槽刻蚀及外延填充工艺实现。除了在元胞区形成超结耐压层之外，在终端区形成了与元胞区相同深宽比的 P 区，并在表面 PN 结位置采用多晶硅浮空场板来优化器件表面电场。下面将从主要工艺流程、版图结构、优化参数几方面对实验结果进行介绍。

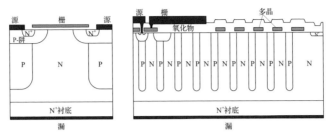

图 3-55　纵向超结元胞结构与终端结构

实验主要工艺流程如表 3-4 所示，下面对其中的关键工艺流程及其目的进行介绍。采用<100>晶向、电阻率为 4mΩ·cm 的高浓度砷掺杂衬底，以减少界面态密度与后续热过程 N⁺衬底杂质对耐压层的扩散；N 外延层的电阻率为 4Ω·cm，用以形成超结 N-漂移区；主要热过程为 1150℃ 条件下、持续 100min 的 P-体区推结，为避免该工艺的影响，将该工艺的顺序调至深槽刻蚀及外延填充以形成超结 P 区之前；采用深槽刻蚀及外延填充形成超结 P 区，刻蚀形成槽之后需进行高温退火以减少缺陷，槽内 P 型硅是在 1000℃ 条件下、历时 80min 填充形成的；最后，在形成接触孔的时候分别进行一次高能量低剂量和低能量高剂量的 P⁺注入以减少寄生 BJT 的影响。其余工艺流程与 VDMOS 的完全一致，不再赘述。

表 3-4　纵向超结器件主要工艺流程

步骤	工艺流程	步骤	工艺流程
1	衬底材料准备	11	源极 N⁺注入
2	N 外延生长	12	BPSG 淀积
3	P-体区注入	13	致密
4	高温推结	14	光刻接触孔
5	深槽刻蚀并退火	15	P⁺注入
6	槽内 P 型硅生长	16	淀积金属
7	CMP 平坦化并回刻硅	17	反刻金属
8	栅氧化层生长	18	钝化层淀积
9	多晶硅淀积	19	光刻 Pad
10	光刻多晶硅	20	背面金属化

（注：CMP，即 Chemical Mechanical Polishing，化学机械抛光；BPSG，即 Boro-phospho Silicateglass，硼磷硅玻璃。）

考虑到高击穿电压条件下的工艺容差问题，实验中 N 外延层的电阻率固定，且受刻槽填充工艺的限制，在满足击穿电压前提下，采用较小的深宽比器件。例如，对耐压为 900V 的超结器件，槽栅宽度选 5μm，槽栅深度采用式(3-19)给出的最小值 49.8μm，同时为了保证击穿电压，N 外延层的厚度选 65μm。实验采取如图 3-56 所示的叉指型元胞结构，终端区采用环形 P 区及环形多晶浮空场板以保持电场的连续性。器件终端和元胞之间的 P 条有平行与垂直两种典型版图分布。图 3-56 给出了元胞与终端相垂直的结构，为保证该处的电荷平衡，需要对元胞与终端的间距做适当调整。为了满足额定工作电流的要求，有源区面积为 18.21mm²。

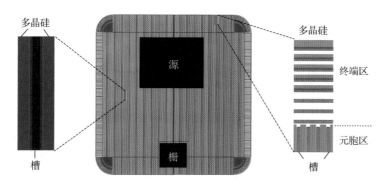

图 3-56　超结器件的实验版图结构

优化的 900V/10A 超结 DMOS 器件元胞的基本结构参数如表 3-5 所示，优化的关键在于选取合适的 N 区元胞宽度。从式（3-23）可以看出，由于外延层的电阻率固定，影响器件 $R_{on,sp}$ 的主要参数为寄生 JFET 效应。如果 N 区宽度较小，则影响更加显著，因此设计器件时反而需要更宽的元胞宽度以降低 $R_{on,sp}$。这会带来另一个效应，当 N 区宽度增加时，为了保持电荷平衡，等宽度 P 区的掺杂浓度会随着 N 区宽度的增加而增加，导致较小的工艺容差。因此综合考虑两方面因素，最终 N 区宽度为 12μm。值得注意的是，优化的 P 区掺杂浓度会比较严格电荷平衡条件下所得的浓度略高，这是两方面作用的结果。首先 P 区仅占据整个外延层的一部分，因此需要和其下方的 N 外延层互耗尽；其次刻槽填充时槽壁非严格直角，导致总体引入的 P 型杂质减少，从而导致略高的优化 P 区掺杂。

表 3-5　优化的 900V/10A 超结 DMOS 器件元胞的基本结构参数

序号	名称	参数	序号	名称	参数	序号	名称	参数
1	元胞大小	17μm	6	P-体区间距	8μm	11	栅氧厚度	110nm
2	多晶栅宽度	11μm	7	多晶栅孔距	2μm	12	多晶栅厚度	0.7μm
3	N⁺衬底厚度	20μm	8	NSD 宽度	2μm	13	N 外延层电阻率	4Ω·cm
4	N 外延层厚度	65μm	9	槽栅宽度	5μm	14	填充 P 区掺杂浓度	2.8×10^{15}cm⁻³
5	多晶栅厚度	0.8μm	10	槽栅深度	50μm	15	P-体区掺杂剂量	1×10^{13}cm⁻²

根据以上实验流程及优化参数，实验获得的纵向超结器件的结构如图 3-57 所示，其中图 3-57(a)为 SEM 照片及样管，最终器件中填充 P 区经平坦化后的深度为 48.6μm，呈现较好的均匀性。

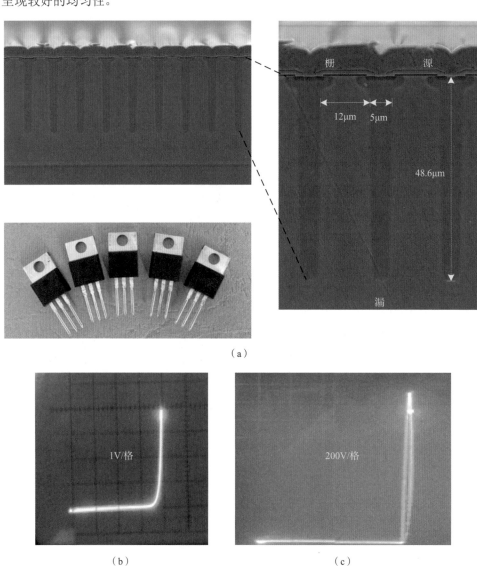

（a）

（b）   （c）

图 3-57　超结器件结构
（a）SEM 照片及样管；（b）阈值电压；（c）击穿电压

实验所得器件的阈值电压为 3.9V，在反向漏电为 0.25mA 和 10mA 的测试条件下，器件的 V_B 稳定在约 945V 和 955V，5A 电流下器件导通电阻为 0.29Ω，根据芯片面积可得到器件 $R_{on,sp}$ 为 53mΩ·cm²。当 W 为 12μm、V_B 为 950V 时，根据 $R_{on,min}$ 设计式（3-24）

可以得到优化 N 和 L_d 分别为 $2.41 \times 10^{15} \text{cm}^{-3}$ 和 $66\mu m$。根据式（3-29），可得到 $R_{on,sp}$ 为 $26.3 m\Omega \cdot cm^2$，该值较现有实验结果还可以有很大提升。但 $R_{on,min}$ 设计下元胞区槽栅深度为 $66\mu m$，加上终端区的影响，因此实际需要更深的槽栅深度，这导致槽栅深度在工艺上的实现更加困难。同时高掺杂条件下，工艺容差会相对变小，不利于器件的一致性与量产。

综上，研究超结 $R_{on,min}$ 的意义是给出一个可比较的标准，用于评价采用超结耐压层设计能带来的效果，并评判已有结果与极限效果的差距，找到改进方向。特别需要指出的是，虽然上述实验结果与极限效果有一定差距，但是同等 V_B 下，根据常规 $R_{on,sp} \propto V_B^{2.5}$ 关系获得的 $R_{on,sp}$ 约为 $230 m\Omega \cdot cm^2$，实验获得的 $R_{on,sp}$ 较依据常规硅极限关系所获得的 $R_{on,sp}$ 降低 77%，仍不失为非常有吸引力的器件性能。

2. 纵向超结 IGBT 实验

将超结 MOS 器件漏端的 N^+ 改为 P^+ 可实现超结 IGBT 器件，关于超结 IGBT 原理的详细介绍可参见 5.3 节。本书作者团队通过深槽刻蚀及外延填充工艺实现超结之后，又研制出超薄超结 IGBT 器件，该器件的元胞结构如图 3-58 所示[45]。与超结 MOS 相比，超结 IGBT 在原理上主要有两个差异：开态条件下，P 条作为空穴低阻参与导电，因此导通面积比超结 MOS 的更大，可能实现更低的正向压降；关断过程中，超结 N 区和 P 区之间的耗尽区扩展可将开态的大量载流子扫出漂移区从而降低拖尾效应。为了更好地实现器件特性，在超结 P 条与表面 P-体区之间引入 N 型层，以阻断器件关断过程中的连续空穴通路。超结的电荷平衡使得耐压层电场均匀化，考虑实际工艺能力及容差，将耐压为 650V 的器件的击穿电压设计为 750V，该器件的最短超结长度 $L_{d,min}$ 为 $40.5\mu m$。

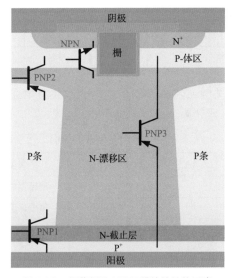

图 3-58　超薄超结 IGBT 器件的结构示意

超薄超结 IGBT 器件的关键制造工艺步骤如表 3-6 所示。制造时，体内超结通过深槽刻蚀及外延填充实现后，先完成 CMP 再进行超结与 P-体区之间的第二层 N 外延。正面工艺完成后，将芯片减薄至 40.5μm，通过注磷和注氢形成深浅不同的场截止层，最后注入硼形成背面 P^+ 结构，其余工艺与超结 MOS 的一致。

表 3-6　超薄超结 IGBT 器件的关键制造工艺步骤

工艺编号	工艺名称	掩膜版	工艺编号	工艺名称	掩膜版
1	材料准备，衬底+第一层 N 外延层		18	光刻阴极注入	SN
2	硬掩膜	DT	19	BPSG 淀积	
3	深槽刻蚀		20	接触孔刻蚀	CT
4	硅单晶回填		21	孔注 P^+	
5	CMP		22	金属溅射及刻蚀	M1
6	第二层 N 外延层		23	氧化硅+氮化硅	
7	生长牺牲氧化层		24	钝化层刻蚀	PA
8	场限环	PR	25	聚酰亚胺	
9	长场氧+退火		26	聚酰亚胺刻蚀	PI
10	有源区刻蚀	AA	27	芯片减薄	
11	硬掩膜	GDT	28	磷离子注入	
12	沟槽栅刻蚀		29	氢离子注入	
13	预氧及刻蚀		30	退火	
14	栅氧化层		31	硼离子注入	
15	多晶硅淀积		32	退火	
16	多晶硅刻蚀	GT	33	背金	
17	自对准体区注入		34	合金	

FP-SJ-IGBT 器件的关键工艺参数如表 3-7 所示，器件 P 条宽度和浓度分别为 4μm 和 $3\times10^{15}cm^{-3}$，可以看出器件掺杂浓度仍处于 FD 模式。

表 3-7　FP-SJ-IGBT 器件的关键工艺参数

工艺参数	值	工艺参数	值
元胞节距	9μm	槽栅宽度	1.5μm
衬底规格（杂质类型/电阻率）	硼/5Ω·cm	槽栅深度	4μm
芯片厚度	65μm±5μm	P 条宽度	4μm
第一层 N 外延层规格（杂质类型/电阻率/厚度）	磷/2Ω·cm/50μm	P 条浓度	$3\times10^{15}cm^{-3}$

续表

工艺参数	值	工艺参数	值
第二层 N 外延层规格（杂质类型/电阻率/厚度）	磷/2Ω·cm/6μm	P 条深度	41.5μm
栅氧化层厚度	100nm	背注剂量	$4×10^{13}cm^{-2}$

根据上述工艺流程，获得如图 3-59 所示的超结 IGBT 器件的截面 SEM 图，图 3-59（a）给出未减薄的结构，其 P 条深度为 44μm，减薄后 P 条深度进一步降低为 41.5μm，如图 3-59（b）所示。

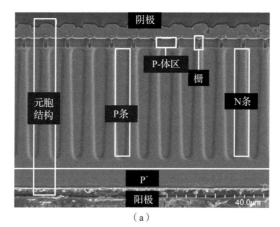

（a）

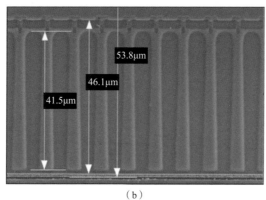

（b）

图 3-59　超结 IGBT 器件的截面 SEM 图
（a）未减薄超结 IGBT 器件的结构；（b）超薄超结 IGBT 器件的结构

图 3-60 为晶圆上超薄超结 IGBT 器件与未减薄超结 IGBT 器件的 V_B 分布。超薄超结 IGBT 器件的 V_B 普遍分布在 660～790V，良率可达 99% 以上，满足耐压 650V 的要求。从 V_B 分布看，超薄超结 IGBT 器件的 V_B 的平均值和中位数均要大于未减薄超结

IGBT 器件的，原因是减薄晶圆使得超结与场截止层处的电场峰值提升，优化了整个耐压层的电场分布。

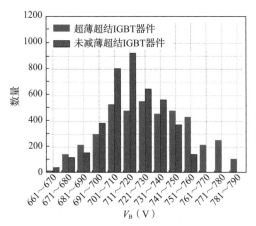

图 3-60　超薄超结 IGBT 器件与未减薄超结 IGBT 器件的 V_B 分布

图 3-61 对比了两种器件的输出特性曲线。减薄超结区提升了 IGBT 器件的电流放大系数，导致相同栅压和阳极电压下，超薄超结 IGBT 器件具有更高的输出电流密度 J_A。当 J_A 为 674A/cm^2 时，超薄超结 IGBT 器件和未减薄超结 IGBT 器件的正向导通压降 V_A 分别为 1.86V 和 2.02V，对应的比导通电阻分别为 2.76mΩ·cm^2 和 3mΩ·cm^2。相同元胞尺寸下，超结 MOS 器件的 $R_{on,min}$ 为 6.1mΩ·cm^2，因此，理论上，超结 IGBT 可使器件的比导通电阻比超结 MOS 的比导通电阻极限降低 50%以上。

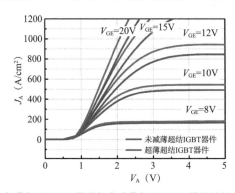

图 3-61　超薄超结 IGBT 器件与未减薄超结 IGBT 器件的输出特性对比

图 3-62 对比了超薄超结 IGBT 器件与未减薄超结 IGBT 器件在常温下测试的关断特性曲线。阳极电流的下降时间分别是 37ns 和 46ns，关断损耗 E_{off} 分别是 0.34mJ 和 0.44mJ，超薄超结 IGBT 器件的关断损耗下降了 22.7%，原因是超薄超结 IGBT 器件正向导通过程中漂移区存储的非平衡载流子数量更少,因此抽取载流子产生的功耗更低。

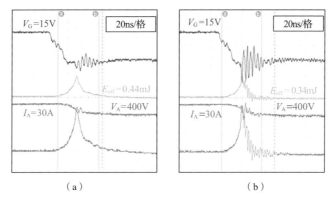

（a）　　　　　　　　　　　　（b）

图 3-62　超薄超结 IGBT 器件与未减薄超结 IGBT 器件在常温下关断特性对比
（a）未减薄超结 IGBT 器件结构；（b）超薄超结 IGBT 器件结构
（测试条件：V_A=400V，V_G=15V，I_A=30A，R_G=10Ω）

图 3-63 为超薄超结 IGBT 器件与 IGBT 产品关断损耗（E_{off}）和正向导通压降（V_A）折中关系对比。超薄超结 IGBT 器件的折中关系优于 Infineon 公司的 IKW30N60H3、IKW30N60T 等产品，并接近其第七代 IGBT 产品 IKW30N65ET7，且具有比这些产品更小的 E_{off}，更适合高频应用。

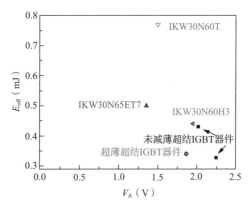

图 3-63　超薄超结 IGBT 器件与 IGBT 产品 E_{off}-V_A 折中关系对比
（E_{off} 测试条件：V_A=400V，V_G=15V，I_A=30A，R_G=10Ω；V_A 测试条件：V_G=15V，I_A=30A）

3.7　SiC 超结器件

3.7.1　SiC 一般特性

上述各节讨论了硅超结器件的物理性能。基于硅建立的 $R_{on,min}$ 理论完全可适用于其他半导体材料，本节以 SiC 超结为例，讨论宽禁带超结的 $R_{on,min}$。将理论应用对象从一种材料变成另一种材料，首先需弄清楚材料特性的区别，特别是对理论结果有显著影响的那些材料特性。总结起来 SiC 与硅的主要区别如下：（1）介电常数：SiC 的相对介电常数从硅的 11.9 降低到 9.8，影响电场值；（2）碰撞电离率：影响给定电场分布条件下载流子的雪崩击穿；（3）迁移率：影响开态载流子的运动速度；（4）不完全电离效应：SiC 掺杂 N 和 Al 的电离能分别为 65meV 和 191meV，而硅掺杂 P 和 B 的电离能分别为 44meV 和 45meV，根据费米狄拉克分布，载流子浓度和电离能为指数关系，再加上 SiC 的优化掺杂浓度会比硅的更高，因此可能出现常温下载流子的不完全电离，使得载流子浓度低于掺杂浓度；（5）本征载流子浓度 n_i：影响内建电势大小，进而改变寄生 JFET 效应导致的电流路径变化。下面，首先定量对比 SiC 和硅的材料特性，分析二者差异对优化超结的影响，然后给出优化 SiC 超结的例子。

由于 SiC 禁带更宽，因此载流子从价带跃迁到导带更加困难，这使得碰撞电离率显著降低，SiC 的碰撞电离率具有各向异性，在<0001>和 <$11\bar{2}0$> 晶向的碰撞电离率为[46]：

$$
\begin{cases}
\alpha_{N<0001>} = 1.76\times10^4\exp\left(-\dfrac{3.3\times10^3}{E}\right) \\[2mm]
\alpha_{P<0001>} = 3.41\times10^4\exp\left(-\dfrac{2.5\times10^3}{E}\right) \\[2mm]
\alpha_{N<11\bar{2}0>} = 2.1\times10^3\exp\left(-\dfrac{1.7\times10^3}{E}\right) \\[2mm]
\alpha_{P<11\bar{2}0>} = 2.96\times10^3\exp\left(-\dfrac{1.6\times10^3}{E}\right)
\end{cases}
\tag{3-61}
$$

SiC 电子和空穴具有不同的碰撞电离率，采用 1.2.1 节中的方法，可以写出 SiC 等效碰撞电离率表达式。图 3-64 对比了 SiC 和硅的等效碰撞电离率 α_{eff}。根据 1.2.1 节定义，SiC 器件中<0001>晶向低于 186.1V/μm 或 <$11\bar{2}0$> 晶向低于 132.3V/μm 的电场区为 SiC 的低电场区。该区域中，电场几乎对碰撞电离率无影响，显然在硅常用的电场范围内，SiC 几乎不发生电离。在同样 V_B 下，SiC 的耐压层长度可以比硅的缩短一个数量级，$R_{on,sp}$ 也因此降低一个数量级。当进入高电场区，SiC 的碰撞电离率随电场变化更加剧烈，这说明电场峰值对 SiC 器件的影响比对硅器件的更加显著，这会导致 SiC 超结电荷场归一化因子 γ 较硅超结的相应参数降低，甚至可能导致 SiC 超结器件的 $R_{on,min}$ 点处于 FD 模式。

与硅类似，SiC 的迁移率受电离杂质散射的影响，且随掺杂浓度增加而降低，在 300K 条件下，迁移率与浓度之间的关系如下[47]：

$$\mu_{\mathrm{N,SiC}} = \frac{947}{1+\left(\dfrac{N}{1.94\times10^{17}}\right)^{0.61}} \qquad (3\text{-}62)$$

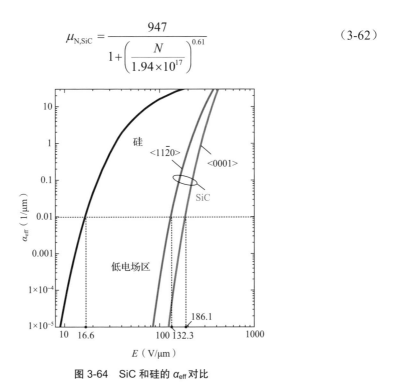

图 3-64　SiC 和硅的 α_{eff} 对比

图 3-65 给出 SiC 和硅迁移率随掺杂浓度 N 的变化关系。SiC 的迁移率 $\mu_{\mathrm{N,SiC}}$ 比硅的迁移率 $\mu_{\mathrm{N,si}}$ 更低，在 $N<1\times10^{16}\mathrm{cm}^{-3}$ 范围内降低 1/3。随着 N 的进一步增加，二者差距逐渐减小，SiC 更低的迁移率将导致 $R_{\mathrm{on,sp}}$ 增加。

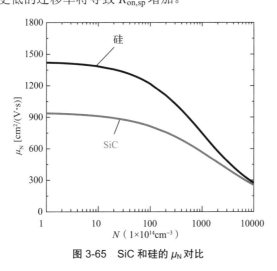

图 3-65　SiC 和硅的 μ_{N} 对比

在对硅超结讨论时均假定开态载流子全电离，在对 SiC 超结讨论时还需考虑载流子的不完全电离效应，这主要是由于 SiC 的电离能比硅的大，且优化 N 也更高。根据半导体物理，电离施主浓度 $n_D{}^+$ 和电离受主浓度 $p_A{}^-$ 与施主掺杂浓度 N_D 和受主掺杂浓度 N_A 之间的关系如下[48]：

$$\begin{cases} n_D{}^+ = \dfrac{N_D}{1+2\exp\left(\dfrac{\Delta E_D}{kT}\right)} \\[4mm] p_A{}^- = \dfrac{N_A}{1+4\exp\left(\dfrac{\Delta E_A}{kT}\right)} \end{cases} \tag{3-63}$$

其中，k 为玻尔兹曼常数。

可以看出，电离能越高，开态载流子越难电离。在相同电离能条件下，空穴比电子更难电离。图 3-66 对比了掺杂浓度 N 为 $3\times10^{17}\text{cm}^{-3}$ 条件下 SiC 与硅的载流子浓度随温度的变化情况，并给出了电子浓度 n、空穴浓度 p 和本征载流子浓度 n_i。从电离杂质浓度的饱和区可以看出，SiC 器件的最高工作温度明显高于硅器件的最高工作温度，若最高工作温度定义为本征载流子浓度等于掺杂浓度的 10% 的温度，则 SiC 和硅的理论最高工作温度分别为 1760K 和 740K。器件的工作条件一般为 300K 室温，可以看出室温下 SiC 和硅均发生了不完全电离，其中硅的电子和空穴的电离百分比分别是 90% 和 70%，空穴电离率更低的主要原因是空穴和电子基态的简并度不同，对应的 SiC 的电子和空穴的电离百分比分别为 75% 和 11%，正是由于 SiC 受主电离能很高，导致器件开态空穴浓度比受主杂质浓度降低了一个数量级。

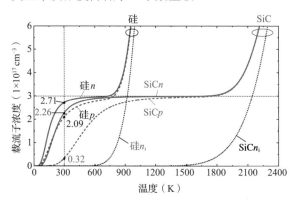

图 3-66 SiC 和硅的载流子浓度与温度的关系

图 3-67 进一步给出 300K 条件下 SiC 的载流子浓度随掺杂浓度 N 的变化情况，随着 N 的增加，电子和空穴的浓度单调增加，不完全电离效应逐渐明显，载流子浓度偏离全电离理论曲线。若将 90% 杂质电离粗略作为全电离边界，可以算出 N 型和 P 型

SiC 全电离载流子浓度的上限分别为 $8.43\times10^{16}\text{cm}^{-3}$ 和 $4.25\times10^{14}\text{cm}^{-3}$。当 N 大于该边界，就需要考虑不完全电离效应对器件特性的影响。不完全电离效应主要影响开态载流子浓度，会导致超结 $R_{on,min}$ 取值点向低浓度方向发生偏移。

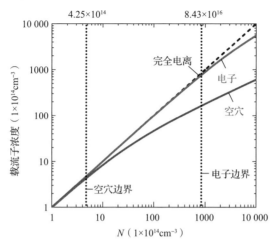

图 3-67　300K 条件下 SiC 的载流子浓度与 N 的关系

3.7.2　SiC 超结 $R_{on,min}$

前文分析了 SiC 和硅的主要区别，造成这些区别的前 2 个因素（介电常数和碰撞电离率）主要影响由关态雪崩击穿确定的"优化路径"，后 3 个因素主要影响 R-阱的形状。为了获得最好的器件性能，选择<0001>晶向为耐压方向、<$11\bar{2}0$>晶向为垂直耐压方向。图 3-68 给出了 W 为 $1\mu m$、V_B 为 2000V 的超结器件，该条件下超结所有可能的设计点均落在这两个边界限定的"优化路径"上，SiC 超结和硅超结的优化路径具有相似的变化规律，存在由<0001>晶向碰撞电离率确定的最短耐压层长度 L_{min} 和由<$11\bar{2}0$>晶向碰撞电离率确定的最高掺杂浓度 N_{max}。图 3-68 中虚线为仅考虑单一晶向的优化曲线，理论计算可得 SiC 超结和硅超结的最短耐压层长度分别为 $8.93\mu m$ 和 $123.9\mu m$，最高掺杂浓度分别为 $3.07\times10^{17}\text{cm}^{-3}$ 和 $6.92\times10^{16}\text{cm}^{-3}$。与硅超结相比，SiC 超结的 $L_{min,SiC}$ 缩短为硅超结的 1/13.9，$N_{max,SiC}$ 增加为硅超结的 4.4 倍。

图 3-69 对比了 SiC 超结和硅超结的 R-阱分布，并给出了考虑<0001>晶向碰撞电离率时，SiC 超结完全电离和不完全电离的 R-阱分布。若考虑<$11\bar{2}0$>晶向碰撞电离率，则由 N_{max} 确定的右边界浓度显著降低，实际 SiC 超结的击穿电压在低浓度一侧主要由<0001>晶向碰撞电离率决定而在高浓度一侧主要由<$11\bar{2}0$>晶向碰撞电离率决定，总的碰撞电离率为两个方向作用的叠加。与硅超结相比，SiC 超结拓宽了 R-阱浓度的取值范围，考虑上述 5 个方面的差异后，SiC 超结的 $R_{on,min}$ 为硅超结的 1/21。

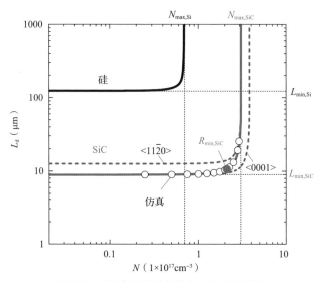

图 3-68　SiC 超结和硅超结的 L_d 和 N 的关系

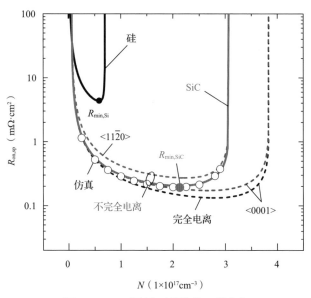

图 3-69　SiC 超结和硅超结的 R-阱分布

　　图 3-70 对比了 SiC 超结和硅超结的 $R_{on,sp}$ 和耐压层长度 L_d 之间的关系，二者变化趋势一致，SiC 超结的 $R_{on,sp}$ 从 $L_{min,SiC}$ 所对应的 $R_{min,SiC}$ 开始下降，到达最低点后呈现线性增加的趋势，不完全电离效应使得曲线整体平行，这是由于掺杂浓度一直保持 N_{max}，不完全电离产生的影响不变。碰撞电离率的各向异性导致了不同的初始 L_{min}，最终确定整个器件的特性优化。表 3-8 对比了 SiC 超结和硅超结的参数。正是 SiC 超结耐压

层长度大大降低且掺杂浓度显著提高，使得比导通电阻显著降低，更为重要的是耐压为 2000V 的硅超结的深宽比超过 145∶1，工艺难度很大，而 SiC 超结的深宽比约为 10∶1，工艺难度下降。

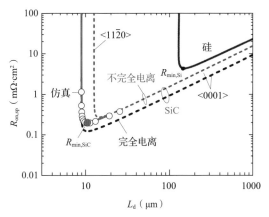

图 3-70　SiC 超结和硅超结的 $R_{on,sp}$ 与 L_d 的关系

表 3-8　硅超结与 SiC 超结对比

器件	参数	单位	取值
硅超结	V_B	V	2000
	W	μm	1
	$L_{min,Si}$	μm	123.9
	$N_{max,Si}$	cm^{-3}	6.92×10^{16}
	$L_{op,Si}$	μm	144.5
	$N_{op,Si}$	cm^{-3}	5.74×10^{16}
	$R_{min,Si}$	mΩ·cm^2	4.34
SiC 超结	V_B	V	2000
	W	μm	1
	$L_{min,SiC}$	μm	8.93
	$N_{max,SiC}$	cm^{-3}	3.07×10^{17}
	$L_{op,SiC}$	μm	10.59
	$N_{op,SiC}$	cm^{-3}	2.12×10^{17}
	$R_{min,SiC}$	mΩ·cm^2	0.205

　　本节对 SiC 超结的讨论思想完全普适于其他半导体材料，若在研究一类新型半导体材料之前，能从半导体物理基本原理出发，对材料特性进行较为充分的了解，再将成熟的优化理论类比推广，必将产生事半功倍的效果。

参 考 文 献

[1] FULOP W. Calculation of avalanche breakdown voltages of silicon p-n junctions [J]. Solid-State Electronics, 1967, 10(1): 39-43.

[2] SZE S M, GIBBONS-G. Avalanche breakdown voltages of abrupt and linearly graded p-n junctions in Ge, Si, GaAs, and GaP [J]. Applied Physics Lettters, 1966, 8(5): 111-113.

[3] SZE S M. Physics of semiconductor devices [M]. New York: Wiley, 1981, 29.

[4] OVERSTRAETEN R V, MAN H D. Measurement of the ionization rates in diffused silicon p-n junctions [J]. Solid-State Electronics, 1970, 13(5): 583-608.

[5] HU S D, ZHANG B, LI Z J. High critical electric field of thin silicon film and its realization in SOI high voltage devices [C] // IEEE International Conference on Electron Devices and Solid-State Circuits (EDSSC), Hong Kong, 2008, 1-4.

[6] CAUGHEY D M, THOMAS R E. Carrier mobilities in silicon empirically related to doping and field [J]. Proceedings of the IEEE, 1967, 55(12): 2192-2193.

[7] DISNEY D, DOLNY G. JFET depletion in superjunction devices [C] // 2008 IEEE 20th International Symposium on Power Semiconductor Devices and IC's. IEEE, 2008: 157-160.

[8] HU C. Optimum doping profile for minimum ohmic resistance and high-breakdown voltage [J]. IEEE Transactions on Electron Devices, 1979, 26(3): 243-244.

[9] Wolfram Research, et al. Mathematica edition: Version 8.0 [Z]. 2010.

[10] KIEFER J. Sequential minimax search for a maximum [J]. Proceedings of the American Mathematical Society, 1953, 4(3): 502-506.

[11] SHENOY P M, BHALLA A, DOLNY G M. Analysis of the effect of charge imbalance on the static and dynamic characteristics of the super junction MOSFET [C] // 1999 IEEE 11th International Symposium on Power Semiconductor Devices and IC's. IEEE, 1999: 99-102.

[12] FUJIHIRA T. Theory of semiconductor superjunction devices [J]. Japanese Journal of Applied Physics, 1997, 36(10): 6254-6262.

[13] CHEN X B, MAWBY P A, BOARD K, et al. Theory of a novel voltage-sustaining layer for power devices [J]. Microelectronics Journal, 1998, 29(12): 1005-1011.

[14] STROLLO A G M, NAPOLI E. Optimal on-resistance versus breakdown voltage tradeoff in superjunction power devices: A novel analytical model [J]. IEEE Transactions on Electron Devices, 2001, 48(9): 2161-2167.

[15] HUANG H M, CHEN X B. Optimization of specific on-resistance of balanced symmetric superjunction MOSFETs based on a better approximation of ionization integral [J]. IEEE Transactions on Electron Devices, 2012, 59(10): 2742-2747.

[16] LEE S C, OH K H, KIM S S, et al. 650V superjunction MOSFET using universal charge balance concept through drift region [C] // 2014 IEEE 26th International Symposium on Power Semiconductor Devices and IC's. IEEE, 2014: 83-86.

[17] SAITO W, OMURA L, AIDA S, et al. A 20mΩ·cm^2 600V-class superjunction MOSFET [C] // 2004 IEEE 16th International Symposium on Power Semiconductor Devices and IC's. IEEE, 2004: 459-462.

[18] SAITO W, OMURA I, AIDA S, et al. A 15.5mΩ·cm^2-680V superjunction MOSFET reduced on-resistance by lateral pitch narrowing [C] // 2006 IEEE International Symposium on Power Semiconductor Devices and IC's. IEEE, 2006: 1-4.

[19] KUROSAKI T, SHISHIDO H, KITADA M, et al. 200V multi RESURF trench MOSFET (MR-TMOS) [C] // 2003 IEEE 15th International Symposium on Power Semiconductor Devices and IC's. IEEE, 2003: 211-214.

[20] HATTORI Y, NAKASHIMA K, KUWAHARA M, et al. Design of a 200V super junction MOSFET with n-buffer regions and its fabrication by trench filling [C] // 2004 IEEE 16th International Symposium on Power Semiconductor Devices and IC's. IEEE, 2004, 189-192.

[21] YAMAUCHI S, SHIBATA T, NOGAMI S, et al. 200V super junction MOSFET fabricated by high aspect ratio trench filling [C] // 2006 IEEE International Symposium on Power Semiconductor Devices and IC's. IEEE, 2006: 1-4.

[22] SAKAKIBARA J, NODA Y, SHIBATA T, et al. 600V-class super junction MOSFET with high aspect ratio P/N columns structure [C] // 2008 20th International Symposium on Power Semiconductor Devices and IC's. IEEE, 2008: 299-302.

[23] TAMAKI T, NAKAZAWA Y, KANAI H, et al. Vertical charge imbalance effect on 600V-class trench-filling superjunction power MOSFETs [C] // 2011 IEEE 23rd International Symposium on Power Semiconductor Devices and IC's. IEEE, 2011: 308-311.

[24] JUNG E S, KYOUNG S S, KANG E G. Design and fabrication of super junction MOSFET based on trench filling and bottom implantation process [J]. Journal of Electrical Engineering and Technology, 2014, 9(3): 964-969.

[25] GAN K P, YANG X, LIANG Y C, et al. A simple technology for superjunction device fabrication: Polyflanked VDMOSFET [J]. IEEE Electron Device Letters, 2002, 23(10): 627-629.

[26] MILLER S L. Ionization rates for holes and electrons in silicon [J]. Physical Review, 1957, 105(4):1246-1249.

[27] IWAMOTO S, TAKAHASHI K, KURIBAYASHI H, et al. Above 500V class superjunction MOSFETs fabricated by deep trench etching and epitaxial growth [C] // 2005 IEEE 17th International Symposium on Power Semiconductor Devices and IC's. IEEE, 2005: 31-34.

[28] SAITO W. Breakthrough of drain current capability and on-resistance limits by gate-connected superjunction MOSFET [C] // 2018 IEEE 30th International Symposium on Power Semiconductor Devices and IC's. IEEE, 2018: 36-39.

[29] TAKAHASHI K, KURIBAYASHI H, KAWASHIMA T, et al. 20mΩ·cm² 660V super junction MOSFETs fabricated by deep trench etching and epitaxial growth [C] // 2006 IEEE International Symposium on Power Semiconductor Devices and IC's. IEEE, 2006: 1-4.

[30] ONISHI Y, IWAMOTO S, SATO T, et al. 24mΩ·cm² 680V silicon superjunction MOSFET [C] // 2002 IEEE 14th International Symposium on Power Semiconductor Devices and IC's. IEEE, 2002: 241-244.

[31] VIJAY K M P, SHREYAS G S, NIDHI K, et al. Effect of trench depth and trench angle in a high voltage polyflanked-super junction MOSFET [C] // 2013 IEEE 8th Nanotechnology Materials and Devices Conference (NMDC). IEEE, 2013: 74-77.

[32] SAITO W, OMURA I, AIDA S, et al. 600V semi-superconjunction MOSFET [C] // 2003 IEEE 15th International Symposium on Power Semiconductor Devices and IC's. IEEE, 2003: 45-48.

[33] LI Z H, REN M, ZHANG B, et al. Above 700V superjunction MOSFETs fabricated by deep trench etching and epitaxial growth [J]. Journal of Semiconductors, 2010, 31(008): 48-52.

[34] ZHANG B, XU Z X, HUANG A Q. Analysis of the forward biased safe operating area of the super junction MOSFET [C] // 2000 IEEE 12nd International Symposium on Power Semiconductor Devices and IC's. IEEE, 2000: 61-64.

[35] ZHANG B, XU Z X and HUANG A Q. Forward and reverse biased safe operating areas of the COOLMOS™ [C] // 2000 IEEE 31st Annual Power Electronics Specialists Conference. Conference Proceedings. IEEE, 2000, 1: 81-86.

[36] Infineon Technologies. Siemens preliminary data sheet: SPP20N60S5 SPB20N60S5 [EB/OL]. (2009-12-01)[2023-08-01].

[37] PIERRET R F. 半导体器件基础 [M]. 黄如, 等译. 北京: 电子工业出版社, 2004.

[38] BALIGA B J. Fundamentals of power semiconductor devices [M]. Boston: Springer Science and Business Media, 2010.

[39] BALIGA B J. Advanced power MOSFET concepts [M]. Boston: Springer Science and Business Media, 2010.

[40] QIAO M, WANG Y R, ZHOU X, et al. Analytical modeling for a novel triple RESURF LDMOS with N-top layer [J]. IEEE Transactions on Electron Devices, 2015, 62(9): 2933-2939.

[41] QIAO M, YU L L, DAI G, et al. Design of a 700V DB-nLDMOS based on substrate termination technology [J]. IEEE Transactions on Electron Devices, 2015, 62(12): 4121-4127.

[42] HE Y T, QIAO M, ZHOU X, et al. Ultralow turn-OFF loss SOI LIGBT with p-buried layer during inductive load switching [J]. IEEE Transactions on Electron Devices, 2015, 62(11): 3774-3780.

[43] CHEN X B. Theory of the Switching Response of CBMOST [J]. Chinese Journal of Electronics, 2001, 10(1): 1-6.

[44] 张波, 罗小蓉, 李肇基. 功率半导体器件电场优化技术 [M]. 成都: 电子科技大学出版社, 2015.

[45] WU Y Z, LI Z H, PAN J, et al. 650V super-junction insultaed gate bipolar transistor based on 45μm ultrathin wafer technology [J]. IEEE Electron Device Letters, 2022, 43(4): 592-595.

[46] HATAKEYAMA T, NISHIO J, OTA C, et al. Physical modeling and scaling properties of 4H-SiC power devices [C] // 2005 International Conference On Simulation of Semiconductor Processes and Devices. IEEE, 2005: 171-174.

[47] PLATANIA E, CHEN Z Y, CHIMENTO F, et al. A physics-based model for a SiC JFET accounting for electric-field-dependent mobility [J]. IEEE Transactions on Industry Applications, 2010, 47(1): 199-211.

[48] 刘恩科, 朱秉升, 罗晋生. 半导体物理学 [M]. 北京: 电子工业出版社, 2017.

第 4 章 横向超结器件

横向功率半导体器件与低压控制电路集成常用于高压或功率 IC。超结也被引入横向器件中进一步降低 $R_{on,sp}$。与纵向超结相比，横向超结的耐压衬底与超结间存在复杂的相互作用，存在衬底辅助耗尽（Substrate Assisted Depletion，SAD）效应[1]，该效应破坏表面超结的电荷平衡，影响击穿电压等电学性能。因此，横向超结优化需解决两个问题：抑制 SAD 效应以及实现超结区的 $R_{on,min}$。本章建立了横向超结器件的 ES 解析模型，揭示 SAD 效应的物理本质，并给出抑制 SAD 效应的 ES 条件，以实现横向超结器件的最佳击穿电压。SAD 效应被抑制后，横向超结器件可被视为纵向超结器件，采用与第 3 章类似的优化方法，可获得横向超结器件的 $R_{on,min}$。

4.1 横向超结器件 SAD 效应

与纵向超结器件相比，横向超结器件的耐压层制作在衬底上，电流在表面横向流动。横向超结器件耐压时衬底接地，漏端高电势会沿着表面到源端以及体内到衬底两个方向降低为 0。因此横向超结器件的 V_B 由横、纵两个方向的最小值决定。从第 3 章中超结击穿电压的归一化分析可知，超结器件通过在耐压层中引入电荷平衡的 N 型与 P 型掺杂，可在几乎不影响 V_B 的前提下极大降低 $R_{on,sp}$。该特性也可被引入横向超结器件，常规横向超结器件的结构如图 4-1 所示，在 x 方向上形成周期性超结 N 区和 P 区，并横向放置于 P-衬底。超结 N 区和 P 区的长度、宽度和高度分别为 L_d、W 和 H。横向超结器件的设计包括抑制 SAD 效应的耐压设计与 $R_{on,sp}$ 优化两方面。

在纵向超结器件中，N 区和 P 区之间需要满足电荷平衡，方能满足最佳器件性能。这是由于纵向超结满足电荷平衡时，耐压层大部分区域的电场为常数 E_p，实现最佳击穿电压。如果直接将电荷平衡条件推广到横向超结器件中，电荷平衡的超结层在耐压时仍可被粗略地视为本征层，但耐压层零掺杂对横向超结器件而言并非优化的结果。横向超结器件的电势场为从漏端到源端逐渐降低的单调函数，漏端高电场易导致击穿提前发生。这是由于漏端 N+电离正电荷发出的电场线跨越本征耐压层后要分散并终止于源端及衬底的电离负电荷，这种电场线分散作用显然会导致单调降低的电势场。因此，SAD 效应的影响从电势场的角度看就是由纵向超结的理想矩形电势场变为横向超结的单调降低的非理想电势场，横向超结设计的目的就是在这种非理想电势场条件下实现最好的超结性能。

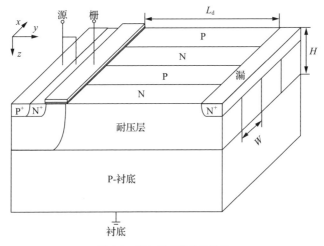

图 4-1　横向超结器件的结构

在实际器件中，表面超结 N 区不仅会和 P 区互耗尽，还会和 P-衬底形成纵向 PN 结耗尽，N 区一部分电离正电荷发出的电场线将终止于衬底，导致横向超结耐压层中电离负电荷过剩，这将进一步增加漏端电场峰值，导致器件 V_B 降低。此外，由于横向超结器件的源端及衬底接地，表面超结从源端指向漏端，器件表面与衬底的电势差逐渐增加，SAD 效应对超结的影响也随之增强。本章综合考虑横向超结器件的 SAD 效应，研究横向超结器件耐压设计的一般方法。

4.2　ES 模型

从图 4-1 中可以看出，与纵向超结器件的耐压层只包含一个 PN 结不同，横向超结器件的耐压层既包含超结横向 PN 结又包含超结的 N 区与 P-衬底之间的纵向 PN 结。因此与纵向超结器件在 x 和 y 方向的二维电场相比，横向超结器件还增加了 z 方向的纵向电场，形成典型的三维电场。针对横向超结器件的耐压问题，本章首先提出 ES 概念，通过在耐压层中求解三维泊松方程建立其解析模型，分析获得抑制 SAD 效应的理想衬底条件。

4.2.1　ES 模型简介

为优化横向超结器件的击穿电压，厚度为 t_c 的电荷补偿层（Charge Compensation Layer，CCL）被引入横向超结器件来产生电荷场，以优化横向超结器件的单调电势场

E_p。考虑不同 CCL 情形下模型的普适性，本节将横向超结器件中除超结之外的耐压结构，即 CCL 与衬底，视为一个整体，定义为 ES。从而横向超结器件的耐压层电场 $E(x, y, z)$ 可表示为超结电场 $E_{SJ}(x, y, z)$ 和 ES 电场 $E_{ES}(x, y, z)$ 的矢量叠加：

$$E(x,y,z) = E_{SJ}(x,y,z) + E_{ES}(x,y,z) \qquad (4\text{-}1)$$

图 4-2 所示为 ES 模型。图 4-2（a）表示含有 CCL 的横向超结结构，$t(y)$ 表示衬底耗尽区边界离表面超结区的距离，其值在 y 方向上从源端到漏端逐渐增加。为了简化分析，模型中衬底耗尽区厚度采用平均值 t_{sub} 来表示（衬底耗尽区厚度从 0 逐渐增加至最大值 t_{subm}）。图 4-2（b）表示横向超结 ES 概念，器件电场被视为超结电场与 ES 电场的叠加，其中超结电场为 E_{SJ}，ES 电场由 P-衬底电势场 E_p 和 CCL 产生的补偿电荷场 ΔE 叠加。如果通过 ES 模型的分析与设计可将 SAD 效应完全抑制，那么横向超结器件将实现与纵向超结器件可比拟的耐压能力，如图 4-2（c）所示。下面从 ES 概念出发，建立横向超结 ES 模型，解决横向超结器件的耐压问题。

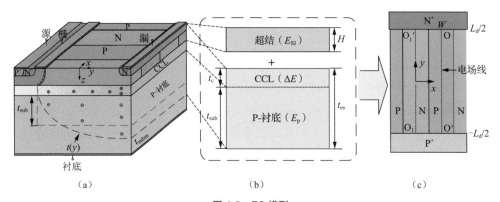

图 4-2　ES 模型
（a）横向超结结构；（b）ES 概念；（c）优化的横向超结器件

ES 模型旨在对 ES 进行设计以抑制 SAD 效应，实现器件最佳 V_B。为分析 SAD 效应的物理本质，采用如图 4-2 所示的坐标建立常规横向超结器件的耐压模型，其耐压层电势满足如下三维泊松方程（求解详见附录 5）：

$$\nabla^2 \phi(x,y,z) = -\frac{qN(x,y,z)}{\varepsilon_s}, \qquad -L_d/2 \leqslant y \leqslant L_d/2,\ 0 \leqslant z \leqslant H \qquad (4\text{-}2)$$

超结在 x 方向为周期性掺杂分布，满足如下电场边界条件：

$$\begin{cases} \dfrac{\partial \phi(x,y,z)}{\partial x}\Big|_{y=0} = 0 \\[2mm] \dfrac{\partial \phi(x,y,z)}{\partial x}\Big|_{y=W} = 0 \end{cases} \qquad (4\text{-}3)$$

为不失一般性，这里给出体硅基与 SOI 基横向超结器件 z 方向电场的边界条件。

对体硅基器件，z 方向电场的边界条件如下：

$$\begin{cases} \dfrac{\partial \phi(x,y,z)}{\partial z}\Big|_{z=0} = 0 \\ \dfrac{\partial \phi(x,y,z)}{\partial z}\Big|_{z=t_s} = -\dfrac{2\phi(x,y,H)}{t_{sub}} \end{cases} \tag{4-4}$$

其中，$t_{sub} \approx \dfrac{\varepsilon_s V_d}{q N_c t_c} - t_c$，为一阶近似下的衬底耗尽区深度。

同样，对 SOI 基器件，z 方向电场的边界条件如下：

$$\begin{cases} \dfrac{\partial \phi(x,y,z)}{\partial z}\Big|_{z=0} = 0 \\ \dfrac{\partial \phi(x,y,z)}{\partial z}\Big|_{z=H} = -\dfrac{\varepsilon_{sub}\phi(x,y,H)}{\varepsilon_s t_{sub}} \end{cases} \tag{4-5}$$

其中，t_{sub} 与 ε_{sub} 分别为埋介质层的厚度与介电常数。

器件在 y 方向满足如下电势边界条件：

$$\begin{cases} \phi\left(x, -\dfrac{L_d}{2}, z\right) = 0 \\ \phi\left(x, \dfrac{L_d}{2}, z\right) = V_d \end{cases} \tag{4-6}$$

三维泊松方程式（4-2）的求解需同时采用第 2 章中给出的两种级数法，在 x 方向使用傅里叶级数法并在 z 方向使用泰勒级数法。详细化简过程见附录 5，这里仅给出化简所得的拉普拉斯方程与泊松方程表达式，其中拉普拉斯方程如下：

$$\frac{\partial^2 \phi(y,0)_0}{\partial y^2} - \frac{\phi(y,0)_0}{T_c^2} = 0 \tag{4-7}$$

泊松方程如下：

$$\frac{\partial^2 \phi_k(y,0)}{\partial y^2} - \frac{\phi_k(y,0)}{\Gamma^2} = -\frac{qN'}{\varepsilon_s}, \qquad k=1,2,3,\cdots \tag{4-8}$$

其中，$\dfrac{1}{\Gamma} = \sqrt{\left(\dfrac{k\pi}{W}\right)^2 + \dfrac{1}{T_c^2}}$，$N' = \dfrac{4N}{\pi}\dfrac{1}{k}\sin\dfrac{k\pi}{2}$。

式（4-8）满足零电势边界条件：$\begin{cases} \phi\left(x, -\dfrac{L_d}{2}, 0\right) = 0 \\ \phi\left(x, \dfrac{L_d}{2}, 0\right) = 0 \end{cases}$。

求解式（4-7）和式（4-8）并使用电场叠加原理，可以得到横向超结器件表面电场：

$$E(x, y, 0) = E_p(y, 0) + E_q(x, y, 0) \tag{4-9}$$

其中，电势场 $E_p(y, 0)$ 和电荷场 $E_q(x, y, 0)$ 分别为拉普拉斯方程式（4-7）和泊松方程式（4-8）的解，其物理意义与纵向超结中的一致。

$E_p(y, 0)$ 的表达式如下：

$$E_p(y, 0) = -\frac{V_d}{T_c} \frac{\cosh\left[\frac{1}{T_c}\left(y + \frac{L_d}{2}\right)\right]}{\sinh\frac{L_d}{T_c}} \tag{4-10}$$

$E_q(x, y, 0)$ 在 i 方向上的表达式 $E_{q,i}(x, y, 0)$ 如下：

$$E_{q,i}(x, y, 0) = E_0 F_i(x, y, 0), \qquad i = x, y \tag{4-11}$$

其中，$F_i(x, y, 0)$ 为与超结区尺寸有关的电场分布函数：

$$\begin{cases} F_x(x, y, 0) = \frac{8}{\pi^2} \sum_{k=1}^{\infty} \frac{1}{k^2\left(1 + \frac{W^2}{k^2\pi^2 T_c^2}\right)} \sin\frac{k\pi}{2} \sin\frac{k\pi x}{W} \left[1 - \frac{\cosh\left(\frac{k\pi y}{W}\sqrt{1 + \frac{W^2}{k^2\pi^2 T_c^2}}\right)}{\cosh\left(\frac{k\pi L_d}{2W}\sqrt{1 + \frac{W^2}{k^2\pi^2 T_c^2}}\right)}\right] \\ \\ F_y(x, y, 0) = -\frac{8}{\pi^2} \sum_{k=1}^{\infty} \frac{1}{k^2\left(1 + \frac{W^2}{k^2\pi^2 T_c^2}\right)} \sin\frac{k\pi}{2} \cos\frac{k\pi x}{W} \frac{\sinh\left(\frac{k\pi y}{W}\sqrt{1 + \frac{W^2}{k^2\pi^2 T_c^2}}\right)}{\cosh\left(\frac{k\pi L_d}{2W}\sqrt{1 + \frac{W^2}{k^2\pi^2 T_c^2}}\right)} \end{cases} \tag{4-12}$$

由于 y 正方向选取的差异，式（4-12）中横向超结分布函数 $F_i(x, y, 0)$ 与式（2-28）中纵向超结分布函数 $F_i(x, y)$ 符号不同。同时由于衬底对超结电荷场的影响体现为 z 方向特征厚度 T_c，这使得超结电荷场随距离的增大以略微更快的方式衰减。若式（4-12）中 T_c 趋近于无穷，则式（4-12）与式（2-28）一致。事实上，由于横向超结器件一般满足 $W \ll k\pi T_c$，因此可近似认为横向超结与纵向超结的电荷场分布一致，两者最大的差别在电势场 E_p。

根据第 2 章中特征厚度的物理意义的描述，上述建模过程也可以从泰勒级数法的角度被视为同一耐压层被不同电荷场的零电势面耗尽。根据泰勒级数法可知器件统一特征厚度 Γ_T 与所有耗尽方向上特征厚度的关系如下：

$$\frac{1}{\Gamma_T} = \sqrt{\sum_i \left(\frac{1}{T_i}\right)^2} \tag{4-13}$$

其中，T_i 表示第 i 个方向上的特征厚度。

图 4-2 中 O_1O_1' 线上电荷场产生的电势 $\phi = qN\Gamma_T^2/\varepsilon_s$，在每个耗尽方向上电荷场的最大值 $E_i = \phi/T_i$，它表示电离电荷在某方向上的耗尽程度，最终所有电离电荷被各方

向共同耗尽，而 E_i 满足矢量叠加原理，也就是 $(\phi/\Gamma_T)^2 = \sum E_i^2$，这与式（4-13）一致。因此 Γ 与 T_i 的关系反映了电荷场在不同耗尽方向上的矢量叠加原理。特别地，对于横向超结器件，在半元胞中，超结 N 区分别被邻近 P 区以及 P-衬底的零电势面同时耗尽，特征厚度分别为 $W/(2\sqrt{2})$ 和 T_c，从而得到泰勒级数法下的统一特征厚度 Γ：

$$\frac{1}{\Gamma} = \sqrt{\frac{8}{W^2} + \frac{1}{T_c^2}} \qquad (4-14)$$

4.2.2　SAD 效应与理想衬底条件

当 SAD 效应完全被抑制时，在相同 L_d 下横向超结器件可实现与纵向超结器件可比拟的器件击穿电压。本节从电场分布与物理图像两方面来分析 SAD 效应的本质，选取图 4-2 中 P 区表面中线 OO′的电场进行分析。图 4-3 展示了 SAD 效应对电场分布的影响及对应的物理图像，分别给出了 OO′线上无 SAD 效应器件电场ⓐ、传统器件电场ⓑ和优化补偿电荷场ⓒ。从中可以看出，抑制 SAD 效应后 ES 表面电场为常数（$E_{ES}(x,y,0)=V_B/L_d$），与纵向超结器件电场分布一致；传统器件电场ⓑ从漏端到源端迅速降低，源端存在一段电场为 0 的中性区 ΔL，电场ⓐ和电场ⓑ之间阴影部分的面积就是 SAD 效应所致的击穿电压降低。图 4-3 还给出了电场ⓐ和电场ⓑ对应的物理图像，SAD 效应使得器件表面超结耐压层中 N 区同时被 P 区及 P-衬底耗尽，而 P 区不能完全耗尽，出现长度为 ΔL 的中性区。同时 N/P 两区的电荷不平衡会影响 P-衬底的耗尽，使衬底耗尽区的厚度变薄，器件纵向击穿电压降低，其中衬底耗尽区深度增量 Δt_{sub} 表示 SAD 效应对衬底耗尽的影响。

SAD 效应的本质是衬底电离电荷影响表面超结电荷平衡，使得 P 条不完全耗尽而 N 条完全耗尽，器件击穿电压降低。为抑制 SAD 效应，可在耐压层中引入 CCL，产生补偿电荷场 ΔE，将器件表面电场从ⓑ调制为ⓐ。从前面分析可知，横向超结衬底耗尽作用从源端到漏端逐渐增强，从而补偿电荷浓度也从源端到漏端逐渐增加。值得指出的是，本章中超结 P 区的 NFD 与第 3 章中平衡对称超结的 NFD 模式有本质区别，这里的 NFD 来源于 N 区和 P 区的非平衡电荷。

为抑制 SAD 效应，在 ES 层中采用 N 型 CCL 实现电荷补偿，因此器件合电场为三电场矢量之和：

$$\boldsymbol{E}(x,y,0) = \boldsymbol{E}_p(y) + \boldsymbol{E}_q(x,y) + \Delta \boldsymbol{E}_q(y) \qquad (4-15)$$

式中 $\Delta E_q(y)$ 表示 CCL 产生的补偿电荷场，该值可由格林函数法求出。横向超结器件的耐压设计就是对 $\Delta E(y)$ 的设计。如果 SAD 效应完全被抑制，那么横向超结表面电场分布为 V_B/L_d+E_q（如图 4-3 中电场ⓐ所示），从而得到抑制 SAD 效应的优化补偿电荷场ⓒ的表达式：

$$\Delta E_{op}(y) = \frac{V_B}{T_c} \frac{\cosh\left[\frac{1}{T_c}\left(y + \frac{L_d}{2}\right)\right]}{\sinh\dfrac{L_d}{T_c}} - \frac{V_B}{L_d} \tag{4-16}$$

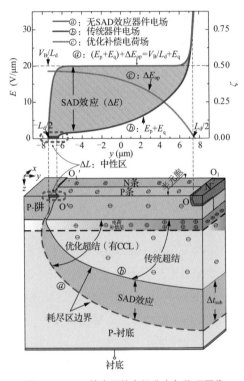

图 4-3　SAD 效应下的电场分布与物理图像

分析各种掺杂类型的 CCL 可知，式（4-16）所示的电场可由从源端到漏端线性掺杂 CCL 进行补偿。通过附录 5 中的格林函数法，给出线性掺杂 CCL 所产生的电荷场的表达式为：

$$\Delta E_{q,L}(y) = \frac{qN_{max}T_c}{\varepsilon_s} \frac{\cosh\left[\frac{1}{T_c}\left(y + \frac{L_d}{2}\right)\right]}{\sinh\dfrac{L_d}{T_c}} - \frac{qN_{max}T_c^2}{\varepsilon_s L_d} \tag{4-17}$$

其中，N_{max} 表示线性掺杂漏端的最高掺杂浓度。

电荷分布的非对称性导致线性掺杂 CCL 产生电荷场，即式（4-17）具有非对称分布，且与式（4-16）分布一致。线性掺杂减小了耐压层源端掺杂浓度并增加了漏端掺杂浓度，从而降低了常规 RESURF 器件源、漏两端固有的电场峰值，并提高了耐压层电场。优化条件下，式（4-17）所示电荷场右端第一项恰好与式（4-10）所示电势场相互抵消，只剩下常数项，因此若要在横向超结器件中产生如图 4-3 中曲线④所示的优化电场则需要 CCL 所产生的电荷场。该电荷场不但补偿了原有电势场，还产生一个均匀电场，其优化条件较纵向超结器件的更为苛刻。

为了分析 SAD 效应，图 4-4 给出了具有相同尺寸的常规横向超结器件和具有优化 CCL 的横向超结器件在发生击穿时的等势线分布。其中 N 区和 P 区及衬底掺杂浓度分别为 $4×10^{16}\text{cm}^{-3}$、$1×10^{14}\text{cm}^{-3}$，N 区和 P 区的长度 L_d、宽度 W 和高度 H 分别为 $15\mu m$、$1\mu m$ 和 $1\mu m$，CCL 厚度为 $2\mu m$。由于 SAD 效应的影响，常规横向超结器件表面 P 区在靠近源端有明显的非耗尽区，即 $\Delta L≠0$，其击穿电压仅为 117V，衬底最大耗尽区深度为 $25\mu m$；具有优化 CCL 的横向超结器件的耐压层完全耗尽，即 $\Delta L=0$，衬底耗尽区深度增加到 $45\mu m$，器件击穿电压从 117V 增加到 301V。这与纵向超结器件在相同 L_d 上可实现的耐压能力不相上下。而常规横向超结器件由于电势场从源端到漏端单调增加，因此等势线在漏端非常密集，在峰值处提前发生击穿，其击穿电压小于常规 RESURF 器件的击穿电压。

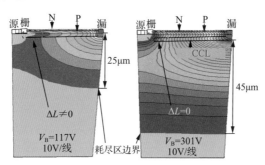

图 4-4　两种超结器件的等势线分布

从上述分析可知，为抑制 SAD 效应，一方面，可以在 ES 层中引入 CCL 屏蔽衬底，为了实现最佳器件击穿电压，要求 ES 表面电场均匀；另一方面，从式（4-10）可以看出，当特征厚度 $T_c \to \infty$ 时，满足 $E_p=-V_B/L_d$ 的优化条件，这意味着 ES 满足自然边界条件，且完全不影响表面超结的电场分布。物理上可采用蓝宝石衬底或衬底刻蚀的方式实现，这样既不会引入电离电荷，也不会影响表面超结电荷平衡。综上所述，能抑制 SAD 效应的理想衬底条件如下。

（1）电中性条件：ES 的净电荷 $Q_{ES} \to 0$，ES 为准电中性，超结中 N 区和 P 区之间的电荷平衡得以满足。

（2）均匀表面电场条件：$E(x, y, 0)$ 为常数，ES 表面电场均匀，避免器件表面提前发生击穿。

电中性条件为优化器件击穿电压的基本条件，只有表面超结满足电荷平衡，N 区电离电荷发出的电场线才可以全部终止于邻近 P 区，实现表面超结大部分区域的电荷场方向垂直于源、漏方向。若电中性条件不能满足，超结区非平衡电荷产生的电荷场会使 ES 表面电场更偏离矩形分布。均匀表面电场条件是优化横向超结器件击穿电压的理想电场边界条件。均匀表面电场是优化 ES 层可实现的最佳场分布，如果均匀表面电场条件不能满足（如常规 RESURF 器件的表面电场呈哑铃状分布），那么电荷场会与源、漏两端电场峰值叠加，这样器件更容易提前发生击穿。

因此理想衬底条件是横向超结器件抑制 SAD 效应不可或缺的。横向超结器件的耐压设计本质上是 ES 层的耐压设计，只有 ES 层满足理想条件，横向超结器件才可实现与纵向超结器件可比拟的击穿电压。

4.2.3 CCL 掺杂分布

在求解三维泊松方程式（4-2）时，为简化计算，耐压层下界面电场边界条件中衬底耗尽区分布采用一阶近似，可认为衬底耗尽区深度为均匀分布。实际耐压层衬底耗尽区的纵向厚度从源端到漏端逐渐增加，也就是说衬底耗尽在源端引入了较少的负电荷而在漏端引入了较多的负电荷。考虑该效应，本节提出一种具有优化掺杂 CCL 的横向超结器件，与线性掺杂分布相比，CCL 掺杂分布在源端更低而在漏端更高。当然对 SOI 基横向超结器件而言，埋氧层由于厚度均匀，其 CCL 优化掺杂分布为简单线性分布。不同 CCL 掺杂分布将产生不同的补偿电荷场 ΔE。图 4-5 所示是具有优化、线性、均匀掺杂 CCL 的横向超结器件与传统无 CCL 的横向超结器件在 OO′线上的电场及补偿电荷场分布。

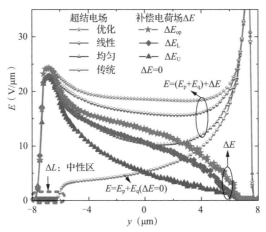

图 4-5　具有不同 CCL 的横向超结器件的 OO′线上的电场与补偿电荷场分布

图 4-5 中传统横向超结电场分布为电势场与电荷场的叠加，即 $E=E_p+E_q$。引入 CCL 后，电场变为 $E=E_p+E_q+\Delta E$，优化、线性、均匀掺杂 CCL 的补偿电荷场分别为 ΔE_{op}、ΔE_L 和 ΔE_U，可以看出优化掺杂器件表面电场最接近图 4-3 中的优化表面电场②，相应的补偿电荷场 ΔE_{op} 也与优化补偿电荷场③趋势一致。在传统横向超结器件中，存在靠近源端位置可见电场为 0 的 NFD 区，即 $\Delta L\neq0$。具有 3 种 CCL 的横向超结器件中都未见该中性区，这意味着超结器件的电荷平衡得以满足，即 $\Delta L=0$。

任意横向超结的表面电场都可以由式（4-9）～式（4-11）矢量叠加不同 CCL 产生的补偿电荷场来表达，任意 CCL 产生的电场可由附录 5 中的格林函数法得到，从而给出具有优化、线性、均匀掺杂 CCL 的横向超结器件和传统横向超结器件的电场分布。图 4-6 所示是 4 种器件结构对应如图 4-2（a）所示的 OO'线和 O_1O_1' 线上的解析结果与仿真结果，其中优化掺杂器件较线性掺杂器件具有更大的特征厚度。解析结果与仿真结果拟合较好，只是在源、漏两端由于模型忽略了局部曲率效应及内建电势的影响而存在误差。

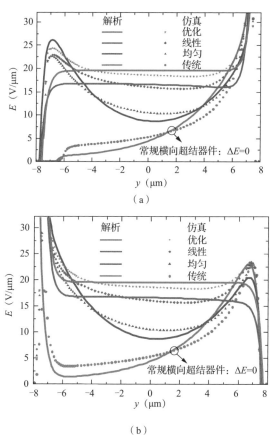

（a）

（b）

图 4-6　*ES* 模型电场解析结果与仿真结果比较
（a）OO'线上的电场分布；（b）O_1O_1' 线上的电场分布

不同 CCL 产生的补偿电荷场都降低了传统器件漏端电场峰值并增加了源端电场峰值，体现了补偿电荷场对表面电场的调制。与传统 RESURF 器件相比，超结分别在 O 点和 O′点引入约 $0.78W$ 的高电场区。不同 CCL 产生的补偿电荷场均能实现表面超结区的电荷平衡，图 4-7 给出 4 种 CCL 条件下横向超结器件的电荷非平衡对 V_B 的影响。电荷非平衡定义为 N 区与 P 区掺杂浓度之差与 N 区掺杂浓度之比，即$(N_N-N_P)/N_N$，无 CCL 的传统超结器件由于受 SAD 效应的影响，其 V_B 处于 $N_N>N_P$ 的条件下，在 25% 的非平衡电荷掺杂点实现 216V 的 V_B，具有均匀、线性和优化掺杂 CCL 的超结器件都可实现超结区的电荷平衡，且 ES 层满足电中性条件，即 $Q_{ES}=0$。具有优化掺杂 CCL 的超结器件满足均匀表面电场条件，即 $E(x,y,0)$为常数，因此在 15μm 耐压层长度上可实现 301V 的 V_B，而具有线性与均匀掺杂 CCL 的超结器件由于未满足均匀表面电场条件，其 V_B 分别为 278V 和 225V。可以看出，为了实现横向超结器件的最佳耐压性能，需要满足两个理想衬底条件。在传统结构最大 V_B 点，N 区的掺杂浓度高于 P 区，这种非平衡掺杂引入了更多的电离正电荷，并与衬底电离负电荷保持电荷平衡，满足电中性条件，因此超结的 N 区也同时作为 CCL 使用。

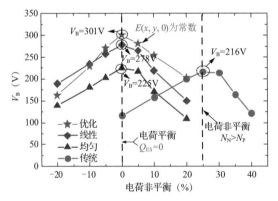

图 4-7　具有不同 CCL 的横向超结器件的电荷非平衡对 V_B 的影响

为了优化 V_B，下面从理想衬底的均匀表面电场条件分析 CCL 优化掺杂分布。假定 CCL 中电场 y 方向分量为 0，即 $dE/dy=0$，这意味着 CCL 表面任意一点的电势只与 z 方向电荷场有关，而与 y 方向电荷场无关。根据第 2 章中对特征厚度 T 的物理意义的讨论，容易得到 CCL 表面电势分布 $\varphi(y,0)$ 与 CCL 掺杂分布 $N_c(y)$ 的关系：$\varphi(y,0)=qN_c(y)T_c^2/\varepsilon_s$，结合优化条件 $E_p=d\varphi(y,0)/dy$，可得到：

$$\frac{dN_c(y)}{dy}=\frac{\varepsilon_s E_p}{qT_c^2}\qquad(4\text{-}18)$$

式（4-18）的物理意义非常明显，即 CCL 掺杂分布在 y 方向的斜率正比于电势场 E_p 与特征厚度 T_c 的平方之比。对给定 V_B 的器件，当表面电场均匀时，E_p 为常数，只

需要知道特征厚度 T_c 就可以给定 CCL 掺杂分布。

从式（2-15）可以看出，SOI 器件的特征厚度由顶层硅及埋氧层厚度决定，与外加电势无关。因此给定顶层硅与埋氧层厚度时，由于 E_p 和 T_c 为常数，漂移区优化掺杂浓度为线性分布，由式（4-18）给定。器件可实现的最高掺杂浓度取决于漏端下方埋介质层界面硅临界电场。在埋介质层下方，自适应积累线性增加的电子可使 ES 满足电中性条件。同理从式（2-14）可以看出，体硅器件的 T_c 由顶层硅厚度以及衬底耗尽区深度决定。但由于衬底耗尽区深度与器件表面电势的取值有关，因此衬底耗尽区厚度从源端到漏端逐渐增加，这与模型中衬底耗尽区深度均匀的假设不一致。基于此，本节提出一种 CCL 优化掺杂分布。与线性掺杂相比，优化掺杂在靠近源端具有较低的掺杂浓度，在靠近漏端具有较高的掺杂浓度。

CCL 优化掺杂分布可通过一次注入与退火的工艺来完成，如图 4-8 所示。注入窗口大小由开口函数 κ_i 决定。将耐压层均分为 n 区，每区长度 $L_0=L_d/n$。假设第 i 区离子注入窗口长度为 L_i，从图 4-8 中可以看出，在离子注入剂量相同的情况下，不同的窗口长度 L_i 对应不同的掺杂浓度，也就对应不同的衬底耗尽区深度，因此可得到不同的电荷补偿。通过对 CCL 的窗口长度进行设计，便可采用一次离子注入来实现优化的 CCL 的设计。

根据如图 4-8 所示的一次注入工艺，线性掺杂第 i 区的分布函数为简单的 i/n，优化掺杂与线性掺杂的区别在于衬底耗尽区深度的变化。假设第 i 区衬底耗尽区深度为 t_i，衬底最大耗尽深度为 t_n，那么优化掺杂第 i 区的注入窗口的开口函数为：

$$\kappa_i = \frac{it_i}{nt_n} \tag{4-19}$$

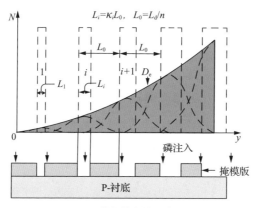

图 4-8　优化掺杂的一次注入

假设耐压层中的电势为线性分布，且第 i 区衬底耗尽区深度等于该区电势在纵向

PN 结上产生的耗尽区深度，那么 t_i 的表达式如下：

$$t_i = \sqrt{\frac{2\varepsilon_s V_d i}{nqN_{sub}} + \frac{t_c^2}{4}} - \frac{t_c}{2} \tag{4-20}$$

优化掺杂的注入剂量为漏端下方的最大掺杂剂量，根据式（4-16）和式（4-17）可知，优化掺杂满足 $V_B = qN_{max}T_c^2/\varepsilon_s$。常规均匀掺杂 CCL 的源端、漏端电场峰值相等，可导出优化条件为 $V_B/2 = qN_cT_c^2/\varepsilon_s$，从而可以得到优化掺杂 CCL 的注入剂量约为常规 RESURF 剂量 D_R 的 2 倍：

$$D_e \approx 2D_R \tag{4-21}$$

图 4-9 给出耐压层长度 L_d 为 15μm、耐压为 300V 的横向超结器件 CCL 的优化掺杂和线性掺杂两种掺杂分布的仿真结果。其中 L_d 总共被分为 10 区，每一区的开口宽度为 $0.1\kappa_i L_d$，掺杂区注入后在 1180℃条件下退火 80min。

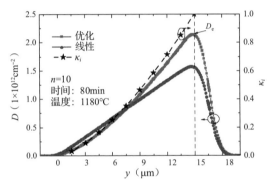

图 4-9   两种掺杂分布的仿真结果

与线性掺杂相比，优化掺杂在漏端具有更高的掺杂剂量，而在源端具有更低的掺杂剂量。这种掺杂方式更好地补偿了衬底耗尽区厚度的非均匀性，从而具有更好的电荷补偿，达到具有更优的抑制 SAD 效应的效果，根据式（4-21）可估算 CCL 的注入剂量约为 $2\times10^{12}\text{cm}^{-2}$，如图 4-9 所示。

图 4-10 所示为当 CCL 厚度 t_c 分别为 0.5μm、1μm 和 2μm 时击穿电压 V_B 与漏端下方最大掺杂浓度 N_{max} 的关系，可以看出，不同 t_c 下，V_B 随 N_{max} 的增加先增加后降低，存在几乎相等的峰值。这是由于当 N_{max} 较小时，CCL 产生的电荷场不足以补偿电势场，从而出现漏端高电场，导致器件提前发生击穿。当 N_{max} 较大时，源端提前发生击穿。该现象也可以借助式（4-18）进行分析，在相同 L_d 下，N_{max} 的变化等效为等式左边掺杂浓度斜率 $\frac{dN(y)}{dy}$ 的变化，N_{max} 过小或者过大都会导致初始耐压距离上 E_p 过小或过大，影响器件的 V_B。另外，也可以看出，不同 t_c 下器件注入剂量 $N_{max}t_c$ 的最优值点几乎为常数。

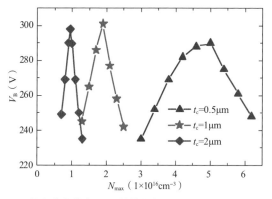

图 4-10　具有优化掺杂 CCL 的横向超结器件的 V_B 与 N_{max} 的关系

　　为了比较相同 L_d 下，不同 CCL 掺杂对器件 V_B 的影响，图 4-11 给出了具有不同 CCL 掺杂分布的横向超结器件的 V_B 和 L_d 的关系。

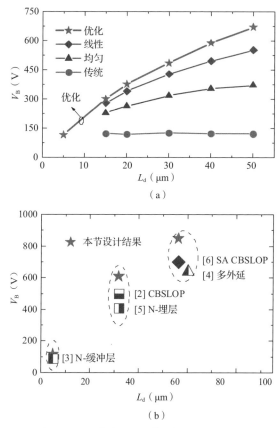

（a）

（b）

图 4-11　具有不同 CCL 掺杂分布的横向超结器件的 V_B 和 L_d 的关系
（a）具有不同 CCL 掺杂分布的横向超结器件；（b）本节设计结果与已报道的结果比较

图 4-11（a）比较了优化、线性、均匀掺杂与传统横向超结器件。传统横向超结器件由于存在严重的 SAD 效应，其 V_B 与 L_d 几乎无关，近似为常数，即 SAD 效应引起器件发生纵向击穿，而与横向距离无关。优化、线性和均匀掺杂的 CCL 所产生的电荷补偿效应皆能增加器件的 V_B，其中具有优化掺杂 CCL 的横向超结器件在相同的 L_d 下具有最高的 V_B。均匀掺杂 CCL 对横向超结器件击穿电压的补偿也随 L_d 的增加出现饱和现象，这是因为纵向特征厚度 T_c 不能随 L_d 的增加线性增加。图 4-11（b）比较了本节提出的具有优化掺杂 CCL 的横向超结器件与已报道的器件在相同 L_d 及 CCL 尺寸下的 V_B。由于优化掺杂充分考虑了理想衬底条件的两个方面，本节提出的具有 CCL 优化掺杂分布的横向超结器件在不同耐压级别上都实现了最高的击穿电压。

4.3 横向超结器件 $R_{\text{on,min}}$ 优化

如果满足理想衬底条件，在相同耐压层长度下，横向超结器件可实现与纵向超结器件可比拟的耐压能力，而横向超结表面电场分布和纵向超结体内电场分布类似，可用相同的方法分析，体现了横向超结与纵向超结电场的统一性。这样，可以对横向超结器件与纵向超结器件使用统一的优化法以寻求给定 W 和 V_B 时超结比导通电阻的最小值 $R_{\text{on,min}}$。本节将解析优化法与 $R_{\text{on,min}}$ 全域优化法进行拓展，获得横向超结器件给定 W 和 V_B 时的 $R_{\text{on,min}}$。

4.3.1 横向超结与纵向超结器件 $R_{\text{on,min}}$ 优化比较

如果横向超结器件的 ES 满足理想衬底条件，则可认为横向超结与纵向超结有类似的电场分布特性。图 4-12 所示为满足理想衬底条件的横向超结，其中表面超结的 N 区和 P 区具有相同的掺杂浓度 N、元胞宽度 W、长度 L_d 和深度 H。与纵向超结类似，横向超结的碰撞电离率积分路径如图 4-12 中的虚线 COC′ 所示。

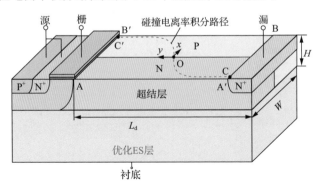

图 4-12 具有理想 ES 层的横向超结

为与第 3 章进行对比，本节从式（2-27）出发计算碰撞电离率积分路径 COC′的表达式，并化简积分路径上的电场，从而确定器件发生击穿的条件。将 $E_{q,y}(y)$ 采用第 3 章提出的等势关系进行化简，即可得到 COC′路径上电荷场 x 与 y 方向分量：

$$\begin{cases} E_{q,x}(y) = E_0 \exp\left(-\dfrac{E_0}{E_p}\dfrac{2|y|}{W}\right) \\ E_{q,y}(y) = -fE_0 \exp\left[\dfrac{4f}{W}\left(|y|-\dfrac{L_d}{2}\right)\right] \end{cases} \tag{4-22}$$

考虑迁移率[7]及 JFET[8]效应，横向超结 $R_{on,sp}$ 的表达式如下：

$$R_{on,sp} = \frac{2}{q\mu_N H}\frac{W}{W_e}\frac{L_d^2}{N} \tag{4-23}$$

其中，μ_N 和 W_e 的含义与式（3-23）中的完全一致。

对比横向超结与纵向超结 $R_{on,sp}$ 的表达式可以看出，横向超结 $R_{on,sp} \propto L_d^2/N$ 而纵向超结 $R_{on,sp} \propto L_d/N$，这意味着横向超结 N 增加所致的 L_d 增加对器件 $R_{on,sp}$ 的影响更大，而对于相同 W 和 V_B 下的器件，优化条件下横向超结比纵向超结具有更低的 N 与更小的 L_d，这也是第 3 章选取 $\eta=0.9$ 作为横向超结解析优化条件的原因。

为了比较横向超结与纵向超结 $R_{on,min}$ 优化的差异，将式（3-23）和式（4-23）中的 $R_{on,sp}$ 视为常数，即能以恒定 $R_{on,sp}$ 表示 L_d 随 N 的变化关系，也即 L_d-N 平面上的等 $R_{on,sp}$ 曲线。显然横向超结的等 $R_{on,sp}$ 曲线近似为一族 $L_d \propto N^{0.5}$ 曲线，而纵向超结的等 $R_{on,sp}$ 曲线近似为一族 $L_d \propto N$ 曲线，并且由于受迁移率和寄生 JFET 效应的影响，实际曲线在给定 N 时的 L_d 比上述近似曲线更小。横向超结与纵向超结的等 $R_{on,sp}$ 曲线都为凸函数，如图 4-13 所示。曲线 1、a 和 b 为横向超结的等 $R_{on,sp}$ 曲线，而曲线 v 为纵向超结的等 $R_{on,sp}$ 曲线。以横向超结器件为例，当曲线从 a 到 1 再到 b 变化时，器件的 $R_{on,sp}$ 逐渐增大。

第 3 章已经证明，满足给定 W 和 V_B 条件的超结器件的所有优化点只可能落在唯一的 L_d-N 曲线上。如图 4-13 所示，L_d-N 曲线为典型的凹函数。只有当凹凸性相异的等 $R_{on,sp}$ 曲线和 L_d-N 曲线有唯一交点时，才能取到横向超结与纵向超结的 $R_{on,min}$ 条件下的 L 点和 V 点。而其他交点，如横向超结的 M 点和 N 点，则是 R-阱中 N 靠近 0 与 N_{max} 两端的等 $R_{on,sp}$ 点。由于较低的 N 和较大的 L_d 而产生了较 $R_{on,min}$ 更高的 $R_{on,sp}$，相应的曲线 a 上的所有点都不满足设计要求。正是因为横向超结与纵向超结等 $R_{on,sp}$ 曲线分布的差异，所以横向超结的优化 N 较纵向超结的更低。但由于横向超结与纵向超结具有相同的 N_{max}，因此二者的优化 N 差异不显著，但在相同 W 和 V_B 条件下，横向超结的优化 N 较纵向超结的更小。

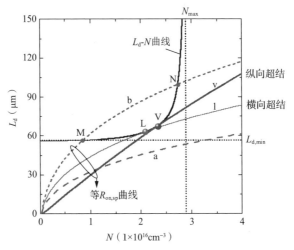

图 4-13 横向超结与纵向超结 $R_{on,min}$ 优化的差异

4.3.2 横向超结 N、L_d 设计

考虑到横向超结与纵向超结 $R_{on,min}$ 优化的差异，采用第 3 章中的三步优化法优化超结器件时，需要将第二步中黄金分割点对应式（3-23）的纵向超结 $R_{on,sp}$ 变为式（4-23）中的横向超结 $R_{on,sp}$。采用与式（3-9）给出的解析结果类似的指数函数表达式，通过 $R_{on,min}$ 优化的三步优化法，可给出优化 N 和 L_d 的设计公式，表示如下：

$$\begin{cases} N = 3.08 \times 10^{16} W^{-1.28} V_B^{0.07} & (\text{cm}^{-3}) \\ L_d = 2.38 \times 10^{-2} W^{0.006} V_B^{1.14} & (\text{μm}) \end{cases} \quad (4\text{-}24)$$

其中，W 以 μm 为单位。

图 4-14 所示为 W 从 1μm 变化到 5μm 时，耐压为 800V 的超结器件的 $R_{on,sp}$ 和 N 的关系，其中曲线与点分别表示解析与仿真结果，超结区深度 H 为 10μm。采用 $R_{on,min}$ 优化法第二步，并取 0 到 N_{max} 范围内系列 N 值可获得图 4-14 中系列 $R_{on,sp}$-N 曲线。可以看出，不同 W 对应不同 N_{max}，每条 $R_{on,sp}$-N 曲线中的 $R_{on,sp}$ 皆随 N 的增加先降低后增加，从而呈现不同的 R-阱曲线，每条 R-阱曲线的最低点以实心圆表示。可以看出优化 N 随 W 的增加而降低，与式（4-24）中的设计公式有一一对应关系，如虚线所示。

在不同 W 下耐压为 800V 的超结器件的 $R_{on,sp}$ 和 L_d 的关系如图 4-15 所示。V_B 相同的器件在不同 W 下具有相同的 $L_{d,min}$，从式（3-19）可知，$L_{d,min}$=43.6μm。随着 L_d 增加，$R_{on,sp}$ 同样呈现先降低后增加的特性，最低点如实心圆所示。图 4-15 中也给出了从式（4-24）中得到的解析结果，该结果与 $R_{on,min}$ 之间同样存在一一对应关系，证明了 $R_{on,min}$ 优化法的有效性。

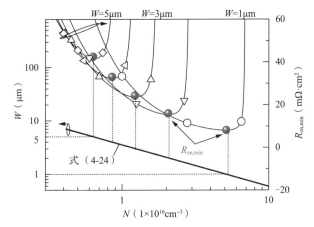

图 4-14　不同 W 下耐压为 800V 的超结器件的 $R_{on,sp}$-N 的解析与仿真结果比较

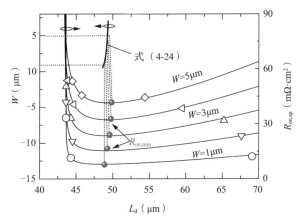

图 4-15　不同 W 下耐压为 800V 的超结器件的 $R_{on,sp}$-L_d 的解析与仿真结果比较

图 4-14 和图 4-15 分别比较了相同 V_B 下，不同 W 对优化 N 和 L_d 的影响，从 $R_{on,min}$ 的取值及式（4-24）可以看出，优化 N 强烈依赖于 W，而优化 L_d 几乎与 W 无关。这是由于碰撞电离率强烈依赖于电场，从式（4-22）可以看出，电离积分路径 COC′ 上 O 点附近的高电场主要由 W 决定，W 减小将会导致碰撞电离率积分路径中高电场部分路径长度缩短。给定 V_B，可决定唯一的最短漂移区长度 $L_{d,min}$。从第 3 章对 NFD 模式的讨论可知，超结的优化是通过在大幅增加 E_q 的同时略微降低 E_p 来实现的，因此不同 W 下，优化 L_d 几乎相等。

图 4-16 给出 W 为 2μm 的超结器件在不同 V_B 下的 $R_{on,sp}$-N 的解析与仿真结果比较。可以看出，所有器件具有相同的 N_{max}。根据式（3-19）可得 N_{max}=2.9×10^{16}cm^{-3}。相同 W 下，N 逐渐收敛于由横向 PN 结决定的唯一 N_{max}，所有器件的 $R_{on,sp}$ 随 N 的增加皆呈现先降低后增加的趋势，从而可以得到 $R_{on,min}$。与此对应，W 为 2μm 时，V_B 不同的超

结器件的 $R_{\mathrm{on,sp}}$ 和 L_{d} 的关系在图 4-17 中给出。显然随着 V_{B} 增加，最短漂移区长度 $L_{\mathrm{d_0}}$ 逐渐增加，且 $R_{\mathrm{on,sp}}$ 随 L_{d} 的增加先降低后增加，最后以相同的渐近线 $R_{\mathrm{on,sp}} \propto L_{\mathrm{d}}^2$ 增加，因为当 N 增加至接近 N_{max} 时，N 及其对应 μ_{N} 的取值都趋于常数。

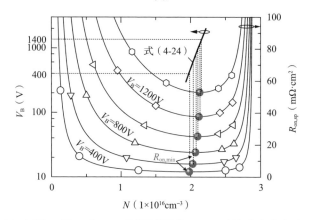

图 4-16　不同 V_{B} 下 W 为 2μm 的超结器件的 $R_{\mathrm{on,sp}}$-N 的解析与仿真结果比较

式（4-24）给出的解析结果也在图 4-16 和图 4-17 中给出。分别比较相同 W 条件下，不同 V_{B} 对优化 N 和 L_{d} 的影响，从 $R_{\mathrm{on,min}}$ 的取值及式（4-24）可以看出，优化 L_{d} 强烈依赖于 V_{B}，而优化 N 几乎与 V_{B} 无关。这是由于 V_{B} 决定了 $L_{\mathrm{d_0}}$，而 $R_{\mathrm{on,min}}$ 条件下的 L_{d} 亦跟随 $L_{\mathrm{d,min}}$ 变化，与 V_{B} 呈强依赖关系。$R_{\mathrm{on,min}}$ 条件下的 N 随 V_{B} 的增加略有增加，体现为式（4-24）中 $R_{\mathrm{on,min}}$ 与 V_{B} 的弱函数关系（0.07 次方关系），这是由于 V_{B} 增加意味着更大的 L_{d}，因此电荷场高电场区长度占整个 L_{d} 的比例减小，而 N 对 V_{B} 的影响也略微减小。但根本上，N 受限于由 W 决定的 N_{max}，这正是碰撞电离率积分强烈依赖于由 W 决定的高电场区的缘故。

图 4-18 中，优化 NW 对应 V_{B} 为 200～2000V，优化 L_{d} 对应 W 为 0.5～10μm。NW 随 W 的减小而逐渐增大，特别是 W 较小时，NW 可增加至 5×10^{12}～$6\times10^{12}\mathrm{cm}^{-2}$，远大于常规超结器件的 NW（$2\times10^{12}\mathrm{cm}^{-20}$）以及 RESURF 器件的 NW（$1\times10^{12}\mathrm{cm}^{-2}$），因此使用本节提出的设计公式可实现超结区 $R_{\mathrm{on,sp}}$ 的大幅降低。由于超结模型的适用范围为 $L_{\mathrm{d}}>2W$，因此对耐压为 200V 的器件而言，器件的 W 受限于 L_{d} 而小于 5μm。超结器件的优化 L_{d} 与 W 的关系较弱，L_{d} 随 $V_{\mathrm{B}}^{1.14}$ 的增加而增加。

采用本节提出的设计公式可直接计算得到器件优化的参数取值，而不需要再通过三步优化法得到最终结果。例如图 4-14 中，对于耐压为 800V 的器件，当 W 分别为 5μm 和 1μm 时，优化 N 分别为 $6.27\times10^{15}\mathrm{cm}^{-3}$ 和 $4.92\times10^{16}\mathrm{cm}^{-3}$。图 4-16 中，耐压为 400V 和 1400V 的器件的优化 L_{d} 分别为 22.1μm 和 92.3μm。其他条件下，器件的参数亦可通过直接计算得到。

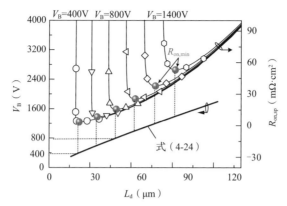

图 4-17　不同 V_B 下 W 为 2μm 的超结器件的 $R_{on,sp}$-L_d 的解析与仿真结果比较

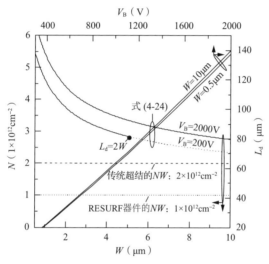

图 4-18　优化 N、W、L_d 与 V_B 之间的关系

4.3.3　横向超结 $R_{on,sp}$–V_B 关系

由 $R_{on,min}$ 优化法的第二步可得到不同 W 和 V_B 下，横向超结器件的系列 $R_{on,min}$ 优化点。同样采用最小二乘法进行非线性拟合，可得到 $R_{on,sp}$ 和 V_B 的关系：

$$R_{on,sp} = 3.13 \times 10^{-5} H^{-1} W^{0.98} V_B^{2.21} \qquad (\text{m}\Omega \cdot \text{cm}^2) \qquad (4\text{-}25)$$

其中，H 和 W 以 μm 为单位。

可以看出，优化 $R_{on,sp}$ 和 V_B 之间满足 2.21 次方关系，且 $R_{on,sp}$ 几乎正比于超结半元胞宽度与深度比 W/H，也就是说通过减小 W 以及加深 H 可使得 $R_{on,sp}$ 线性降低。上述 $R_{on,sp}$-V_B 关系为 $R_{on,min}$ 优化法中黄金分割优化法所获得的最佳 $R_{on,sp}$ 表达式，它与式（4-24）中的器件参数具有一一对应关系。当器件参数满足式（4-24）时，$R_{on,sp}$ 即满足式（4-25），且可实现 $R_{on,min}$。

图 4-19 给出不同 W 下，H 为 10μm 的具有理想 ES 的横向超结器件的 $R_{on,sp}$-V_B 关系。满足 NW=2×10^{12}cm^{-2} 的器件[9]的 $R_{on,sp}$-V_B 也在图 4-19 中给出。实线为 $R_{on,sp}$-V_B 曲线，该曲线由式（4-25）计算所得。虚线是通过在 $R_{on,min}$ 优化法的第一步中直接给定满足条件的 N 获得的。不同 W 下，采用本节公式所设计的器件的 $R_{on,sp}$ 都较常规器件的更低，且随 W 的降低，$R_{on,sp}$ 的下降幅度更大，这是优化 NW 随 W 的减小逐渐增加所致。

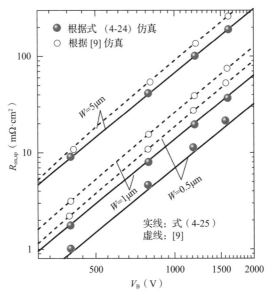

图 4-19　具有理想 ES 的横向超结器件的 $R_{on,sp}$-V_B 关系

图 4-20 比较了本节的结果与已报道的结果，其中直线与实心原点分别为本节的解析结果与对应的仿真结果。本节的实验器件与已报道的结果所使用的对比器件具有相同的 W、H 和 V_B，N 和 L_d 则是由式（4-24）获得的，已报道的结果与本节的结果之间以虚线连接。从图 4-20 中可以看出，本节的仿真结果皆处于根据式（4-25）预测的曲线上，且不论是仿真结果还是实验结果，本节的结果皆具有更低的 $R_{on,sp}$，这是由于 $R_{on,min}$ 优化法旨在获得任意给定 W 和 V_B 下器件的 $R_{on,min}$。与本节的实验器件的结构相比，对比器件的结构可分为以下 3 类：具有类似的 N 和 L_d，这些器件实现了优化的器件性能；具有类似的 L_d 和更低的 N，这些器件较好地抑制了 SAD 效应，实现了优化的耐压性能，但超结区的 N 较低；具有较大的 L_d 与较低的 N，这些器件在相同 V_B 下由于 SAD 效应的影响尚未被完全抑制，因此具有较大的 L_d。特别是对于 V_B 大于 700V 的器件，其终端区需要单独设计，SAD 效应的抑制也更为复杂。$R_{on,min}$ 优化法能最大限度地降低超结器件的 $R_{on,sp}$，是一种较为有效的设计方法。

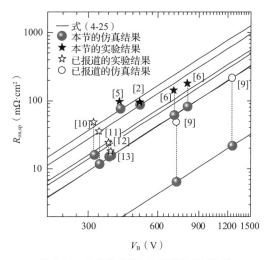

图 4-20 本节的结果与已报道的结果比较

表 4-1 所示为耐压为 800V 和 1600V 的横向超结器件设计实例，W 和 H 为给定参数，分别为 1μm 和 10μm，N 和 L_d 从式（4-24）得到，电场 E_0、E_p 和 $E(\text{O})$ 从式（4-22）计算得到，$R_{\text{on,sp}}$ 则从式（4-25）得到。仿真结果与计算结果较为符合，证明了本节设计公式的有效性。此外，从电场分布可以看出，E_0 比 E_p 大得多，对应 E_q 也较 E_p 更大，因此优化设计的超结器件在 NFD 模式下工作，与第 3 章结果一致。

表 4-1 耐压为 800V 和 1600V 的横向超结设计实例

	参数	取值	取值
给定	W（μm）	1	1
	V_B（V）	800	1600
	H（μm）	10	10
计算	N（cm^{-3}）	4.92×10^{16}	5.16×10^{16}
	L_d（μm）	48.53	106.97
	E_0（V/μm）	37.4	39.2
	E_p（V/μm）	16.5	15.0
	$E(\text{O})$（V/μm）	40.9	42.0
	$R_{\text{on,sp}}$（mΩ·cm^2）	8.15	37.73
仿真	V_B（V）	804.3	1613.4
	$R_{\text{on,sp}}$（mΩ·cm^2）	8.15	37.68

4.4 横向超结器件设计

前面关于横向超结器件 $R_{\text{on,sp}}$ 的讨论都基于具有理想 ES 层的器件结构，该条件保证器件衬底所产生的电场不影响超结器件的表面电场分布，横向超结器件与纵向超结器件在相同 L_d 下可实现同等耐压能力，从而使用第 3 章提出的 R-阱模型与 $R_{on,min}$ 优化法得到器件的设计公式。然而实际横向超结器件常常难以满足理想衬底条件，本节针对此问题进行分析，获得非理想衬底条件下的超结器件的设计公式。

在相同 V_B 下，如果 ES 层的实际 L_d 大于从式（4-24）获得的计算值，即可认为器件不满足理想衬底条件。因此问题转变为如何在具有给定 V_B 和 L_d 的非理想衬底上添加超结器件，以使其在不影响器件 V_B 的同时尽可能降低 $R_{on,sp}$。对此，设计的基本思路是将 ES 层的 $E_p=V_B/L_d$ 作为设计变量，使得表面超结层和 ES 层的 E_p 相等，以保证表面超结层产生的电荷场不影响 ES 层的击穿电压。基于式（4-24）中 L_d 的表达式，可以将 V_B 写成 E_p 的函数，再代入 N 的表达式中，得到非理想衬底条件下优化 N 的表达式。

无介质超结器件满足：

$$N = 2 \times 10^{17} W^{-1.28} (V_B / L_d)^{-0.5} \quad (\text{cm}^{-3}) \quad (4\text{-}26)$$

介质超结器件满足：

$$N = 2.75 \times 10^{17} W^{-1.31} (V_B / L_d)^{-0.53} \quad (\text{cm}^{-3}) \quad (4\text{-}27)$$

对具有非理想衬底的横向超结器件，可使用式（4-26）和式（4-27）直接获得表面超结的优化 N。本节为叙述方便，将无介质超结称为常规超结。

当超结 N 区和 P 区界面存在薄介质层时，可形成横向介质超结结构，图 4-21 给出了介质超结结构和常规超结结构的 N 对 V_B 的影响，其中 $W_I=25\text{nm}$。

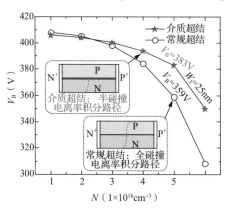

图 4-21　超结界面薄介质层对器件性能的影响

可以看出，在低掺杂浓度区，式（2-7）给出的介质超结结构的 T_c 较常规超结结构的更大，从而导致器件的 V_B 略有降低。然而在高掺杂浓度区，超结器件更易在 N 区和 P 区的结面发生击穿。当存在薄介质层时，由于碰撞电离率积分不能越过介质，介质超结结构的 V_B 将比常规超结结构的更高。比如当浓度同为 $5 \times 10^{16}\text{cm}^{-3}$ 时，介质超结结构与常规超结结构的 V_B 分别为 383V 和 359V。更为重要的是，N 区与 P 区之间的薄介质层可以防止两区由于高温过程导致的杂质互扩散[14-15]。

介质超结结构的以上两个特点使其较常规超结结构有一定优势，采用如图 4-22 中插图所示的具有理想衬底的横向介质超结结构的优化 $R_{on,sp}$，并利用第 3 章给出的 $R_{on,min}$ 优化法，得到介质超结 $R_{on,min}$ 的设计公式与 $R_{on,sp}$-V_B 关系如下：

$$\begin{cases} N = 4.093 \times 10^{16} W^{-1.309} V_B^{0.063} & (cm^{-3}) \\ L_d = 2.797 \times 10^{-2} W^{-0.0096} V_B^{1.118} & (\mu m) \end{cases} \tag{4-28}$$
$$R_{on,sp} = 3.065 \times 10^{-5} H^{-1} W^{1.064} V_B^{2.176} \quad (m\Omega \cdot cm^2)$$

图 4-22 比较了介质超结结构和常规超结结构的优化 N 和 L_d 分布，其中任意 N 点为 V_B 为 200~2000V 时 N 的平均值，L_d 点为 W 为 0.5~10μm 时 L_d 的平均值。界面介质的引入导致相同条件下器件具有更高的优化 N，这是由于碰撞电离率积分只能在介质超结的 N 区或者 P 区进行。同时可以看出，不论界面是否有介质，$R_{on,min}$ 下的 N 都满足 $NW=2\times10^{12}cm^{-2}$。两种超结结构的优化 L_d 的取值几乎一致，这是由于两种超结结构中器件的 $L_{d,min}$ 完全相同。因此与常规超结结构相比，介质超结结构 $R_{on,sp}$ 的降低源于优化 N 的增加。

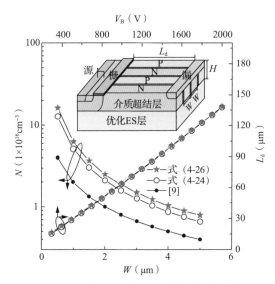

图 4-22　介质超结结构和常规超结结构对比

一种典型的制备纵向超结器件的方法是先刻槽，完成槽壁介质层氧化，再进行槽底刻蚀及外延填充。对图 4-22 插图中的器件，也可以用类似的方法制备，但与常规超结器件的制备方法相比，刻槽等工艺较为复杂。在已有报道中，制备横向超结器件时主要采用直接在器件表面进行两次 N 型和 P 型注入的工艺，该工艺与标准工艺相兼容，更为简单。

为了简单形成横向超结，本节提出如图 4-23 所示的横向单元胞介质超结结构，其特点是在常规具有埋层的 LDMOS 器件表面形成纵向单元胞介质超结，且让介质超结与源端 P-阱和漏端 N-缓冲层有一定重叠，以降低源、漏两端由超结电荷场引入的电场峰值。参数定义及取值如表 4-2 所示。

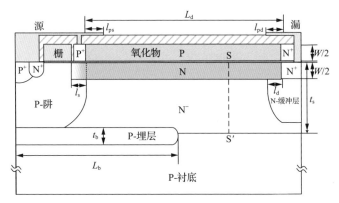

图 4-23　横向单元胞介质超结结构

表 4-2　横向单元胞介质超结结构参数定义及取值

参数	定义	取值	参数	定义	取值
N（cm^{-3}）	超结区掺杂浓度	6.24×10^{16}	L_d（μm）	漂移区长度	40
N^-（cm^{-3}）	N$^-$区掺杂浓度	2.1×10^{15}	L_b（μm）	P-埋层长度	25
N_B（cm^{-3}）	P-埋层掺杂浓度	3.5×10^{15}	l_s（μm）	源端交叠区长度	2
N_{sub}（cm^{-3}）	P-衬底掺杂浓度	3×10^{13}	l_d（μm）	漏端交叠区长度	2
W（μm）	超结宽度	1	l_{ps}（μm）	源端场板长度	2
W_I（nm）	界面介质厚度	25	l_{pd}（μm）	漏端场板长度	3
t_s（μm）	N$^-$区厚度	5	V_B（V）	击穿电压	658
t_b（μm）	P-埋层厚度	3	$R_{on,sp}$（mΩ·cm^2）	比导通电阻	31.2

单元胞介质超结结构的机理如图 4-24 所示，器件表面形成覆盖整个漂移区表面的高浓度 N 型掺杂。开态时，漂移区 75.3% 的电流经由表面低阻通道从漏端直接流向源端。

与此对应，采用直接注入形成如图 4-24（b）插图所示的常规超结，其典型结深 H 为 1μm，在耐压层表面引入的高掺杂 P 区将同时在 N 区及 N$^-$区由内建电势产生耗尽，使得仅在 P 区的耗尽区边界外部区域能流过电流，也就是说，表面超结区域中只有一半可流过电流，这在表面超结结深较浅时将对 $R_{on,sp}$ 产生很大影响。此外，从前面的分析可知，在元胞尺寸相同的情况下，介质超结结构可实现比常规超结结构更高的优化 N，从而进一步降低 $R_{on,sp}$。

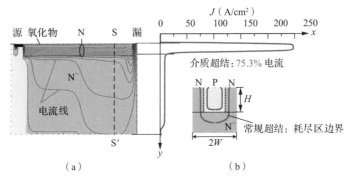

图 4-24　单元胞介质超结结构的机理
（a）电流线分布；（b）介质超结 J 分布

当 W 为 $1\mu m$、V_B 的仿真值为 658V 时，从式（4-24）和式（4-28）计算得到对应条件下的 L_d 分别为 $38.8\mu m$ 和 $39.6\mu m$，因此我们认为 ES 层为非理想衬底。通过式（4-26）和式（4-27）计算可知介质超结结构和常规超结结构的优化 N 分别为 $6.24\times10^{16}cm^{-3}$ 和 $4.94\times10^{16}cm^{-3}$，将满足条件的优化超结应用于上述非理想衬底，比较 N^- 区掺杂对 3 种器件的 V_B 和 $R_{on,sp}$ 的影响，如图 4-25 所示。可以看出，与常规结构相比，两种表面添加超结的器件的 V_B 变化规律几乎一致，都在 N^- 区掺杂浓度 N^- 为 $2.1\times10^{15}cm^{-3}$ 的条件下获得 658V 的 V_B。介质超结结构的 $R_{on,sp}$ 为 $31.2m\Omega\cdot cm^2$，相较常规结构的 $96.4m\Omega\cdot cm^2$ 和常规超结结构的 $67.2m\Omega\cdot cm^2$ 分别降低了 67.6% 和 53.5%。正是由于介质超结的 N 区覆盖整个器件表面且具有更高的 N，其 $R_{on,sp}$ 可比常规超结结构的 $R_{on,sp}$ 降低 50% 以上。

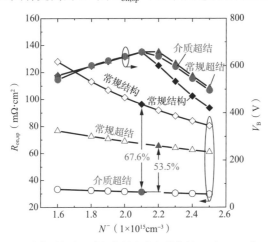

图 4-25　单元胞介质超结、常规超结和常规结构的 V_B 和 $R_{on,sp}$ 与 N^- 的关系

为了进一步分析表面介质超结的影响，图 4-26 给出埋层厚度与掺杂对介质超结与常规结构的 V_B 的影响，可以看出两者变化趋势完全一致，V_B 为 658V 都在 N_B 为

$3.5\times10^{15}\mathrm{cm}^{-3}$ 且 L_{b} 为 $25\mu\mathrm{m}$ 的条件下取得，对应的埋层末端处于 N^{-} 区中点位置。同时可以看出，常规结构较介质超结结构容差略微减小，这是由于常规结构更容易出现源端场板末端击穿。

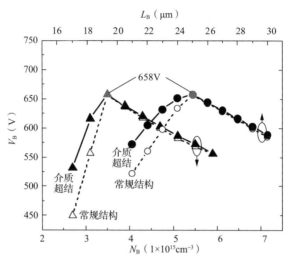

图 4-26 介质超结结构与常规结构的 V_{B} 随 N_{B} 和 L_{B} 的变化情况

图 4-27 给出了介质超结结构的 N 对器件 V_{B} 和 $R_{\mathrm{on,sp}}$ 的影响。介质超结的优化就是在给定 V_{B} 和 L_{d} 的任意 ES 上，引入表面超结并同时增加 N 区和 P 区的 N 来保持电荷平衡，最大程度降低表面超结层的 $R_{\mathrm{on,sp}}$ 而不影响 ES 原有 V_{B}。对于 W 分别为 $1\mu\mathrm{m}$、$2\mu\mathrm{m}$ 和 $4\mu\mathrm{m}$ 的器件，都可以根据式（4-27）直接计算得到优化 N，如图 4-27 中星形所示。仿真结果表明，在不同 W 下，随着 N 增加，V_{B} 一开始几乎为常数，然后经过计算所得的优化点之后，开始迅速下降。这说明达到优化点以后，表面超结产生的电荷场开始决定器件的 V_{B}，从而引起 V_{B} 下降。根据式（4-27）计算所得的优化点皆处于 V_{B} 下降的转折点上，验证了仿真结果的正确性。对于任意给定 ES 下的超结器件，可以采用式（4-27）直接优化。

图 4-28 比较了介质超结结构与常规超结结构的输出特性曲线，可以看出介质超结结构比常规超结结构有更大的安全工作区，其最大饱和电流密度约为常规超结结构的 3 倍，且 $R_{\mathrm{on,sp}}$ 明显降低。常规超结结构在 V_{G} 大于 3V、V_{d} 约为 300V 时会出现 Snapback 现象，这是由于其漂移区可流经的最大电流密度为开态准饱和区电流密度，此时 V_{d} 持续增加会导致器件漏端电场峰值增大，从而引起碰撞电离，电离产生电子空穴对，成为耐压层中新的载流子，使得电流密度 J_{d} 增加。对于介质超结结构，由于其表面高浓度区具有高电导率，上述现象大为缓解。

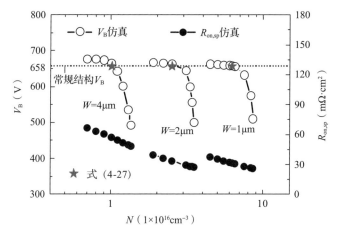

图 4-27 介质超结结构的 N 对 V_B 和 $R_{on,sp}$ 的影响

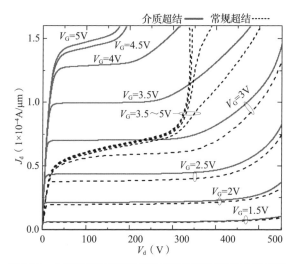

图 4-28 介质超结结构与常规超结结构的输出特性曲线比较

介质超结结构比常规结构具有更低的 $R_{on,sp}$，因此在相同 $R_{on,sp}$ 条件下，器件面积可大为减小。图 4-29 为外加 400V 电压下，两器件漏端分别串联 $3.99 \times 10^5 \Omega$ 电阻负载，栅压从 5V 降到 0 时的关断时间曲线，仿真中假定两器件开启时 V_d 和 I_d 分别为 1V 和 1mA，也就是两器件具有相同的静态功耗 1mW。可以看出，介质超结结构的关断时间为 9ns，相比常规结构的下降 50% 以上，这是由于介质超结结构开启时，漂移区中大部分载流子存储于表面超结区。栅压关断时，随着 V_d 逐渐增至式（2-9）中 $2\Phi_T$ 时，表面超结完全耗尽，而漂移区中大部分载流子被抽取，导致更低的关断时间。$2\Phi_T$ 恰好处于电流、电压变化的转折点上，如图 4-29 所示。

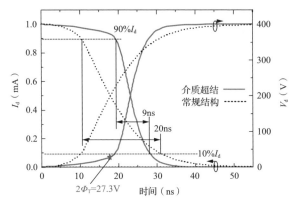

图 4-29　相同静态功耗下介质超结结构与常规结构的关断时间曲线

图 4-30 比较了介质超结结构与已有浅结横向超结结构，这些超结结构都通过两次 N 型和 P 型直接注入形成，结深 H 都为 1μm。可以看出，介质超结结构在此类器件中具有最低的 $R_{on,sp}$，这主要是因为单元胞介质超结结构的高浓度区覆盖了整个耐压层表面，同时介质导致的碰撞电离率积分路径缩短，进一步提高了超结的掺杂浓度。单元胞介质超结结构的仿真结果处于由式（4-28）给出的优化 $R_{on,sp}$-V_B 关系以下，这是由于该式基于三维多元胞介质超结结构（表面仅有一半区域有电流流过）。单元胞常规超结结构已由实验给出，将在 4.5 节中讨论。可以看出，当 W=1.49μm 时，单元胞常规超结结构的 $R_{on,sp}$ 低于由式（4-25）给出的优化曲线。

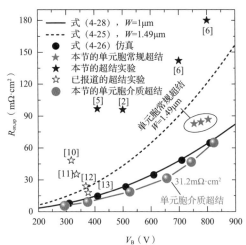

图 4-30　本节的结果与已报道的结果比较

4.5　横向超结器件实验

在 ES 模型和优化 $R_{on,min}$ 的基础上，我们研制了两个横向超结器件结构：基于 SOI

衬底的 SJ/ENDIF 器件，其中 ENDIF 表示介质场增强（enhanced dielectric layer field）；基于体硅衬底的横向单元胞超结器件，其中单元胞超结通过两次离子注入形成。横向超结器件的设计包括两方面，即 ES 的耐压设计以及表面超结的最优 $R_{on,sp}$ 设计，两方面同时达到最优时，器件性能最优。

下面从主要工艺流程、参数优化过程、版图设计与结构以及测试结果几方面进行介绍。

4.5.1　体硅衬底的横向单元胞超结器件实验

4.4 节单元胞介质超结部分已经论证了浅结条件下单元胞介质超结结构具有相较常规结构更低的 $R_{on,sp}$，该结论对常规超结结构仍然成立。为验证上述想法，对如图 4-31 所示的单元胞超结结构进行实验研制，具体是在常规 ES 结构表面添加纵向单元胞超结结构，单元胞叠放方式为"N 上 P 下"。这是由于采用离子注入的形式更容易在较低能量条件下形成较深结深的 P 型掺杂，更利于工艺实现。与常规超结结构相比，单元胞超结结构中纵向叠层放置的单元胞可通过控制注入能量与剂量的形式，纵向形成 W 较小的元胞，而与光刻精度无关，该纵向叠层单元胞结构可使用同一张光刻版分别进行 P 型与 N 型杂质的注入来实现。在 SJ/ENDIF 实验中，超结区域上方并未生长场氧化层，因此可以选用宽度仅为 0.8μm 的窄条注入。由于单元胞超结结构对光刻精度要求不高，因此可以选取 1000keV 以上的高能离子注入的形式直接穿过场氧化层，形成单元胞超结，这是一种避免热过程对超结影响的方法。事实上该方法仅对单元胞超结结构特别有效，因为在如此高的注入能量下，注入窗口大小应不小于 3μm，这个窗口宽度对典型结深为 1μm 的表面注入型超结结构而言过宽，最终器件表面单元胞超结结构的 N 区和 P 区分别采用 1200keV 和 1150keV 的能量让杂质度越 0.64μm 的介质形成，其中 N 区的注入能量较 P 区的更高，这也是选择"N 上 P 下"的单元胞叠放方式的原因。

单元胞超结结构的主要工艺流程如表 4-3 所示。除了形成单元胞超结的特殊工艺外，还进行了如下处理：首先，额外引入的表面 N 型掺杂在靠近源端部分可能引入高电场峰，相当于前面超结分析中 A 点的电场，为了降低源端电场，采用 N-漂移区分段掺杂技术，在 P-阱与单元胞超结之间形成 5μm 的注入阻挡层，防止此处掺杂浓度过高；其次，采用 6 次不同能量、不同剂量注入，形成表面掺杂浓度较低而体内掺杂浓度较高的杂质分布，获得约为 1V 的阈值电压并防止寄生 BJT 开启。其他工艺流程与常规结构的无异，不再详述。

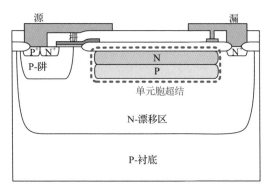

图 4-31 单元胞超结结构

最终形成的单元胞超结结构掺杂分布如图 4-32 所示，单元胞超结的 N 区和 P 区的宽度分别为 0.94μm 和 0.55μm。单元胞超结结构耐压层长度为 67μm，拟实现 800V 的击穿电压。由于超结区掺杂非均匀，将式（4-26）给出的优化掺杂浓度换算为剂量可以得到 N 区和 P 区的优化掺杂剂量分别为 $2.4×10^{12}cm^{-2}$ 和 $2.8×10^{12}cm^{-2}$，因此单元胞超结的 N 区和 P 区为非平衡设计。首先选择 P 区最高掺杂剂量 $2.8×10^{12}cm^{-2}$ 为优化目标，并让它与 N 区和 N-漂移区同时保持电荷平衡，仿真计算获得的 N 区、P 区和 N-漂移区三者的优化掺杂剂量分别为 $1×10^{12}cm^{-2}$、$3.7×10^{12}cm^{-2}$ 和 $4×10^{12}cm^{-2}$。

表 4-3 单元胞超结结构主要工艺流程

步骤	工艺流程	步骤	工艺流程
1	衬底材料准备	11	预栅氧
2	初始氧化	12	栅氧氧化
3	N-漂移区注入	13	淀积多晶硅
4	N-漂移区推结	14	多晶硅光刻
5	刻蚀有源区	15	N 型源区、漏区注入
6	场氧氧化	16	P-体区注入
7	多次注入形成沟道区	17	欧姆孔
8	单元胞超结 P 区注入	18	金属淀积
9	单元胞超结 N 区注入	19	金属光刻
10	快速热退火	20	形成钝化层

图 4-32 所示是 N-漂移区扩散后形成的表面高、体内低的高斯分布。如果计算补偿后的净剂量，则 N 区、P 区的优化掺杂剂量分别为 $2.1×10^{12}cm^{-2}$ 和 $2.8×10^{12}cm^{-2}$，其中 N

区优化掺杂剂量适当减少是为了进一步降低源端电场峰值。同时考虑到实际工艺中可能存在的电荷非平衡的影响，对 N 区的掺杂剂量从 $0.8\times10^{12}\text{cm}^{-2}$ 拉偏到 $1.2\times10^{12}\text{cm}^{-2}$。单元胞超结版图结构与显微照片如图 4-33 所示。版图对源端在中心的终端区进行设计，使得终端区留有部分 P-衬底以缓解该处由于小曲率结引起的电场集中效应。

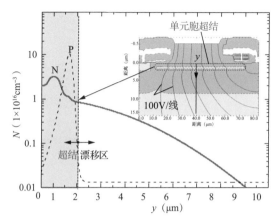

图 4-32　单元胞超结结构掺杂分布

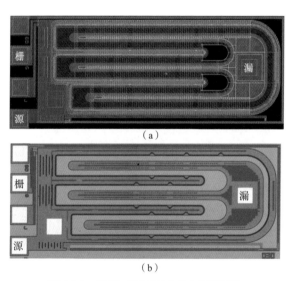

（a）

（b）

图 4-33　单元胞超结版图结构与显微照片
（a）版图结构；（b）显微照片

单元胞超结测试结果如图 4-34 所示，其中沟道宽度为 4428μm，可以看出器件反向漏电流 I_{d} 为纳安量级。当栅压 V_{G} 为 8V 时，器件的饱和电流密度接近 0.3A。随着表面 N 区掺杂剂量从 $0.8\times10^{12}\text{cm}^{-2}$ 变化到 $1.2\times10^{12}\text{cm}^{-2}$，器件 V_{B} 从 805V 缓慢下降到 711V，$R_{\text{on,sp}}$ 也从 86.49mΩ·cm² 下降到 80.56mΩ·cm²。最优点为 $0.8\times10^{12}\text{cm}^{-2}$ 掺杂剂量

下的单元胞超结，其 V_B 为 805V、$R_{on,sp}$ 为 86.49mΩ·cm^2。上述实验结果也在图 4-30 中给出，该单元胞超结的 $R_{on,sp}$ 低于相同 W 下常规浅结横向超结的优化值。

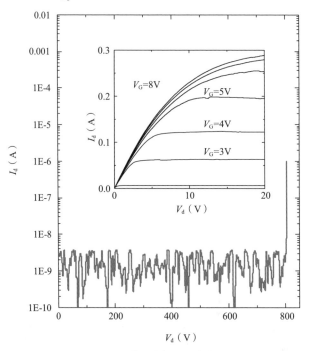

图 4-34　单元胞超结测试结果

4.5.2　SOI 衬底的 SJ/ENDIF 横向超结器件实验

SOI 器件的设计难点在于其较低的纵向击穿电压，为解决此问题，需要增加硅层 E_c，这是 ENDIF 技术的核心之一[16]。E_c 的表达式已经在文献[16]中给出，其形式较为复杂且在厚硅层区的误差为 4%～9%。本节首先将式（3-25）中的电荷场变为线性分布。在给定积分路径长度上使得 $I=1$，再输出对应的 E_c，并变化不同路径长度即能得到较为精确的 E_c 和顶层硅厚度 t_s 的关系式，然后采用最小二乘法非线性拟合，得到如下简单公式。当 t_s 为 0.05～100μm 时，该公式的误差小于 2%：

$$E_c = 4.7 \exp\left[\frac{19.64}{\ln(3227.4 t_s)}\right] \quad (V/\mu m) \qquad （4-29）$$

其中，t_s 以 μm 为单位。式（4-29）表明，E_c 强烈依赖于 t_s，当 t_s 大于 10μm 时，E_c 几乎保持不变；当 t_s 小于 1μm 时，E_c 随 t_s 的减小剧烈增加，此时带来的高 E_c 可用于增加埋氧层 V_B。

E_c 的增强可通过薄硅层线性掺杂结构或高掺杂的 PN 结实现[17-19]。其中，薄硅层结构的特点是减薄顶层硅并增加 E_c，从而提升器件的纵向 V_B，同时结合线性掺杂技术优化器件表面电场，所以该器件靠近源端的顶层硅很薄且掺杂浓度 N 较低，不利于降低 $R_{\rm on,sp}$。器件漏端要承受高压，因此减薄硅层来增加 $E_{\rm c}$ 必不可少，但器件靠近源端区域的电势本身较低，根本不需要采用薄硅层设计。因此设计得到如图 4-35 所示的 SJ/ENDIF 器件结构，该结构的特点是在靠近漏端区采用薄硅层设计以增加器件 $E_{\rm c}$ 并提高器件纵向 $V_{\rm B}$，同时在靠近源端区采用厚硅层设计；更进一步地，在源端区的厚硅层中注入 N 条、P 条以形成横向超结结构，降低器件 $R_{\rm on,sp}$。

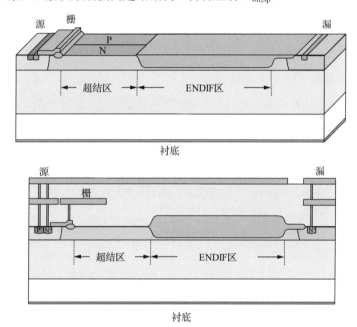

图 4-35　SJ/ENDIF 器件结构

为了在耐压层中尽可能多地引入 N 型掺杂，图 4-35 所示的超结 N 区和 P 区分别通过 3 次相同剂量、不同能量的注入形成，从而引入的杂质剂量增至常规单次注入的 3 倍。新结构的耐压层分为超结区和 ENDIF 区，ENDIF 区通过氧化减薄硅层实现。器件采用双层场板结构优化表面电场，其中源场板直接跨越整个耐压层，在关态条件下起辅助耗尽作用。实验采用 1μm 顶层硅和 3μm 埋氧化层，根据式（4-29），为了实现大于 900V 的 $V_{\rm B}$，薄层厚度需约为 0.15μm，最高可实现的 $V_{\rm B}$ 约 1031V。同时 1μm 顶层硅对应的 $E_{\rm c}$ 为 53.4V/μm，最高可实现的 $V_{\rm B}$ 为 489V，且厚硅层区耐压不可高于此电压。SJ/ENDIF 器件结合了薄硅层器件高 $V_{\rm B}$ 与超结低 $R_{\rm on,sp}$ 两个优点，工艺较为简单。从图 4-36 所示的 SEM 照片可以看出，薄硅层区的厚度为 0.174μm，满足要求。

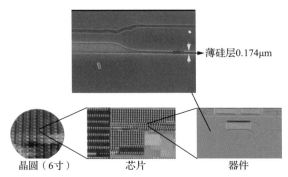

图 4-36　SJ/ENDIF 器件 SEM 照片

SJ/ENDIF 器件主要工艺流程如表 4-4 所示，其中最关键的工艺流程有两步，首先是形成合适的线性掺杂 N-漂移区，其次是形成超结区。采取一次注入推结的形式形成漂移区线性掺杂。因为硅层为半厚半薄结构，所以最终形成的是分段线性掺杂分布，厚硅层区浓度增加较缓而薄硅层区浓度斜率较大。漂移区中线性掺杂分布与推结时间的关系如图 4-37 所示，采用 1200℃ 高温推结，总推结时间为 12.67h。

表 4-4　SJ/ENDIF 器件主要工艺流程

步骤	工艺流程	步骤	工艺流程
1	衬底材料准备	11	刻蚀形成多晶硅栅
2	初始氧化	12	N^+注入
3	线性掺杂 N-漂移区注入	13	P^+注入
4	N-漂移区推结	14	淀积介质 1 并 CMP 抛光
5	厚场氧氧化	15	刻蚀接触孔 1
6	沟道区 P-阱注入	16	形成金属 1
7	形成有源区	17	淀积介质 2 并 CMP 抛光
8	薄场氧生长与 P-阱推结	18	刻蚀接触孔 2
9	三次注入形成超结	19	形成金属 2
10	淀积多晶硅	20	形成钝化层

通过从源端到漏端设计变间距注入窗口，可一次注入推结形成同时满足薄硅层区与厚硅层区的优化线性掺杂分布。此外还需对薄硅层区与厚硅层区交界处的掺杂进行优化，防止该处因浓度剧烈变化发生击穿。优化的厚硅层区的 N 在 $1 \times 10^{16} \mathrm{cm}^{-3}$ 量级，而薄硅层区的 N 在 $1 \times 10^{17} \mathrm{cm}^{-3}$ 量级，后者比常规器件漂移区的 N 高一个数量级以上，体现了薄层器件的特殊性。该结果在式（4-29）中表现为 E_c 增强，因为 E_c 源于薄硅层区杂质电离产生的电荷场。

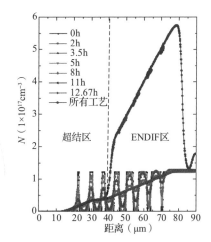

图 4-37　漂移区线性掺杂分布与推结时间的关系

从前面的分析可以看出，一般在形成超结时，仅分别进行 1 次 N 区和 P 区注入，因此引入的杂质较少。本节的实验对 N 区和 P 区分别进行 3 次相同剂量、不同能量的注入，以引入更多的杂质。采用宽度为 0.8μm 的超结区，考虑到厚硅层区的 V_B 不可能达到其理想值 489V，选取 V_B 为 300V 作为式（4-24）的设计参数，计算得到优化 N 为 $6×10^{16}cm^{-3}$。该优化 N 被用作 3 次注入的峰值浓度，仿真计算确定 3 次注入剂量为 $8×10^{11}cm^{-2}$，注入结深分别为 0.25μm、0.5μm 和 0.75μm。应注意的是，上述超结的实现工艺位于所有热过程之后，以减少杂质扩散的影响。除上述工艺外，其他工艺为常规工艺，不再详述。

最终形成的器件的版图结构与显微照片如图 4-38 所示。超结在靠近源端的一段厚硅层区内。耐压为 900V 的器件的优化超结区和 ENDIF 区的长度分别为 35μm 和 43μm，两层介质的厚度分别为 1.6μm 和 2μm，线性掺杂注入剂量为 $1.3×10^{13}cm^{-2}$。

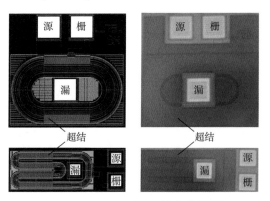

图 4-38　SJ/ENDIF 版图结构与显微照片

实验结果如图 4-39 所示。图 4-39（a）给出耐压层长度 L_d 分别为 59μm 和 69μm 的两种器件在源端有超结与无超结条件下，V_B 与场板长度的关系，其中 L_d=59μm 为直接缩短薄硅层区得到的。实验结果表明超结引入与否对器件 V_B 的影响不大，验证了前文所述的结论，即对于采用设计公式得到的横向超结器件，其超结的引入并不会显著影响 ES 的 V_B。器件的 V_B 最高达 977V，这表明采用薄硅层区的设计具有良好的 ENDIF 效果，实验所得器件的漏端下方的 E_c 从常规约 30V/μm 显著增加到 106.7V/μm。

图 4-39（b）给出有超结和无超结结构的输出特性曲线。实验结果表明引入超结可以显著降低器件 $R_{on,sp}$ 和饱和电流能力，源端厚硅层区缓解了常规结构中源端的电流集中效应，扩宽了电流路径。但为了优化 V_B，可采用线性掺杂漂移区设计，使得靠近源端的 N 大大降低。因此在低浓度区引入超结，可在不影响器件 V_B 的条件下，显著提高高阻区的 N，降低器件的 $R_{on,sp}$。

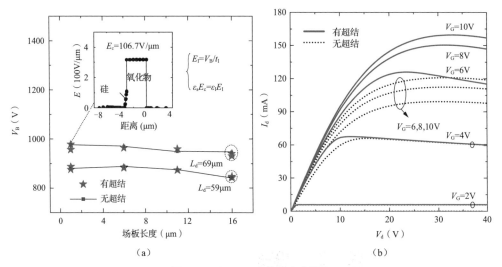

图 4-39 SJ/ENDIF 结构实验结果
（a）V_B 与场板长度的关系；（b）输出特性曲线

图 4-40 给出 SOI 基横向高压器件的 $R_{on,sp}$ 和 V_B 特性对比[10,20-27]。插图给出 SOI 超结的实验结果，其 V_B 在 200V 以下。大部分薄硅层 SOI 器件的 V_B 为 600～700V。为实现更高的 V_B，必须采用更薄的漂移区厚度，这可能导致源端附近的电阻急剧增加，器件的 $R_{on,sp}$ 特性显著超过 2.5 次方的"硅极限"关系。本节给出的 SJ/ENDIF 器件新结构理论上采用位于传统 NFD 模式的设计[28]，兼具薄硅层器件高 V_B 和超结器件低 $R_{on,sp}$ 的优点，与目前已报道的实验结果相比，本节给出的 SJ/ENDIF 器件的 V_B 最高，且 $R_{on,sp}$ 较传统"硅极限"降低了 18.1%。

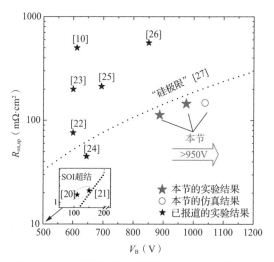

图 4-40　SOI 基横向高压器件的 $R_{on,sp}$ 和 V_B 特性对比

实验验证了式（4-29）的正确性，结果如图 4-41 所示。实验获得了 V_B 为 977V、t_s 为 0.15μm 的薄硅层器件以及 V_B 为 483V、t_s 为 1μm 的厚硅层器件。简单计算可知，薄硅层器件的结构硅层的 E_c=106.7V/μm，而厚硅层器件的结构硅层的 E_c=52.8V/μm，该实验结果与式（4-29）及已有解析结果[29-30]的比较在图 4-41 中给出，图 4-41 中还给出了 t_s 为 0.05～100μm 时，E_c 的仿真结果、已有薄硅层器件的 E_c 结果[17-18]和 E_c 与浓度的实验关系经过简单变换后的结果[19]。可以看出，式（4-29）不论与仿真结果还是与实验结果都拟合得较好，普适于薄硅层器件与厚硅层器件 E_c 的计算。

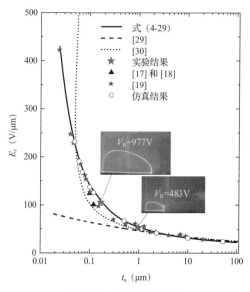

图 4-41　E_c 与 t_s 的关系

181

这从另一角度证明了第 2 章提出的全域优化法的普适性。将碰撞电离率积分中的电荷场与电势场替换为给定的形式，当电离电荷分布确定时，电荷场就给定，然后将电势场视为变量进行迭代，即可获得击穿条件。该条件即对应实际物理结构的击穿状态，包含需要优化的所有可能的参数取值。然后在选定范围内得到系列优化点，最后通过最小二乘拟合的方式获得最终设计式。式（4-29）正是在上述全域优化思想指导下进行优化的一个例子，对其他可能的优化，亦可采用类似的方式获得简明表达式。

4.5.3　基于归一化导电优化的半超结实验

本章对横向超结的讨论主要在于理想衬底条件下如何尽可能降低表面超结层的 $R_{\text{on,sp}}$。为抑制 SAD 效应，我们引入了 N 型 CCL[31-32]，该层同样具有导电能力，对超结的导电能力有影响。因此，对横向超结器件 $R_{\text{on,sp}}$ 的优化，可简化为引入超结结构前后器件电阻的变化。一般而言，由于 W 较小，超结区的掺杂浓度一般远高于衬底的掺杂浓度。但是当 t_s 减薄至 $1\mu m$ 量级时，CCL 的掺杂浓度与超结区的掺杂浓度相近，此时 CCL 的作用不可忽略。

超结结构的引入使得 N 条的掺杂浓度可以进一步提高，同时 P 条的引入以及 JFET 效应可减小导电面积，且超结区迁移率也随掺杂浓度的增加而降低。因此，引入超结结构是否能够降低 $R_{\text{on,sp}}$ 需考虑掺杂浓度、导电面积和迁移率之间的相互平衡。超结结构的引入对器件导电能力的影响主要有两个方面：（1）增加 N 条的掺杂浓度；（2）减小器件的导电面积及降低载流子迁移率。对此，引入归一化导电因子 $\eta_C(x)$ 来定量分析引入超结结构前后耐压层导电能力的变化情况，$\eta_C(x)$ 定义为引入超结结构前后超结所在区域电导率的变化：

$$\eta_C(x) = \frac{[N_{\text{SJ}} + N_B(x)]\mu_A S_A}{N_B(x)\mu_B S_B} \tag{4-30}$$

其中，μ_A 和 μ_B 分别为引入超结结构前后的载流子迁移率，S_A 和 S_B 分别为引入超结结构前后器件的导电面积，N_{SJ} 和 $N_B(x)$ 分别为超结和衬底导电层的掺杂浓度。显然，$\eta_C(x) > 1$ 时，器件的导电能力增强；$\eta_C(x) < 1$ 时，器件的导电能力减弱；$\eta_C(x) = 1$ 时，器件的导电能力不变。当超结结构被引入至掺杂浓度较高的 CCL 时，确保 $\eta_C(x) > 1$ 方能实现降低 $R_{\text{on,sp}}$ 的目标。显然，由于 JFET 效应和迁移率的影响，$\mu_A < \mu_B$ 且 $S_A < 0.5 S_B$，若要实现 $\eta_C(x) > 1$，需要保证引入超结结构后，N 区的掺杂浓度增加到 2 倍以上。4.2 节证明了优化 CCL 的掺杂浓度从源端到漏端逐渐增加，这导致了可变的 $N_B(x)$，器件归一化导电能力也随距离不断发生变化。据此，设计如图 4-42 所示的半超结结构。

图 4-43 所示为半超结优化机理，对比了引入超结结构前后器件导电特性的变化情况。超结结构的引入使得 N 条所在位置具有更高的掺杂浓度，同时引入前的结构具有

更大的电流面积及迁移率。采用 $\eta_C(x)$ 可定量分析引入超结结构前后 dx 位置的导电能力的变化情况。图 4-44 给出了不同超结掺杂浓度 N_{SJ} 条件下的 $\eta_C(x)$ 与 x 的变化关系，插图为优化 ES 掺杂分布 $N_B(x)$。由于源端的 $N_B(x)$ 较低，$\eta_C(x)$ 远大于 1，而靠近漏端的 $N_B(x)$ 高，因此整个漂移区中，$\eta_C(x)$ 将单调降低，甚至出现 $\eta_C(x)<1$ 的情况。显然，$\eta_C(x)=1$ 是该器件的优化设计条件，在该条件下可给出优化半超结长度 L_{SJ} 及对应最低比导通电阻 $R_{on,min}$。

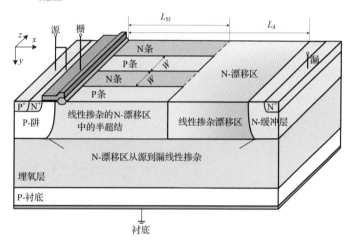

图 4-42 具有优化 ES 层的半超结结构

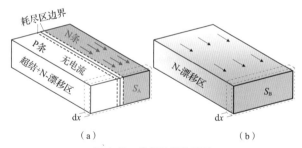

图 4-43 半超结优化机理

（a）重掺杂 $N_{SJ}+N_B(x)$；（b）大电流区域 S_B 与高迁移率 μ_B

图 4-45 给出器件 $R_{on,sp}$ 和 V_B 随不同 L_{SJ} 变化的仿真结果。与上述分析一致，由于 $\eta_C(x)$ 单调降低至小于 1，$R_{on,sp}$ 随 L_{SJ} 的增加呈现先降低后增加的趋势，优化点前，$\eta_C(x)>1$，超结的引入降低了 $R_{on,sp}$；而优化点后，$\eta_C(x)<1$，$R_{on,sp}$ 单调增加，这说明超结的引入反而使得器件特性恶化，体现了矛盾的对立统一。因此需辩证看待超结，超结不是放之四海而皆优的结构。图 4-45 中的所有 $R_{on,min}$ 都是在 $\eta_C(x)=1$ 的条件下获得的，证明了 $\eta_C(x)$ 优化的正确性。与 $R_{on,sp}$ 不同的是，一开始 V_B 随 L_{SJ} 的增加保持不变（约 470V），但当 $L_{SJ}>20\mu m$ 时，V_B 有所下降。这是由于靠近漏端衬底的 N

型 CCL 的掺杂浓度已经与 N_{SJ} 可比拟，其补偿作用使得靠近漏端的局部 P 区几乎被完全补偿，其余 N 区的三维耗尽效应削弱，漏端局部高掺杂区仅由衬底耗尽，从而导致局部非耗尽，器件耐压距离缩短，V_B 降低。

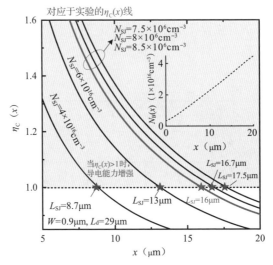

图 4-44　$\eta_C(x)$ 与 x 的变化关系

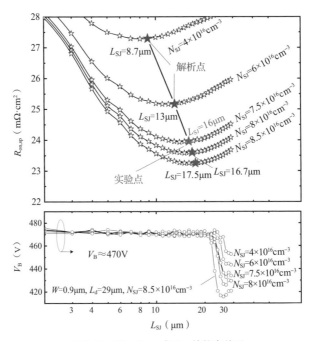

图 4-45　V_B、$R_{on,sp}$ 与 L_{SJ} 的仿真关系

采用 t_s 为 1μm、氧化层厚度为 3μm 的 SOI 材料，对上述半超结 LDMOS 器件进行

实验验证。半超结 LDMOS 器件的版图结构及显微照片如图 4-46 所示，其中 CCL 从源端到漏端线性增加，W 为 0.8μm。

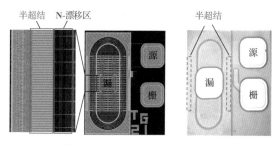

图 4-46　半超结 LDMOS 器件的版图结构及显微照片

图 4-47（a）给出了半超结器件、全超结器件和无超结器件的 V_B 测试结果，半超结器件和无超结器件的 V_B 几乎相等，分别为 464.3V、463.1V，证明半超结结构的引入对器件 V_B 无影响。全超结器件由于漏端耗尽削弱，其 V_B 降低至 426.6V，从插图给出的电场对比可以看出，全超结器件靠近漏端处的电场略有降低。图 4-47（b）给出了 3 种器件的输出特性曲线，结果证明半超结器件可在不牺牲 V_B 的条件下，有效降低 $R_{on,sp}$。

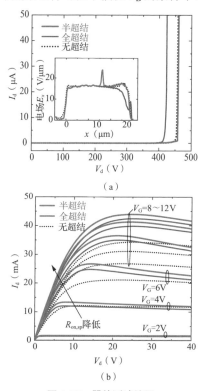

图 4-47　器件测试结果
（a）耐压特性；（b）输出特性

图 4-48 为不同 L_{SJ} 条件下，器件 V_B 和 $R_{on,sp}$ 的测试结果，结果显示的变化规律与图 4-45 中的仿真结果一致，$R_{on,min}$ 在 L_{SJ}=16μm 时取得，对应于图 4-44 中 η_C=1 的优化设计条件，证明了本节归一化导电分析方法的正确性。

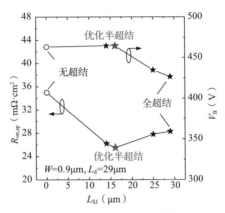

图 4-48 V_B 和 $R_{on,sp}$ 与 L_{SJ} 的关系

图 4-49 对比了上述半超结实验结果与已有相关研究中的超结特性。本节给出的优化半超结结构在 V_B=464.3V 的条件下取得，$R_{on,sp}$ 降低至 25.5mΩ·cm²，与同等 V_B 下的三重 RESURF 理论极限相比，降低了 37.7%。

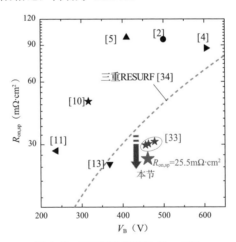

图 4-49 不同超结器件的 $R_{on,sp}$ 对比

4.5.4 超结 $R_{on,sp} \propto V_B^{1.03}$ 关系初步实验

由于满足理想衬底条件的横向超结的耐压特性与纵向超结的一致，因此本节将通过横向超结对 $R_{on,sp} \propto V_B^{1.03}$ 极限关系进行间接实验验证，只需横向超结满足理想衬底条件，同时将横向超结测试的 $R_{on,sp}$ 换算为对应纵向超结的 $R_{on,sp}$ 即可。式（3-26）将 W

和 V_B 作为初始条件，给出 $R_{on,min}$ 条件下对应的 L_{SJ} 和 N_{SJ}。不同的 N_{SJ} 拉偏会导致不同的 L_{SJ}。考虑到横向超结位于 ES 上方，且工艺中衬底先于超结形成，本节首先给出给定 W_{SJ} 和 L_{SJ} 条件下，$R_{on,min}$ 对应的 N_{SJ} 的设计公式，通过工艺拉偏不同的 N_{SJ} 即可实现超结从 FD 模式到 NFD 模式的转变，验证 $R_{on,sp} \propto V_B^{1.03}$ 关系。

采用最小二乘法，获得 $0.5\mu m < W_{SJ} < 10\mu m$ 且 $2W_{SJ} < L_{SJ} < 100\mu m$ 范围内优化掺杂浓度 N_{op} 的设计公式：

$$N_{op} = \exp(38.42 W_{SJ}^{-0.034} L_{SJ}^{0.0011}) \quad （cm^{-3}） \tag{4-31}$$

其中，W_{SJ}、L_{SJ} 的单位为 μm。

图 4-50 给出不同 L_{SJ} 条件下，N_{op} 随 W_{SJ} 的变化情况。N_{op} 主要由 W_{SJ} 决定，且随 L_{SJ} 的增加略微增加。实验中，$W_{SJ}=0.8\mu m$。工艺仿真表明，当超结注入剂量 D_{SJ} 从 $1\times10^{12}cm^{-2}$ 增加到 $1.6\times10^{12}cm^{-2}$ 时，对应掺杂浓度 N_{SJ} 逐渐增加至式（4-31）预测的 N_{op}。

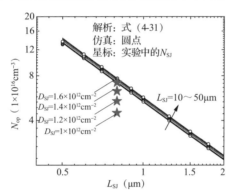

图 4-50　N_{op} 随 W 与 L_{SJ} 的变化情况

当器件的 V_B 较低时，除了超结区电阻外，沟道电阻的影响不能忽略。为了减少沟道电阻的影响，设计了如图 4-51 所示的具有不同 L_{SJ} 的横向超结器件，其中 L_{SJ} 从 $4\mu m$ 逐渐增加到 $22\mu m$，版图中其他参数保持不变，L_{SJ} 为唯一变量。

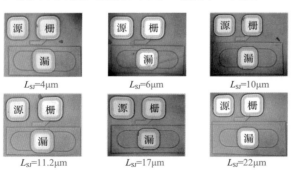

图 4-51　具有不同 L_{SJ} 的横向超结器件的显微图片

器件导通电阻 R_{on} 的测试结果如图 4-52 所示，显然 R_{on} 与 V_B 呈线性关系，即 $R_{on} = R_V + cV_B$。R_V 表示超结区域外的其他可变电阻，为 R_{on}-V_B 曲线与纵坐标的截距。因此，超结的电阻 $R_{SJ} = R_{on} - R_V$。不同栅压下，器件 R_{on}-V_B 曲线为一族具有相同斜率 c 及不同纵坐标截距 R_V 的曲线，从而可根据实测数据获得 R_{SJ}。对应的 $R_{on,sp} = tzR_{SJ}$，其中 t 为漂移区厚度，z 为漂移区宽度。

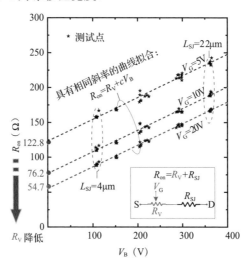

图 4-52 不同栅压 V_G 下 $R_{on,sp}$ 与 V_B 的线性关系

图 4-53 给出超结器件的 $R_{on,sp}$-V_B 关系，并将该测试结果与第 3 章 $R_{on,sp}$-V_B 关系对比。图 4-53 中给出了 N_{SJ} 逐渐增加时，W_{SJ} 和 L_{SJ} 分别为 0.8μm 和 10μm 的超结器件的 $R_{on,sp}$-V_B 关系。随着 N_{SJ} 增加，V_B 几乎保持 PIN 器件最高击穿电压不变，$R_{on,sp}$ 急剧降低。当 N_{SJ} 浓度接近 N_{max} 时，$R_{on,sp}$ 几乎保持不变而 V_B 迅速降低，该 $R_{on,sp}$-V_B 曲线与 $R_{on,sp} \propto V_B^{1.32}$ 有两个交点，分别对应低 R-阱的低浓度和高浓度一侧的非优化点。此外，$R_{on,sp}$-V_B 曲线与 $R_{on,sp} \propto V_B^{1.03}$ 有唯一交点，对应 $R_{on,min}$ 设计。图 4-53 中星号为 L_{SJ} 分别为 10μm 和 11.2μm 时，$R_{on,sp}$ 的测试结果。随着超结注入剂量 D_{SJ} 增加，当 $D_{SJ}=1\times10^{12}\text{cm}^{-2}$ 时，$R_{on,sp}$ 靠近 FD 模式的 $R_{on,sp} \propto V_B^{1.32}$ 曲线；当 $D_{SJ}=1.6\times10^{12}\text{cm}^{-2}$ 时，$R_{on,sp}$ 靠近 NFD 模式的 $R_{on,sp} \propto V_B^{1.03}$ 曲线，对应于 $R_{on,min}$。可以看出，相同 L_{SJ} 条件下，NFD 模式超结的 V_B 较 FD 模式的略有降低，通过适当增加 L_{SJ} 可补偿 N_{SJ} 对 V_B 的不利影响，当 L_{SJ} 为 11.2μm 时，NFD 模式的超结具有与 FD 模式的超结相同的 V_B 及更低的 $R_{on,sp}$。综上，实验证明了 $R_{on,sp} \propto V_B^{1.03}$ 这一新关系。

图 4-54 对比了 NFD 模式和 FD 模式下，超结器件的击穿特性曲线与输出特性曲线。与 FD 模式的超结相比，NFD 模式的超结具有显著提高的 N_{SJ} 与略微增加的 L_{SJ}，其 $R_{on,sp}$ 从 3.63Ω·mm² 降低到 2.98Ω·mm²，降低了 17.9%，且 V_B 从 222V 增加到了 225V，

证明了前述理论与物理概念的正确性。

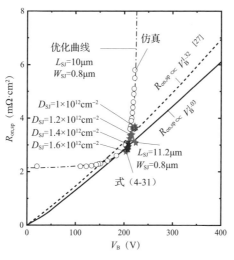

图 4-53　$R_{on,sp}$-V_B 关系

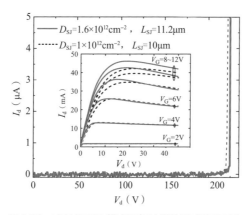

图 4-54　NFD 和 FD 模式下超结器件测试结果对比

参 考 文 献

[1]　NASSIF-KHALIL S G, SALAMA C A T. Super junction LDMOST in silicon-on-sapphire technology (SJ-LDMOST) [C] // 2002 IEEE 14th International Symposium on Power Semiconductor Devices and IC's. IEEE, 2002: 81-84.

[2]　ZHANG B, WANG W, CHEN W, et al. High-voltage LDMOS with charge-balanced surface low on-resistance path layer [J]. IEEE Electron Device Letters, 2009, 30(8): 849-851.

[3]   PARK I Y, SALAMA C A T. CMOS compatible super junction LDMOST with N-buffer layer [C] // 2005 IEEE 17th International Symposium on Power Semiconductor Devices and IC's. IEEE, 2005: 163-166.

[4]   RUB M, BAR M, DEML G, et al. A 600V 8.7Ohmmm^2 lateral superjunction transistor [C] // 2006 IEEE 18th International Symposium on Power Semiconductor Devices and IC's. IEEE, 2006: 1-4.

[5]   DUAN B X, YANG Y T, ZHANG B. New superjunction LDMOS with N-type charges' compensation layer [J]. IEEE Electron Device Letters, 2009, 30(3): 305-307.

[6]   QIAO M, HU X, WEN H J, et al. A novel substrate-assisted RESURF technology for small curvature radius junction [C] // 2011 IEEE 23rd International Symposium on Power Semiconductor Devices and IC's. IEEE, 2011: 16-19.

[7]   CAUGHEY D M, THOMAS R E. Carrier mobilities in silicon empirically related to doping and field [J]. Proceedings of the IEEE, 1967, 55(12): 2192-2193.

[8]   DISNEY D, DOLNY G. JFET depletion in superjunction devices [C] // 2008 IEEE 20th International Symposium on Power Semiconductor Devices and IC's. IEEE, 2008: 157-160.

[9]   NASSIF-KHALIL S G, HOU L Z, SALAMA C A T. SJ/RESURF LDMOST [J]. IEEE Transactions on Electron Devices, 2004, 51(7): 1185-1191.

[10]   HONARKHAH S, NASSIF-KHALIL S, SALAMA C A T. Back-etched super-junction LDMOST on SOI [C] // Proceedings of the 30th European Solid-State Circuits Conference. IEEE, 2004: 117-120.

[11]   LIN M J, LEE T H, CHANG F L, et al. Lateral superjunction reduced surface field structure for the optimization of breakdown and conduction characteristics in a high-voltage lateral double diffused metal oxide field effect transistor [J]. Japanese Journal of Applied Physics, 2003, 42(12): 7227-7231.

[12]   QIAO M, WU W J, ZHANG B, et al. A novel substrate termination technology for lateral double-diffused MOSFET based on curved junction extension [J]. Semiconductor Science and Technology, 2014, 29(4): 39-50.

[13]   DUAN B X, CAO Z, YUAN X N, et al. New superjunction LDMOS breaking silicon limit by electric field modulation of buffered step doping [J]. IEEE Electron Device Letters, 2015, 36(1): 47-49.

[14] GAN K P, YANG X, LIANG Y C, et al. A simple technology for superjunction device fabrication: Polyflanked VDMOSFET [J]. IEEE Electron Device Letters, 2002, 23(10): 627-629.

[15] CHEN Y, BUDDHARAJU K D, LIANG Y C, et al. Superjunction power LDMOS on partial SOI platform [C] // 2007 IEEE 19th International Symposium on Power Semiconductor Devices and IC's. IEEE, 2007: 177-180.

[16] ZHANG B, LI Z, HU S, et al. Field enhancement for dielectric layer of high-voltage devices on silicon on insulator [J]. IEEE Transactions on Electron Devices, 2009, 56(10): 2327-2334.

[17] MERCHANT S, ARNOLD E, BAUMGART H, et al. Realization of high breakdown voltage (>700V) in thin SOI devices [C] // 1991 IEEE 3rd International Symposium on Power Semiconductor Devices and IC's. IEEE, 1991: 31-35.

[18] ZHANG S D, SIN J K O, LAI T M L, et al. Numerical modeling of linear doping profiles for high-voltage thin-film SOI devices [J]. IEEE Transactions on Electron Devices, 1999, 46(5): 1036-1041.

[19] GROVE A S. Physics and technology of semiconductor devices [M]. New York: John Wiley&Sons, 1967: 193.

[20] ZHU R, KHEMKA V, KHAN T, et al. A high voltage super-junction NLDMOS device implemented in 0.13μm SOI based smart power IC technology [C] // 2010 IEEE 22nd International Symposium on Power Semiconductor Devices and IC's. IEEE, 2010: 79-82.

[21] AMBERETU M A, SALAMA C A T. 150V class superjunction power LDMOS transistor switch on SOI [C] // 2002 IEEE 14th International Symposium on Power Semiconductor Devices and IC's. IEEE, 2002: 101-104.

[22] LETAVIC T, ARNOLD E, SIMPSON M, et al. High performance 600V smart power technology based on thin layer silicon-on-insulator [C] // 1997 IEEE 9th International Symposium on Power Semiconductor Devices and IC's. IEEE, 1997: 49-52.

[23] STOISIEK M, OPPERMANN K G, SCHWALKE U, et al. A dielectric isolated high-voltage IC-technology for off-line applications [C] // 1995 IEEE 7th International Symposium on Power Semiconductor Devices and IC's. IEEE, 1995: 325-329.

[24] HARA K J, KAKEGAWA T, WADA S, et al. Low on-resistance high voltage thin layer SOI LDMOS transistors with stepped field plates [C] // 2017 IEEE 29th

International Symposium on Power Semiconductor Devices and IC's. IEEE, 2017: 307-310.

[25] QIAO M, ZHUANG X, WU L J, et al. Breakdown voltage model and structure realization of a thin silicon layer with linear variable doping on a silicon on insulator high voltage device with multiple step field plates [J]. Chinese Physics B, 2012, 21(10): 108502-1-108502-8.

[26] WANG Z J, CHENG X H, HE D W, et al. Realization of 850V breakdown voltage LDMOS on Simbond SOI [J]. Microelectronic Engineering, 2012, 91: 102-105.

[27] BHATNAGAR M, BALIGA B J. Analysis of silicon carbide power device performance [C] // 1991 IEEE 3rd International Symposium on Power Semiconductor Devices and IC's. IEEE, 1991: 176-180.

[28] CHEN X B , SIN J K O. Optimization of the specific on-resistance of the COOLMOS™ [J]. IEEE Transactions on Electron Devices, 2001, 48(2): 344-348.

[29] FULOP W. Calculation of avalanche breakdown voltages of silicon p-n junctions [J]. Solid-State Electronics, 1967, 10(1): 39-43.

[30] SZE S M, NG K K. Physics of semiconductor devices [M]. New York: John Wiley&Sons, 2006.

[31] ZHANG B, ZHANG W T, LI Z H, et al. Equivalent substrate model for lateral super junction device [J]. IEEE Transactions on Electron Devices, 2014, 61(2): 525-532.

[32] ZHANG W T, LI L, QIAO M, et al. A novel high voltage ultra-thin SOI-LDMOS with sectional linearly doped drift region [J]. IEEE Electron Device Letters, 2019, 40(7): 1151-1154.

[33] ZHANG W T, PU S, LAI C L, et al. Non-full depletion mode and its experimental realization of the lateral superjunction [C] // 2018 IEEE 30th International Symposium on Power Semiconductor Devices and IC's. IEEE, 2018: 475-478.

[34] IQBAL M M H, UDREA F, NAPOLI E. On the static performance of the RESURF LDMOSFETS for power ICs [C] // 2009 IEEE 21st International Symposium on Power Semiconductor Devices and IC's. IEEE, 2009: 247-250.

第 5 章　典型超结器件结构

超结是一种创新型的耐压层结构。在关态下，超结实现矩形电势场，缩短耐压距离。在开态下，若用于单极导电类器件中，超结的高掺杂元胞区可提供大量平衡载流子，降低 $R_{on,sp}$；若用于双极导电类器件中，超结的 N 区和 P 区可同时参与导电，甚至出现"准单极异位输运"模式，改善器件性能。各种超结器件可被视为具有超结耐压层与低压控制结构的串联结构。目前，共有纵向与横向两大类超结功率半导体器件。功率半导体领域呈现出一代耐压层与一代器件逐代发展的发展模式。本章将介绍超结器件典型制造工艺及超结耐压层在纵向与横向两类器件中的拓展情况，并重点介绍超结 IGBT 器件、宽禁带超结器件、高 K 耐压层及器件新结构，展示超结耐压层在功率半导体器件中的发展演变。

5.1　纵向超结器件结构

5.1.1　超结器件典型制造工艺

制造超结器件时需要在耐压层内部引入异型掺杂，该过程在实现时有一定难度。制造超结耐压层的典型工艺根据 P 区形成方式的不同可简单划分为三大类：多次外延掺杂工艺，即多次外延形成耐压层，并在每次外延层中形成 P 型掺杂或者 N 型和 P 型两型掺杂；刻槽掺杂工艺，包括刻槽外延 P 型掺杂、刻槽槽壁气相掺杂和刻槽倾斜注入掺杂；多次注入工艺，以不同能量注入来形成 P 区。

超结器件制造工艺的难点源于常规半导体掺杂工艺，如离子注入和扩散等都是在整个材料的表面进行操作的，这样所形成的掺杂分布也在器件的表面。但超结器件需要在耐压层中引入具有较大深宽比的 P 型掺杂，所以制造超结器件的一种可行思路是将器件的"内部"变成"表面"。通过多次外延工艺形成器件时，每次外延都形成一个器件的上表面，从而可以在每个外延层中以离子注入或扩散的方式形成掺杂。整个器件制造完成后，这些不同"表面"的掺杂就位于器件的体内了。

如图 5-1 所示，在多次外延掺杂工艺中，可以采取两种实现方法：第一种方法是每次外延一定浓度的 N 型掺杂，然后仅引入 P 型掺杂并与原有的 N 型掺杂分别形成超结的 N 区和 P 区[1-5]，如图 5-1（a）所示；第二种方法是使每次外延的浓度较低，然后同时引入 N 型和 P 型两种掺杂，分别形成超结的 N 区和 P 区[6-8]，如图 5-1（b）所示。为保持超结两区的电荷平衡，第一种工艺要使得引入的 P 型掺杂对原有的 N 型掺杂进行补偿后，剩余净电荷与 N 区电荷保持电荷平衡；第二种工艺则可以通过控制注入剂量与窗口等来使得两区电荷平衡得以满足。所以第二种工艺可以更好地控制均匀性，不过需要多添加一次光刻板与注入。同时可以看出，采用多次外延工艺实现超结时，每次外延时的外延层厚度相对固定，外延次数将随着器件 V_B 的增大而增多，导致成本增加。多次外延工艺的优点是形成的超结耐压层为较均匀的单晶结构，缺陷与界面态较其他工艺的更少。

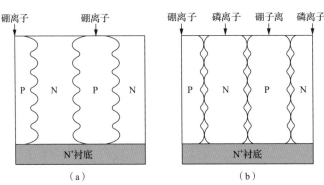

图 5-1　多次外延掺杂工艺
（a）仅引入 P 型掺杂；（b）同时引入 N 型与 P 型掺杂

　　另一种将器件"内部"变成"表面"的思路是采用刻槽掺杂工艺，如图 5-2 所示。图 5-2（a）给出深槽刻蚀后的耐压层结构。通过在超结耐压层中刻蚀形成一定深宽比的槽，即可对耐压层内部进行掺杂。主要有以下几种实现方法。第一种方法是在槽内外延填充 P 型硅[9-18]，然后采用化学机械抛光来实现超结耐压层；还可以在槽壁上形成薄氧化层结构，再进行多晶硅填充来形成耐压层[19]，抛光后的耐压层如图 5-2（b）所示。第二种方法是采用倾斜注入，分别在槽壁上形成 N 区和 P 区[20-21]，这样可以控制 N 型和 P 型杂质的注入剂量来实现电荷平衡，如图 5-2（c）所示。第三种方法如图 5-2（d）所示，通过对槽壁气相掺杂来形成 P 区[22-25]。后两种方法的共同点都是对槽壁进行掺杂，然后在槽内填充介质层，共同形成耐压层结构。此外，还可以在槽壁选择外延薄层 N 型与 P 型硅[26]，或者直接通过 P 型掺杂扩散[27-28]来形成超结耐压层。与多次外延工艺相比，采用深槽刻蚀及外延填充工艺制造的超结耐压层更易实现较小的深宽比，同时形成的超结 N 区与 P 区的掺杂分布也较均匀，有利于 $R_{on,sp}$ 的降低。

　　由于离子注入的深度随注入能量的增加而增加，出现了另一种超结耐压层的实现方法。图 5-3 所示是通过多次注入不同能量的 P 型杂质来形成超结耐压层的工艺，通过控制注入能量可形成不同的注入结深，进而形成超结 P 区[29-33]。该工艺一般在形成耐压为

30～100V 的纵向超结时采用，在最高注入能量约为 1.5～2MeV 的条件下，形成注入深度为 2.5～3μm 的纵向超结耐压层。如果采用更高能量（如 25MeV），也可以形成耐压为 550V 的器件，但掩膜的制造也更加复杂[34]。

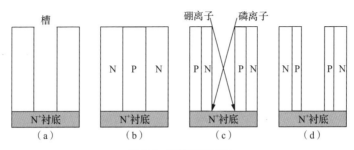

图 5-2　刻槽掺杂工艺
（a）深槽刻蚀；（b）外延填充；（c）倾斜注入；（d）气相掺杂

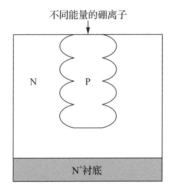

图 5-3　P 型杂质多次注入工艺

除以上典型工艺外，研究者们还提出中子嬗变掺杂[35]以及采用两块导电类型相反的材料进行刻槽，再用对合进行直接键合的工艺[36]。

自从 1998 年通过多次外延工艺成功研制超结以来，人们提出了如前所述实现超结耐压层的各种工艺，不断追求将超结的 $R_{on,sp}$ 降得更低。人们对 V_B 为 30～1000V 甚至 1200V 的超结器件进行了大量的研究，部分研究结果如图 5-4 所示。当 V_B<100V 时，所需耐压层长度较短，因此耐压层主要通过直接注入的方式实现，在该情况下，最优结果通过缩小元胞尺寸获得[32]，注入形成的 P 区宽度仅为 0.7～1μm；当 V_B 为 100～500V 时，耐压层主要通过刻槽填充、倾斜注入或者气相掺杂的方式实现，在该情况下，最优结果通过大深宽比刻槽填充工艺[12]获得，填充时采用含有硅与氯元素的气体源实现无间隙填充；当 V_B>500V 时，耐压层主要通过多次外延或者刻槽填充工艺实现，在该情况下，最优结果仍然通过刻槽填充工艺[14]获得，耐压层 P 区与 N 区的宽度分别为 1.3μm 与 1.7μm。多次外延工艺的最好结果是以同时注入 N 型和 P 型杂质的方式将元胞宽度缩小为 12μm[8]。

超结在不同 V_B 级别上都实现了对 $R_{on,sp} \propto V_B^{2.5}$ 关系的突破，且随着 V_B 增加，超结的优势更加明显。V_B 较低时，$R_{on,sp}$ 本身较低，而 V_B 较高时，超结的优势非常明显。以文献[14]中的结果为例，V_B=685V 的超结器件的 $R_{on,sp}$ 仅为 7.8mΩ·cm²，而相同 V_B 下常规结构器件的 $R_{on,sp}$ 极限为 101.9mΩ·cm²，超结器件的 $R_{on,sp}$ 比该值降低了一个数量级，其作为"里程碑"器件之优势展露无遗。

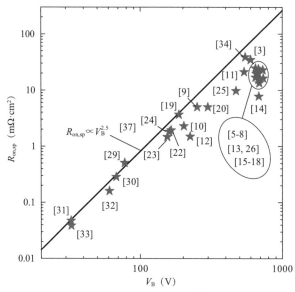

图 5-4　超结实验结果与 $R_{on,sp} \propto V_B^{2.5}$ 关系比较[37]

5.1.2　纵向超结器件新结构

对超结功率 MOS 器件而言，大量新结构致力于如何利用兼容工艺改善器件特性，图 5-5 给出几种改善器件特性的典型结构。在超结 VDMOS 中，大量载流子存储在超结的 N 区、P 区内，这将导致器件反向恢复电荷多、EMI 噪声高、功耗高。图 5-5（a）所示为集成肖特基结的超结 VDMOS。肖特基结的反向抽取作用削弱了载流子存储效应，有效改善了超结体二极管的反向回复特性[38]。如果将超结耐压层用于二极管结构，则形成如图 5-5（b）和图 5-5（c）所示的超结肖特基势垒二极管（Schottky Barrier Diode，SBD）和超结结势垒肖特基整流器（Junction Barrier Schottky Rectifier，JBS）结构[39]。由于超结区的掺杂浓度很高，肖特基结开启后有更小的正向压降和更大的电流密度。同时由于反向阻断状态下，P 区之间的 N-漂移区的耗尽区重叠形成势垒，使得器件反向漏电流降低。超结 SBD 器件还可采用槽型电极结构来降低肖特基接触位置的电场，降低反向漏电。器件 W 的进一步缩小，可能导致超结两个 P 条之间距离过小，难以形成沟道区，因此提出如图 5-5（d）所示的沟道与超结元胞相垂直的结构[40]。该结构适用于窄元胞器件，降低沟道区工艺难度。此外还可以通过版图优化减少部分沟道区面积，以实现更低的 EMI 噪声[41]。超结制造过程中的困难是 N 区、P 区之间的杂质扩散，图 5-5（e）所示的槽型 VDMOS 的提出避免了这个问题[42]。氧化层不仅有效地阻止了杂质扩散，还引入了耗尽效应，降低了 $R_{on,sp}$。

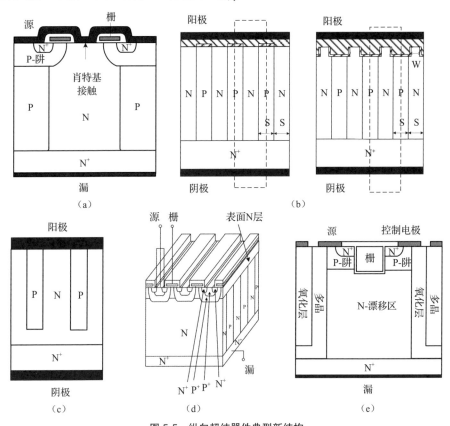

图 5-5　纵向超结器件典型新结构
（a）集成肖特基结的超结 VDMOS；（b）超结 SBD；（c）超结 JBS；
（d）沟道与超结元胞相垂直的结构；（e）槽型 VDMOS

5.2　横向超结器件结构

5.2.1　抑制 SAD 效应的典型方法

横向超结器件的发展重点主要集中在如何抑制 SAD 效应，SAD 效应的理论分析详见 4.1 节和 4.2 节。抑制 SAD 效应的基本途径是使 ES 满足理想衬底条件。基于此，各种不同器件新结构出现了。抑制 SAD 效应的典型方法有两种。第一种方法是采用特殊衬底，如采用蓝宝石衬底或者刻蚀消除硅衬底，两者的共同点都是消除衬底电位对表面超结区的影响，解决纵向 V_B 低的问题。第二种方法的基本思路是电荷补偿，通过在耐压层中引入补偿电荷，与衬底电离电荷保持电荷平衡从而抑制 SAD 效应的影响。从空间维度可以分为：x 方向补偿，主要是通过在超结区下方添加深 N-阱或者 N-缓冲层的形式实现；y 方向补偿，超结区靠近源区，漏区为单一掺杂的 N 型掺杂。特别是对于 SOI 器件，为解决其 V_B 较低的问题，可以采用局部薄层结构；z 方向补偿，通过设计使超结 N 区和 P 区为非对称形状来实现补偿，与纵向超结器件类似，P 区亦可采用高 K 介质。

5.2.2 横向超结器件新结构

具有蓝宝石衬底的超结 LDMOS 如图 5-6（a）所示[43]。该结构利用绝缘衬底抑制 SAD 效应，但是蓝宝石的成本高且不利于给衬底施加电位，同时，蓝宝石-硅的界面特性差，所以蓝宝石的应用受到限制。图 5-6（b）所示为刻蚀消除硅衬底的器件[44]。该方法可以很好地抑制 SAD 效应，但也具有工艺不兼容或者材料成本高的特点。

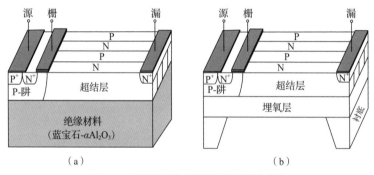

图 5-6　消除衬底影响的横向超结器件结构
（a）蓝宝石衬底；（b）硅衬底刻蚀消除

抑制 SAD 效应的方式还有电荷补偿。通过在耐压层中引入补偿电荷，与衬底电离电荷保持电荷平衡，从而抑制 SAD 效应。图 5-7 所示为典型的采用电荷补偿抑制 SAD 效应的横向超结器件结构。图 5-7（a）和图 5-7（b）所示为在 x 方向上的补偿，主要是通过在超结区下方添加深 N-阱或者 N-缓冲层的形式来实现[45-47]。图 5-7（c）给出了一种具有非均匀埋层的超结 LDMOS 结构[48]。由于 SAD 效应从源侧到漏侧逐渐增强，因此可以通过引入从源侧到漏侧掺杂剂量逐渐增加的 N-埋层来实现对超结层的杂质补偿，达到比常规超结 LDMOS 高的 V_B。横向超结器件的 CCL 还可以采用阶梯杂质分布形式，使得靠近漏端的 CCL 掺杂浓度更高。图 5-7（d）给出具有两区掺杂的横向超结器件结构[49]，阶梯掺杂 CCL 可以在阶梯处引入新的电场峰值，从而优化表面电场以提高器件 V_B。

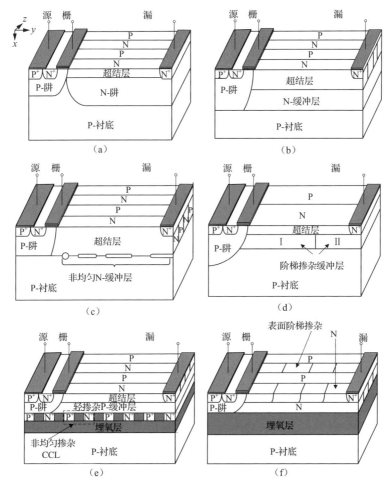

图 5-7 电荷补偿抑制 SAD 效应的横向超结器件结构

（a）具有 x 方向 N-阱补偿的超结器件；（b）具有 x 方向 N-缓冲层补偿的超结器件；（c）具有 y 方向非均匀 N-缓冲层补偿的超结器件；（d）具有 y 方向阶梯掺杂缓冲层补偿的超结器件；（e）具有 y 方向非均匀掺杂 CCL 补偿的超结器件；（f）具有 y 方向表面阶梯掺杂补偿的超结器件

图 5-7（e）给出具有 NFD 补偿层的槽型横向超结器件[50]，通过每个介质槽两边的 N+ 和 P+ 的部分电离电荷实现电荷补偿，以抑制 SAD 效应。图 5-7（f）中的结构则是通过在器件表面引入阶梯 N 型掺杂，在增加 N 区电导率的同时优化器件表面电场分布[51]。图 5-8（a-b）为 y 方向补偿[52-55]，超结区靠近源端。由于在漏端，SAD 效应更严重，N 型杂质不足，因此在漏端附近用单一的 N⁻ 耐压层来代替 P 区、N 区交替排列的超结。特别是对于 SOI 器件，为解决其 V_B 较低的问题，可以采用局部薄层结构。图 5-8（c-d）为 z 方向补偿[56-59]，通过设计使超结 N 区和 P 区为非对称形状来实现补偿，与纵向超结器件类似，P 区亦可采用高 K 介质。图 5-8（e-f）为 x、y 方向补偿[60-61]，

这可以更好地实现电荷平衡。

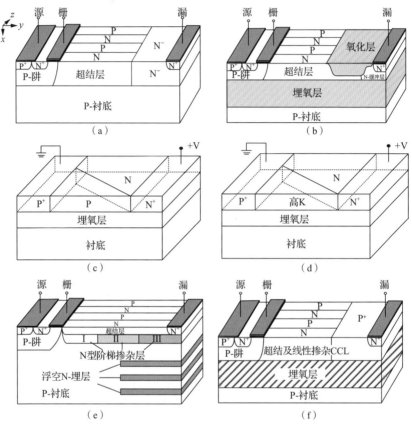

图 5-8 电荷补偿横向超结结构
（a-b）*y* 方向补偿；（c-d）*z* 方向补偿；（e-f）*x*、*y* 方向补偿

5.3 超结 IGBT 器件

在 1.1 节中，超结结型耐压层被视为将 PN 结反向耗尽效应引入传统阻型耐压层而形成的新型耐压层结构。更进一步地，如果将 PN 结正向注入效应引入阻型耐压层，则会形成电导调制型耐压层，典型结构如图 5-9（a）所示。阻型耐压层中"硅极限" $R_{\text{on,sp}}$ $\propto V_{\text{B}}^{2.5}$ 的根源是开态时所有参与导电的载流子与关态时不可移动的电离电荷之间存在一一对应的关系，且关态时所有电离电荷产生的电场线均终止于器件表面。如果将 PN 结正向注入效应引入阻型耐压层，开态时大注入过剩载流子可产生电导调制效应，使耐压层中载流子浓度远高于掺杂浓度，从而打破这种一一对应关系，形成新一类耐压层。此外，当器件关断时，所有大注入过剩载流子不可能迅速消失，可能存在电流"拖尾"现象，从而增大关断损耗 E_{off}，因此正向压降 V_{A} 和 E_{off} 是 IGBT 的基本矛盾。

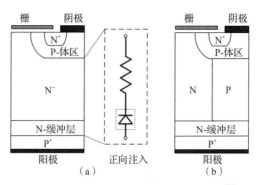

图 5-9　IGBT 耐压层概念与超结 IGBT 结构[62]
（a）IGBT 耐压层概念；（b）超结 IGBT 结构

将结型耐压层引入 IGBT 可实现如图 5-9（b）所示的超结 IGBT 结构，在实现过程中，为了防止阳极 P⁺和超结 P 区直接连通，一般构造成 FS 型器件。超结耐压层中同时存在高掺杂的 N 区和 P 区，它们在开态时可显著影响载流子分布，可能出现电子和空穴分别流经 N 区和 P 区的准单极异位运动模式。同时在器件关断过程中，器件关断时间可能由于 PN 结反向抽取作用而显著降低。

5.3.1　准单极异位输运模式

当栅压大于阈值电压且阳极电压超过 0.7V 时，超结 IGBT 处于正向导通状态，空穴由阳极注入耐压层（漂移区）内。超结 IGBT 的 *I-V* 特性与 FS IGBT 的类似，但是由于 P 区的加入使两者有所不同：超结 IGBT 内的 PNP 可被视为窄基区 PNP 和宽基区 PNP 的并联；由于超结 IGBT 的 N/P 两区的掺杂浓度远高于常规 IGBT 的施主杂质浓度，这将影响导通状态下的载流子浓度分布。图 5-10 和图 5-11 给出了 N/P 两区掺杂浓度不同的超结 IGBT 在导通状态下的空穴电流和电子电流分布。根据 N/P 两区掺杂浓度不同，电流分布可以分为以下 3 种情况。

第一种情况，N/P 两区均为高掺杂浓度（N_N=N_P=1×10¹⁶cm⁻³），由于 P 区的电阻值很小，空穴刚注入漂移区就被 P 区收集，空穴经 P 区流向阴极，相应地，电子经 N 区流向阳极，因此漂移区内的电流主要表现为多数载流子的单极传导，如图 5-10（a）和图 5-11（a）所示。

第二种情况，N/P 两区为中等掺杂浓度（N_N=N_P=3×10¹⁵cm⁻³），空穴注入漂移区后逐渐被 P 区收集，漂移区在靠近阳极处存在电导调制作用，但其调制作用从阳极到阴极逐渐变弱，在靠近阴极处转变到单极传导。因此，在漂移区内从阳极到阴极，表现为从双极传导到单极传导的转变，如图 5-10（b）和图 5-11（b）所示。

第三种情况，N/P 两区为低掺杂浓度（N_N=N_P=1×10¹⁴cm⁻³），由于 N/P 两区浓度很低，与常规 IGBT 相似，整个漂移区都为电导调制状态的双极传导，如图 5-10（c）和图 5-11（c）所示。

综上所述，随着 N/P 两区掺杂浓度的增高，超结 IGBT 漂移区内的电流输运逐渐由双极传导向单极传导转变。此外，P 型阳极的浓度越高，注入效率越高，漂移区电导调制越明显，双极传导比重越大。

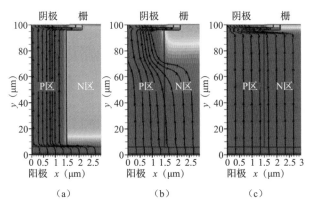

图 5-10　正向导通状态下超结 IGBT 的空穴电流分布
（a）$N_N=N_P=1\times10^{16}cm^{-3}$；（b）$N_N=N_P=3\times10^{15}cm^{-3}$；（c）$N_N=N_P=1\times10^{14}cm^{-3}$

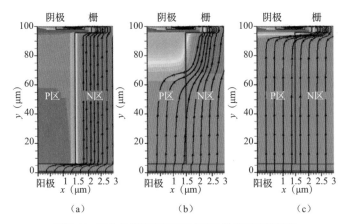

图 5-11　正向导通状态下超结 IGBT 的电子电流分布
（a）$N_N=N_P=1\times10^{16}cm^{-3}$；（b）$N_N=N_P=3\times10^{15}cm^{-3}$；（c）$N_N=N_P=1\times10^{14}cm^{-3}$ [62]

超结 IGBT 的 E_{off} 与导通时漂移区内载流子浓度的分布有关，图 5-12 给出超结 IGBT 在 N/P 两区掺杂浓度不同时的几种比较：相同 E_{off} 时的正向压降 V_A 比较、相同 V_A 时的 E_{off} 比较、5%非平衡电荷时的 V_B 退化比较。为保证具有相同的 V_B，超结 IGBT 的耐压层厚度为 100μm，同时图 5-12 中也给出了硅片厚度为 100μm 和 120μm 的常规 IGBT 作为对比。可以看出，相比于常规 IGBT，超结 IGBT 在 N/P 两区较低掺杂浓度（N_N=N_P≤$2×10^{14}$cm^{-3}）和较高掺杂浓度（N_N=N_P≥$3×10^{15}$cm^{-3}）下的 V_A 和 E_{off} 都较低，而在中等掺杂浓度下的 V_A 和 E_{off} 都较大。

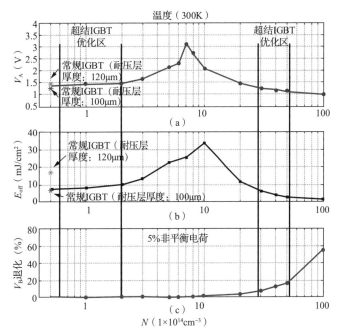

图 5-12   超结 IGBT 在 N/P 两区不同掺杂浓度下的几种比较
（a）相同 E_{off} 时的 V_A 比较；（b）相同 V_A 时的 E_{off} 比较；
（c）5%非平衡电荷时的 V_B 退化比较[62]

掺杂浓度较低时，超结 E_{off} 降低的原因是超结将传统阻型耐压层的梯形电势场分布变为矩形分布，相同 V_B 下漂移区长度显著减小，因此关断时过剩载流子数量减少。掺杂浓度较高时，漂移区为准单极模式。

为研究 N/P 两区的掺杂浓度对超结 IGBT 特性的影响，对具有 50μm 漂移区的槽栅超结 IGBT 进行仿真。图 5-13 所示为 N/P 两区为不同掺杂浓度、导通压降为 1V 时，超结 IGBT 中 P 区的空穴浓度分布。在 N/P 两区为低掺杂浓度时，漂移区载流子浓度分布与常规 IGBT 的几乎一样，整个漂移区处于双极传导状态；在 N/P 两区为高掺杂浓度时，漂移区内载流子浓度分布均匀，仅在靠近阳极的局部区域内产生双极输运效应，因此存储的载流子数最少；然而，在中等掺杂浓度时，漂移区靠近阳极区域的载流子浓度最高，该区域注入的少子空穴较多。

传统 IGBT 器件中过剩载流子输运到靠近源端后被反向 PN 结抽取，因此被抽取后过剩载流子浓度几乎为 0。大注入过剩载流子后，在漂移区中从阳极至阴极，过剩载流子的浓度逐渐单调降低至 0。因此 IGBT 中靠近阴极的区域为"弱调制区"，超结的引入在漂移区中引入了贯穿漂移区的反向 PN 结，可以对注入的过剩载流子产生抽取。低掺杂浓度时，抽取作用很弱，体现为双极输运模式；高掺杂浓度时，抽取作用很强，漂移区全域几乎为单极输运模式；中等掺杂浓度时，漂移区仅有一部分过剩载流子被抽取，浓度降低为 0，这可等效为缩短了过剩载流子的输运距离，因此，靠近阳极一侧的注入增强，这些靠近阳极的更高浓度的过剩载流子将增加 E_{off}。

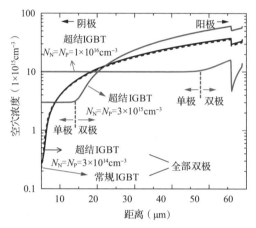

图 5-13　超结 IGBT 中 P 区的空穴浓度分布

图 5-14 给出超结 IGBT 在 N/P 两区不同掺杂浓度下的关断电流曲线。正是由于上述载流子分布，超结 IGBT 在 N/P 两区为高掺杂浓度时具有最快的关断速度和最小的 E_{off}，而中等掺杂浓度的超结 IGBT 具有最大的 E_{off}。上述仿真结果很好地解释了图 5-12 呈现的结果。

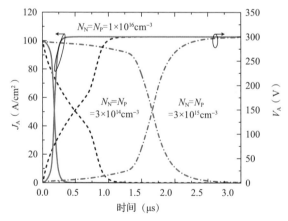

图 5-14　超结 IGBT 在 N/P 两区为不同掺杂浓度时的关断电流曲线

5.3.2 全域电导调制型超结 IGBT

中等掺杂浓度时，超结 IGBT 特性变差的根本原因是超结中的 P 条作为空穴的收集通路使得靠近源端部分的超结工作于准单极模式。一种改善超结 IGBT 特性的设计是阻断超结 P 条对空穴的抽取作用，也就是在 P-体区和超结 P 条之间引入空穴势垒，如图 5-15 所示[63]。

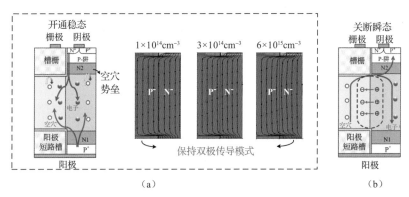

图 5-15　全域电导调制型超结 IGBT
（a）开态机理与空穴电流分布；（b）关态机理

上述结构通过槽栅和空穴势垒层 N2 阻断了传统超结 IGBT 的空穴抽取通路，开态线性区的阳极电压较低，超结 P 区电位处于浮空状态，即阳极电势主要降低在 N2 区和 P-体区构成的反向 PN 结上而非超结 N/P 区之间，且 N2 区尚未完全耗尽。因此，超结的 N 区和 P 区之间不存在横向抽取电场，在不同掺杂浓度下均工作于双极模式。在超结掺杂浓度变化的过程中，开态载流子浓度分布如图 5-15（a）所示，器件主要工作于双极模式，而不存在从双极到单极的转换过程。

关断状态下，N2 区完全耗尽，超结 N 区和 P 区之间发生横向耗尽，如图 5-15（b）所示。因此器件漂移区在低阳极电压下迅速耗尽，器件具有很小的 E_{off}。图 5-16 给出了全域电导调制型超结 IGBT 特性。可以看出，由于空穴势垒的存在，漂移区中载流子浓度均显著高于掺杂浓度 N，器件主要工作于双极模式，因多子参与电荷平衡而呈现电子、空穴浓度不相等的特点，如图 5-16（a）所示。图 5-16（b）对比了相同 E_{off} 条件下，全域电导调制型超结 IGBT 和常规超结 IGBT 的开启电压与掺杂浓度 N 的关系。显然全域电导调制型超结 IGBT 可在全掺杂浓度范围内实现更低的 V_A。高掺杂浓度下有更多的多子参与导电，因此开启电压略有降低。

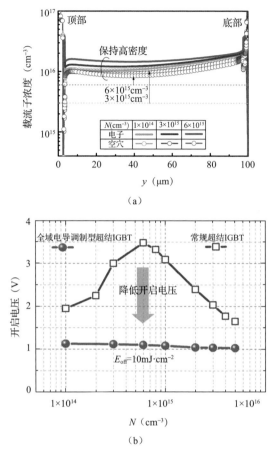

（a）

（b）

图 5-16　全域电导调制型超结 IGBT 特性
（a）开态载流子浓度分布；（b）相同 E_{off} 条件下开启电压与 N 的关系

5.4　宽禁带超结器件

　　随着半导体制造工艺发展，基于宽禁带材料的超结器件迅速发展，研究主要体现在理论建模与制造工艺两方面。本书的超结理论完全适用于宽禁带半导体材料，但需要考虑 5 个方面的特殊性：（1）禁带宽度增加带来的 E_c 增加，即需要采用新的碰撞电离率积分作为是否发生击穿的判断依据；（2）不同半导体材料的介电常数差异；（3）迁移率的改变；（4）内建电势所致耗尽区宽度变化；（5）新的工作机制，如 GaN 中二维电子气与二维空穴气导电。相同超结尺寸条件下，宽禁带半导体主要降低超结器件 $R_{on,sp}$-V_B 关系的系数项。若材料 E_c 增加至 10 倍，相同 V_B 下，宽禁带超结器件的漂移区长度可缩短至 1/10，且掺杂浓度可增加至 10 倍；若保持深宽比不变，宽禁带超结器件的 $R_{on,sp}$ 可降低约 2～3 个数量级，这在超高压领域非常具有吸引力。

5.4.1　SiC 超结器件结构

将超结概念进一步应用于 SiC 是高压 SiC 器件的重要发展方向之一。研制 SiC 超结的主要挑战是碳原子和硅原子间具有很强的化学键，典型工艺温度下杂质扩散系数极低，无法通过扩散形成连续的超结条，导致 SiC 超结的外延次数较硅基超结的外延次数显著增加；SiC 通常具有六方对称结构，且晶体内部由于两类原子的电负性差异，会形成电偶极层，深槽刻蚀将在底部和侧壁产生几类不同的晶面及复杂的悬挂键，导致外延生长难度剧增，难以形成均质外延结构。

随着工艺技术进步，SiC 超结发展迅速，目前已经发展出 3 种制造 SiC 超结器件的典型工艺，即槽壁注入、多外延注入和深槽刻蚀注入。图 5-17 所示为采用深槽刻蚀注入形成的 SiC 超结器件[64]，由于杂质在 SiC 中的扩散系数较低，因此容易实现具有较窄 P 条宽度的超结结构。该结构中不参与导电的介质区面积较大，且随着槽栅的深宽比增加，槽壁注入的难度也将随之增加。

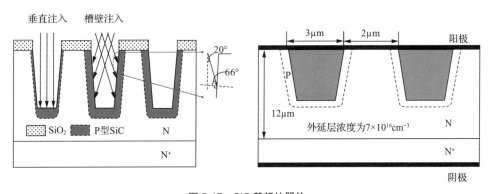

图 5-17　SiC 基超结器件

图 5-18 给出了通过多次外延注入形成的 SiC 超结器件的 SEM 照片[65]，其中超结耐压层长度为 5.2μm，共采用了 7 次外延注入，这也是 P 型杂质难以扩散所致。由于外延次数正比于漂移区长度，因此该方法目前主要用于实现耐压为 1000V 级的 SiC 超结器件的制造。图 5-18 所示的 SiC 超结器件的 V_B 和 $R_{on,sp}$ 分别为 1620V 和 2.7mΩ·cm²。文献[66]分别采用了 16 次、28 次外延注入实现了耐压为 3300V 级的 SiC 半超结和全超结器件的制造。为实现更长的漂移区，可采用图 5-19 给出的 SiC 超结器件深槽刻蚀及外延填充工艺[67]。该方法实现了超结长度大于 20μm、深宽比为 9～10 的超结器件的制造，该器件的 V_B 为 7.8kV、$R_{on,sp}$ 为 17.8mΩ·cm²。我国瀚天天成电子科技（厦门）有限公司联合电子科技大学、中国科学院相关院所及重庆伟特森电子科技有限公司，成功研发出具有优越填隙能力的 SiC 超结器件制造工艺，如图 5-20 所示。

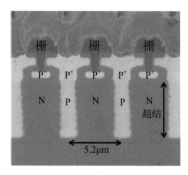

图 5-18　多次外延注入形成的 SiC 超结器件的 SEM 照片

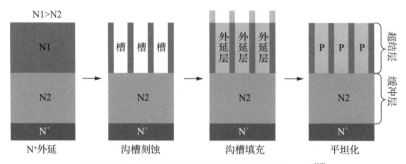

图 5-19　SiC 超结器件的深槽刻蚀及外延填充工艺[67]

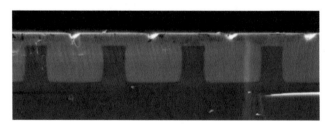

图 5-20　我国 SiC 超结器件制造工艺的 SEM 照片

5.4.2　GaN 超结器件结构

　　GaN 是另一种在功率半导体器件领域被广泛研究的半导体材料。GaN 超结器件分为二维载流子输运器件和体材料掺杂器件两大类。其中二维载流子输运器件通过异质结形成，二维载流子浓度相对独立于掺杂浓度，由异质结二维势阱决定；体材料掺杂器件的设计与 SiC 器件的设计具有相似性，载流子浓度取决于掺杂浓度。因此 GaN 可以通过异型掺杂形成一般结型耐压层结构，还可以利用叠层结构中电荷平衡极化电荷同时形成二维电子气与二维空穴气。GaN 超结器件的典型结构如图 5-21（a）所示[68-74]。器件开态时，电子气和空穴气同时参与导电，可降低器件的 $R_{on,sp}$；关态时，极化电荷自动满足电荷平衡，优化耐压层电场，从而形成新型的电荷平衡耐压层结构。图 5-21（b）

展示了类似超结叠层的多通道的 GaN SBD[75]，阳极槽栅的引入提供了多条电子通路。

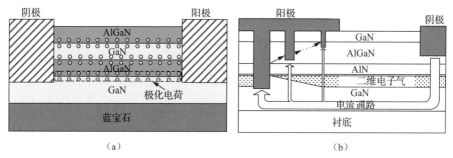

图 5-21　具有多通道的 GaN 超结器件
（a）具有蓝宝石衬底的 GaN 超结器件结构；（b）具有叠层多通道的 GaN SBD

图 5-22（a）给出体材料掺杂形成的 GaN 超结二极管典型结构[76]。超结的引入使得漂移区的掺杂浓度远远高于传统的一维漂移区掺杂浓度。在相同 V_B 条件下，器件的 $R_{on,sp}$ 得到了显著的优化。图 5-22（b）所示为漂移区 P 条、N 条非均匀掺杂且通过表面横向二维电子气实现沟道开关的晶体管结构[77]。

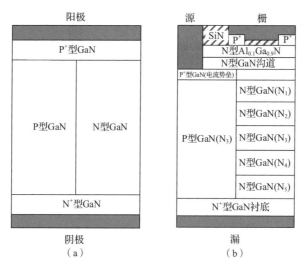

图 5-22　纵向 GaN 超结器件结构
（a）GaN 超结二极管；（b）超结高电子迁移率晶体管

5.5　高 K 耐压层及器件新结构

在耐压层内部引入电荷的另一种方式是介质耦合，引入的极化电荷可与漂移区中的电离杂质保持电荷平衡。电子科技大学陈星弼院士提出了高 K 介质层和半导体层交替排列的高 K 耐压层。基于静电场和电流场的作用，电位移矢量 **D** 和电流密度矢量 **J**

可分别表示为 $D=\varepsilon E$ 和 $J=\sigma E$。根据两者的相似性，在导通状态下，由于硅的电导率 σ 远高于高 K 介质，硅层的电流密度也远大于高 K 介质层，器件呈现低 V_B；在耐压状态下，由于高 K 介质的介电常数 ε_l 远高于硅的介电常数 ε_{Si}，因此绝大部分电场线由漏端发出后经过高 K 介质层终止于源端，而硅层内及其表面的电场较低，器件呈现高 V_B。也就是说，高 K 介质层与硅层并行，两者各司其职，使得电位移和电流分道而行：高 K 介质层在关态下承担高电压，硅层在开态下实现低 V_B。

5.5.1 高 K 耐压层机理

具有高 K 耐压层的二极管和 VDMOS 如图 5-23（a）和图 5-23（b）所示[78]。该结构在形式上与超结构相似，呈现硅层与介质层周期性排列的特点。由于半导体和高 K 介质的介电常数相差很大，硅的 ε_{Si} =11.9，而高 K 介质的 ε_l 可为几十甚至上万，远大于硅，因此漂移区中的电场线几乎横向流走，如图 5-23（c）所示。

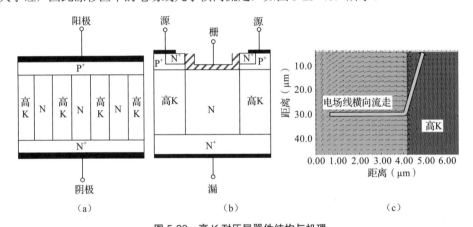

图 5-23　高 K 耐压层器件结构与机理
（a）具有高 K 耐压层的二极管；（b）具有高 K 耐压层的 VDMOS；（c）具有高 K 耐压层的二维电场线分布

高 K 介质产生类似超结 P 区的作用，只是耦合极化负电荷替代了电离受主负电荷。基于以上机理，可对高 K 器件特性做如下分析。（1）高 K 介质中极化电荷为被动耦合产生，因此不可能实现如超结般的矩形电势场分布，高 K 器件的电势场为类似 VDMOS 的三角或者梯形分布。（2）一方面，高 K 介质中所有电通量均通往器件表面，因此其耦合强度会随漂移区长度的增加而减弱，无法实现类似超结的耐压层掺杂浓度几乎与漂移区长度无关的特性。另一方面，由于高 K 介质中存在大量电通量，因此需要特别注意高 K 介质中的由于界面大电通量所致的硅层击穿问题。（3）高 K 耐压层中存在一个新的基本矛盾，即高 K 介质层宽度越宽，耦合电荷越多，掺杂浓度越高，但相应的流电流面积越小，这导致优化的高 K 耐压层中的硅层和高 K

介质层的宽度不等。

相较于超结，高 K 耐压层的优势是极化电荷由耦合产生，且可跟随漂移区掺杂浓度变化而变化，因此高 K 器件具有更大的工艺容差。此外，高 K 器件不存在内建电势导致的 JFET 效应，因此在窄漂移区器件中可能更具优势。高 K 耐压层的二维解析解也是由电子科技大学陈星弼院士团队率先给出的，他们同时还对具有六角形元胞的高 K 耐压层结构进行了解析[79-80]。解析的基本思路是分区求解半导体层的泊松方程和介质层的拉普拉斯方程,并保证介质层和半导体层界面电位移的连续性，最终获得二维势、场分布的级数解，如图 5-24 所示。详细内容读者可参阅相关文献。

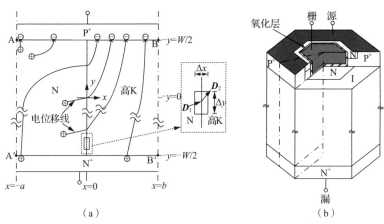

图 5-24　超结二维结构及六角形元胞
（a）超结二维结构；（b）超结六角形元胞

5.5.2　高 K 器件新结构

高 K 器件的设计主要有两种思路：利用高 K 介质的强耦合特性增加漂移区掺杂浓度或形成高 K 栅。图 5-25（a）和图 5-25（b）给出了具有高 K 介质的 VDMOS 结构和具有低阻通道的高 K 介质的 UMOS 结构[81-82]，它们的共同特性是高 K 介质置于耐压层，其两侧存在具有高掺杂浓度的窄 N 区作为低阻通道，且具有高掺杂浓度的窄 N 区可以通过小倾角离子注入一次形成，工艺较为简单。这两种结构的 $R_{on,sp}$ 相比常规超结 VDMOS 的 $R_{on,sp}$ 分别降低了 42% 和 67%。图 5-25（c）给出了高 K 槽栅 IGBT 结构[83]，该结构利用高 K 介质替代超结中的 P 区，可降低电荷非平衡所带来的击穿电压降低的问题。同时，高 K 介质使得漂移区在器件关断过程中快速耗尽，显著降低了器件的 E_{off}。

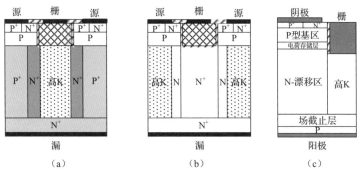

图 5-25　高 K 器件结构

（a）具有高 K 介质的 VDMOS 结构；（b）具有低阻通道的高 K 介质的 UMOS 结构；（c）高 K 槽栅 IGBT

　　高 K 介质也被引入横向超结器件。图 5-26（a）所示为具有高 K 介质的 PLDMOS 结构[84]。该结构通过在漂移区表面覆盖高 K 介质来调制器件的表面电场，同时高 K 介质作为栅介质增加控制能力。图 5-26（b）所示为具有高 K 介质的三栅 LDMOS 结构[85]。该结构通过在漂移区引入高 K 介质来调制表面电场，增加 N-漂移区浓度，同时在高 K 介质侧面形成积累层，该结构在低压器件中的效果更为显著。图 5-26（c）为具有漏端高 K 介质的超结 LDMOS 结构[86]。高 K 介质的强耦合作用增强了衬底耗尽，可抑制 SAD 效应，使得耗尽区向衬底延展，增加器件的反向击穿电压。图 5-26（d）则在传统槽型结构边缘引入了一层高 K 介质，该高 K 介质层同样可产生环绕介质的辅助耗尽作用，优化器件性能[87]。

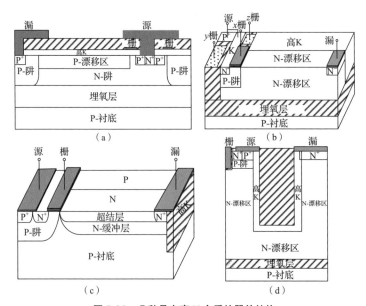

图 5-26　几种具有高 K 介质的器件结构

（a）PLDMOS 结构；（b）三栅 LDMOS 结构；（c）超结 LDMOS 结构；（d）槽型 LDMOS 结构

参 考 文 献

[1]　SZE S M, GIBBONS G. Avalanche breakdown voltages of abrupt and linearly graded p-n junctions in Ge, Si, GaAs, and GaP [J]. Applied Physics Lettters, 1966, 8(5): 111-113.

[2]　CHEN X B, SIN J K O. Optimization of the specific on-resistance of the COOLMOS^{TM} [J]. IEEE Transactions on Electron Devices, 2001, 48(2): 344-348.

[3]　DEBOY G, MARZ N, STENGL J P, et al. A new generation of high voltage MOSFETs breaks the limit line of silicon [C] // 1998 IEEE International Electron Devices Meeting. IEEE, 1998: 683-685.

[4]　BUZZO M, RUB M, CIAPPA M, et al. Characterization of 2D dopant profiles for the design of proton implanted high-voltage super junction [C] // 2005 IEEE 12nd International Symposium on the Physical and Failure Analysis of Integrated Circuits. IEEE, 2005: 285-289.

[5]　LEE S C, OH K H, KIM S S, et al. 650V superjunction MOSFET using universal charge balance concept through drift region [C] // 2014 IEEE 26th International Symposium on Power Semiconductor Devices and IC's. IEEE, 2014: 83-86.

[6]　ONISHI Y, IWAMOTO S, SATO T, et al. 24mΩ·cm^2 680V silicon superjunction MOSFET [C] // 2002 IEEE 14th International Symposium on Power Semiconductor Devices and IC's. IEEE, IEEE, 2002: 241-244.

[7]　SAITO W, OMURA L, AIDA S, et al. A 20mΩ·cm^2 600V-class superjunction MOSFET [C] // 2004 IEEE 16th International Symposium on Power Semiconductor Devices and IC's. IEEE, 2004: 459-462.

[8]　SAITO W, OMURA I, AIDA S, et al. A 15.5mΩ·cm^2-680V superjunction MOSFET reduced on-resistance by lateral pitch narrowing [C] // 2006 IEEE International Symposium on Power Semiconductor Devices and IC's. IEEE, 2006: 1-4.

[9]　KUROSAKI T, SHISHIDO H, KITADA M, et al. 200V multi RESURF trench MOSFET (MR-TMOS) [C] // 2003 IEEE 15th International Symposium on Power Semiconductor Devices and IC's. IEEE, 2003: 211-214.

[10]　HATTORI Y, NAKASHIMA K, KUWAHARA M, et al. Design of a 200V super junction MOSFET with n-buffer regions and its fabrication by trench filling [C] // 2004 IEEE 16th International Symposium on Power Semiconductor Devices and IC's. IEEE, 2004, 189-192.

[11] IWAMOTO S, TAKAHASHI K, KURIBAYASHI H, et al. Above 500V class superjunction MOSFETs fabricated by deep trench etching and epitaxial growth [C] // 2005 IEEE 17th International Symposium on Power Semiconductor Devices and IC's. IEEE, 2005: 31-34.

[12] YAMAUCHI S, SHIBATA T, NOGAMI S, et al. 200V super junction MOSFET fabricated by high aspect ratio trench filling [C] // 2006 IEEE International Symposium on Power Semiconductor Devices and IC's. IEEE, 2006: 1-4.

[13] TAKAHASHI K, KURIBAYASHI H, KAWASHIMA T, et al. 20mΩ·cm² 660V super junction MOSFETs fabricated by deep trench etching and epitaxial growth [C] // 2006 IEEE International Symposium on Power Semiconductor Devices and IC's. IEEE, 2006: 1-4.

[14] SAKAKIBARA J, NODA Y, SHIBATA T, et al. 600V-class super junction MOSFET with high aspect ratio P/N columns structure [C] // 2008 20th International Symposium on Power Semiconductor Devices and IC's. IEEE, 2008: 299-302.

[15] SUGI A, TAKEI M, TAKAHASHI K, et al. Super junction MOSFETs above 600V with parallel gate structure fabricated by deep trench etching and epitaxial growth [C] // 2008 IEEE 20th International Symposium on Power Semiconductor Devices and IC's. IEEE, 2008: 165-168.

[16] TAMAKI T, NAKAZAWA Y, KANAI H, et al. Vertical charge imbalance effect on 600V-class trench-filling superjunction power MOSFETs [C] // 2011 IEEE 23rd International Symposium on Power Semiconductor Devices and IC's. IEEE, 2011: 308-311.

[17] KAGATA Y, ODA Y, HAYASHI K, et al. 600V-class trench-filling super junction power MOSFETs for low loss and low leakage current [C] // 2013 IEEE 25th International Symposium on Power Semiconductor Devices and IC's. IEEE, 2013: 225-228.

[18] JUNG E S, KYOUNG S S, KANG E G. Design and fabrication of super junction MOSFET based on trench filling and bottom implantation process [J]. Journal of Electrical Engineering and Technology, 2014, 9(3): 964-969.

[19] GAN K P, YANG X, LIANG Y C, et al. A simple technology for superjunction device fabrication: Polyflanked VDMOSFET [J]. IEEE Electron Device Letters, 2002, 23(10): 627-629.

[20] NITTA T, MINATO T, YANO M, et al. Experimental results and simulation analysis of 250V super trench power MOSFET (STM) [C] // 2000 IEEE 12nd International Symposium on Power Semiconductor Devices and IC's. IEEE, 2000: 77-80.

[21] MINATO T, NITTA T, UENISI A, et al. Which is cooler, trench or multi-epitaxy? Cutting edge approach for the silicon limit by the super trench power MOS-FET (STM) [C] // 2000 IEEE 12nd International Symposium on Power Semiconductor Devices and IC's. IEEE, 2000: 73-76.

[22] VAN DALEN R, ROCHEFORT C. Vertical multi-RESURF MOSFETs exhibiting record low specific resistance [C] // 2003 IEEE International Electron Devices Meeting. IEEE, 2003: 31.1.1-31.1.4.

[23] VAN DALEN R, ROCHEFORT C. Electrical characterisation of vertical vapor phase doped (VPD) RESURF MOSFETs [C] // 2004 IEEE 16th International Symposium on Power Semiconductor Devices and IC's. IEEE, 2004: 451-454.

[24] ROCHEFORT C, VAN DALEN R. Vertical RESURF diodes manufactured by deep-trench etch and vapor-phase doping [J]. IEEE Electron Device Letters, 2004, 25(2): 73-75.

[25] ROCHEFORT C, VAN DALEN R. A scalable trench etch based process for high voltage vertical RESURF MOSFETs [C] // 2005 IEEE 17th International Symposium on Power Semiconductor Devices and IC's. IEEE, 2005: 35-38.

[26] MOENS P, BOGMAN F, ZIAD H, et al. UltiMOS: A local charge-balanced trench-based 600V super-junction device [C] // 2011 IEEE 23rd International Symposium on Power Semiconductor Devices and IC's. IEEE, 2011: 304-307.

[27] GLENN J, SIEKKINEN J. A novel vertical deep trench resurf DMOS (VTR-DMOS) [C] // 2000 IEEE 12nd International Symposium on Power Semiconductor Devices and IC's. IEEE, 2000: 197-200.

[28] KIM S G, PARK H S, YOO S W, et al. A novel super-junction trench gate MOSFET fabricated using high aspect-ratio trench etching and boron lateral diffusion technologies [C] // 2013 IEEE 25th International Symposium on Power Semiconductor Devices and IC's. IEEE, 2013: 233-236.

[29] NINOMIYA H, MIURA Y, KOBAYASHI K. Ultra-low on-resistance 60-100V superjunction UMOSFETs fabricated by multiple ion-implantation [C] // 2004 IEEE 16th International Symposium on Power Semiconductor Devices and IC's. IEEE, 2004: 177-180.

[30] MIURA Y, NINOMIYA H, KOBAYASHI K. High performance superjunction UMOSFETs with split P-columns fabricated by multi-ion-implantations [C] // 2005 IEEE 17th International Symposium on Power Semiconductor Devices and IC's. IEEE, 2005: 39-42.

[31] RUTTER P, PEAKE S T. Low voltage trenchMOS combining low specific R_{DS}(on) and Q_G FOM [C] // 2010 IEEE 22nd International Symposium on Power Semiconductor Devices and IC's. IEEE, 2010: 325-328.

[32] KAWASHIMA Y, INOMATA H, MURAKAWA K, et al. Narrow-Pitch N-Channel superjunction UMOSFET for 40-60V automotive application [C] // 2010 IEEE 22nd International Symposium on Power Semiconductor Devices and IC's. IEEE, 2010: 329-332.

[33] OKUBO H, KOBAYASHI K, KAWASHIMA Y. Ultralow on-resistance 30-40V UMOSFET by 2-D scaling of ion-implanted superjunction structure [C] // 2013 IEEE 25th International Symposium on Power Semiconductor Devices and IC's. IEEE, 2013: 87-90.

[34] RÜB M, BÄR M, DEBOY G, et al. 550V superjunction $3.9\Omega \cdot mm^2$ transistor formed by 25MeV masked boron implantation [C] // 2004 IEEE 16th International Symposium on Power Semiconductor Devices and IC's. IEEE, 2004: 455-458.

[35] CHEN X B. Semiconductor power devices with alternating conductivity type high voltage breakdown region [P]. U.S. Patent 5216275, 1993-06-01.

[36] CHEN X B. Method of manufacturing semiconductor device having composite layer [P]. U.S. Patent 7192872, 2007-03-20.

[37] HU C M. Optimum doping profile for minimum ohmic resistance and high-breakdown voltage [J]. IEEE Transactions on Electron Devices, 1979, 26(3): 243-244.

[38] CHENG X, LIU X M, SIN J K O, et al. Improving the CoolMS™ body-diode switching performance with integrated Schottky contacts [C] // 2003 IEEE International Symposium on Power Semiconductor Devices and IC's. IEEE, 2003: 304-307.

[39] WANG Y, XU L K, MIAO Z K. A superjunction Schottky barrier diode with trench metal-oxide-semiconductor structure [J]. IEEE Electron Device Letters, 2012, 33(12): 1744-1746.

[40] SUGI A, TAKEI M, TAKAHASHI K, et al. Super junction MOSFETs above 600V with parallel gate structure fabricated by deep trench etching and epitaxial growth [C] // 2008 IEEE 20th International Symposium on Power Semiconductor Devices and IC's. IEEE, 2008: 165-168.

[41] HIROAKI Y, SYOTARO O, HISAO I, et al. Low noise superjunction MOSFET with integrated snubber structure [C] // 2018 IEEE 30th International Symposium on Power Semiconductor Devices and IC's. IEEE, 2018: 32-35.

[42] CHEN Y, LIANG Y C, SAMUDRA G S. Design of gradient oxide-bypassed superjunction power MOSFET devices [J]. IEEE transactions on power electronics, 2007, 22(4): 1303-1310.

[43] NASSIF-KHALIL S G , SALAMA C A T. Super junction LDMOST in silicon-on-sapphire technology (SJ-LDMOST) [C] // 2022 IEEE 14th International Symposium on Power Semiconductor Devices and IC's. IEEE, 2002: 81-84.

[44] HONARKHAH S, NASSIF-KHALIL S, SALAMA C A T. Back-etched super-junction LDMOST on SOI [C] // 2004 IEEE 30th European Solid-State Circuits Conference. IEEE, 2004: 117-120.

[45] ZHANG B, CHEN L, WU J, et al. SLOP-LDMOS - a novel super-junction concept LDMOS and its experimental demonstration [C] // 2005 IEEE International Conference on Communications, Circuits and Systems. IEEE, 2005: 1399-1402.

[46] ZHANG B, WANG W L, CHEN W J, et al. High-voltage LDMOS with charge-balanced surface low on-resistance path layer [J]. IEEE Electron Device Letters, 2009, 30(8): 849-851.

[47] PARK I Y, SALAMA C A T. CMOS compatible super junction LDMOST with N-buffer layer [C] // 2005 IEEE 17th International Symposium on Power Semiconductor Devices and IC's. IEEE, 2005: 163-166.

[48] CHEN W, ZHANG B, LI Z. SJ-LDMOS with high breakdown voltage and ultra-low on-resistance [J]. Electronics Letters, 2006, 42(22): 1314-1316.

[49] DUAN B X, CAO Z, YUAN X N, et al. New superjunction LDMOS breaking silicon limit by electric field modulation of buffered step doping [J]. IEEE Electron Device Letters, 2014, 36(1): 47-49.

[50] WANG W L, ZHANG B, LI Z, et al. High-voltage SOI SJ-LDMOS with a nondepletion compensation layer [J]. IEEE Electron Device Letters, 2008, 30(1): 68-71.

[51] CHEN W J, ZHANG B, LI Z J. Optimization of super-junction SOI-LDMOS with a step doping surface-implanted layer [J]. Semiconductor Science and Technology, 2007, 22(5): 464.

[52] ZHANG W T, ZHAN Z Y, YU Y, et al. Novel superjunction LDMOS (>950V) with a thin layer SOI [J]. IEEE Electron Device Letters, 2017, 38(11): 1555-1558.

[53] NASSIF-KHALIL S G, HOU L Z, SALAMA C A T. SJ/RESURF LDMOST [J]. IEEE Transactions on Electron Devices, 2004, 51(7): 1185-1191.

[54] RUB M, BAR M, DEML G, et al. A 600V 8.7Ohm·mm^2 lateral superjunction transistor [C] // 2006 IEEE 18th International Symposium on Power Semiconductor Devices and IC's. IEEE, 2006: 1-4.

[55] PANIGRAHI S K, BAGHINI M S, GOGINENI U, et al. 120V super junction LDMOS transistor [C] // 2013 IEEE International Conference of Electron Devices and Solid-state Circuits. IEEE, 2013: 1-2.

[56] NG R, UDREA F, SHENG K, et al. Lateral unbalanced super junction (USJ)/3D-RESURF for high breakdown voltage on SOI [C] // 2001 IEEE 13th International Symposium on Power Semiconductor Devices and IC's. IEEE, 2001: 395-398.

[57] GUO Y, YAO J, ZHANG B, et al. Variation of lateral width technique in SOI high-voltage lateral double-diffused metal-oxide-semiconductor transistors using high-K dielectric [J]. IEEE Electron Device Letters, 2015, 36(3): 262-264.

[58] PATHIRANA G P V, UDREA F, NG R, et al. 3D-RESURF SOI LDMOSFET for RF power amplifiers [C] // 2003 IEEE 15th International Symposium on Power Semiconductor Devices and IC's. IEEE, 2003: 278-281.

[59] LIN M J, LEE T H, CHANG F L, et al. Lateral superjunction reduced surface field structure for the optimization of breakdown and conduction characteristics in a high-voltage lateral double diffused metal oxide field effect transistor [J]. Japanese Journal of Applied Physics, 2003, 42(12): 7227-7231.

[60] ZHEN C, DUAN B X, SONG Y, et al. Novel superjunction LDMOS with multi-floating buried layers [C] // 2017 IEEE 29th International Symposium on Power Semiconductor Devices and IC's. IEEE, 2017: 283-286.

[61] ZHANG W T, WANG R, CHENG S K, et al. Optimization and experiments of lateral semi-superjunction device based on normalized current-carrying capability [J]. IEEE Electron Device Letters, 2019, 40(12): 1969-1972.

[62] ANTONIOU M, UDREA F, BAUER F. The superjunction insulated gate bipolar transistor optimization and modeling [J]. IEEE Transactions on Electron Devices, 2010, 57(3): 594-600.

[63] ZHOU K, LUO X R, HUANG L H, et al. An ultralow loss superjunction reverse blocking insulated-gate bipolar transistor with shorted-collector trench [J]. IEEE Electron Device Letters, 2016, 37(11): 1462-1465.

[64] ZHONG X Q, WANG B Z, WANG J, et al. Experimental demonstration and analysis of a 1.35kV 0.92mΩ·cm² SiC superjunction Schottky diode [J]. IEEE Transactions on Electron Devices, 2018, 65(4): 1458-1465.

[65] HARADA S, KOBAYASHI Y, KYOGOKU S, et al. First demonstration of dynamic characteristics for SIC superjunction mosfet realized using multi-epitaxial growth method [C] // 2018 IEEE International Electron Devices Meeting. IEEE, 2018: 8.2.1-8.2.4.

[66] BABA M, TAWARA T, MORIMOTO T, et al. Ultra-low specific on-resistance achieved in 3.3kV-class SiC superjunction MOSFET [C] // 2021 IEEE 33rd International Symposium on Power Semiconductor Devices and IC's. IEEE, 2021: 83-86.

[67] KOSUGI R, JI S Y, MOCHIZUKI K, et al. Breaking the theoretical limit of 6.5kV-class 4H-SiC super-junction (SJ) MOSFETs by trench-filling epitaxial growth [C] // 2019 IEEE 31st International Symposium on Power Semiconductor Devices and IC's. IEEE, 2019: 39-42.

[68] ISHIDA H, SHIBATA D, MATSUO H, et al. GaN-based natural super junction diodes with multi-channel structures [C] // 2008 IEEE International Electron Devices Meeting. IEEE, 2008: 1-4.

[69] NAKAJIMA A, SUMIDA Y, DHYANI M H, et al. GaN-based super heterojunction field effect transistors using the polarization junction concept [J]. IEEE Electron Device Letters, 2011, 32(4): 542-544.

[70] LI Z D, CHOW T P. Design and simulation of 5-20kV GaN enhancement-mode vertical superjunction HEMT [J]. IEEE transactions on electron devices, 2013, 60(10): 3230-3237.

[71] UNNI V, HONG L, SWEET M, et al. 2.4kV GaN polarization superjunction Schottky barrier diodes on semi-insulating 6H-SiC substrate [C] // 2014 IEEE 26th

International Symposium on Power Semiconductor Devices and IC's. IEEE, 2014: 245-248.

[72] HAHN H, REUTERS B, GEIPEL S, et al. Charge balancing in GaN-based 2-D electron gas devices employing an additional 2-D hole gas and its influence on dynamic behaviour of GaN-based heterostructure field effect transistors [J]. Journal of Applied Physics, 2015, 117(10): 104508.

[73] NAPOLI E. Superjunction [M]. New York: John Wiley&Sons, 2014: 1-13.

[74] SHANKAR B, SONI A, GUPTA S D, et al. Safe operating area (SOA) reliability of polarization super junction (PSJ) GaN FETs [C] // 2018 IEEE International Reliability Physics Symposium. IEEE, 2018: 4E.3-1-4E.3-4.

[75] ZHANG A B, QI Z, CHAO Y, et al. Novel AlGaN/GaN SBDs with nanoscale multi-channel for gradient 2DEG modulation [C] // 2018 IEEE 30th International Symposium on Power Semiconductor Devices and IC's. IEEE, 2018: 204-207.

[76] LI Z D, NAIK H, CHOW T P . Design of GaN and SiC 5-20kV vertical superjunction structures [C] // 2012 IEEE Lester Eastman Conference on High Performance Devices. IEEE, 2012: 1-4.

[77] ZHANG M, GUO Z Y, HUANG Y, et al. Study of AlGaN/GaN vertical superjunction HEMT for improvement of breakdown voltage and specific on-resistance [J]. IEEE Access, 2021, 9: 9895-9902.

[78] CHEN X B. Chen X. Super-junction voltage sustaining layer with alternating semiconductor and high-K dielectric regions [P]. U.S. Patent 7230310, 2007-06-12.

[79] CHEN X B, HUANG M. A vertical power MOSFET with an interdigitated drift region using high-K insulator [J]. IEEE Transactions on Electron Devices, 2012, 59(9): 2430-2437.

[80] LYU X, CHEN X. Vertical power high-K MOSFET of hexagonal layout [J]. IEEE transactions on electron devices, 2013, 60(5): 1709-1715.

[81] LUO X R, JIANG Y H, ZHOU K, et al. Ultralow specific on-resistance superjunction vertical DMOS with high-K dielectric pillar [J]. IEEE electron device letters, 2012, 33(7): 1042-1044.

[82] LUO X R, CAI J Y, FAN Y, et al. Novel low-resistance current path UMOS with high-K dielectric pillars [J]. IEEE Transactions on Electron Devices, 2013, 60(9): 2840-2846.

[83] CHEN W, CHENG J, CHEN X B. A novel IGBT with high-K dielectric modulation achieving ultralow turn-off loss [J]. IEEE Transactions on Electron Devices, 2020, 67(3): 1066-1070.

[84] DENG J, CHENG J, CHEN X B. An improved SOI p-channel LDMOS with high-K gate dielectric and dual hole-conductive paths [J]. IEEE Electron Device Letters, 2017, 38(12): 1712-1715.

[85] LUO X R, LV M S, YIN M S, et al. Ultralow on-resistance SOI LDMOS with three separated gates and high-K dielectric [J]. IEEE Transactions on Electron Devices, 2016, 63(9): 3804-3807.

[86] CAO Z, DUAN B, SONG H, et al. Novel superjunction LDMOS with a high-K dielectric trench by TCAD simulation study [J]. IEEE Transactions on Electron Devices, 2019, 66(5): 2327-2332.

[87] CHENG J J, CHEN W Z, LIN J J, et al. Potential of utilizing high-K film to improve the cost performance of trench LDMOS [J]. IEEE Transactions on Electron Devices, 2019, 66(7): 3049-3054.

第 6 章 匀场器件

第 2 章中已经指出，超结结型耐压层的实质是在耐压层内部引入周期性 PN 结，从而将阻型耐压层的外部全域弱耗尽变成结型耐压层的内部局域强耗尽，掺杂浓度可随 N 条和 P 条宽度的缩小而迅速增加，从而在保证 V_B 几乎不变的前提下获得更低的 $R_{on,sp}$。在超结二维电场优化思想启迪下，本章探索新的三维"理想"耐压层，其特点是同时具有均匀化的表面和体内场分布，突破传统 PIN 临界击穿电场，且在高掺杂条件下仍具备很好的工艺容差。为此，本章基于作者提出的纵向场板概念，将 MIS 元胞替代 PN 结元胞，周期性引入耐压层中，提出匀场耐压层新结构，该结构不仅和超结一样，即其元胞在垂直耐压方向上具有周期性分布，而且在耐压方向上同样也具有周期性分布。因此 MIS 匀场耐压层从表面到体内等势分压，可改善电场的均匀性，从而实现耐压层电场的全域优化，并使硅的 E_c 增强，因此匀场耐压层可实现"增强 E_c 下的电场均匀化"并通过 MIS 电荷自平衡实现"电荷平衡下掺杂浓度的提升"。初步研究发现，匀场耐压层是一种较为"理想"的耐压层，它不仅实现耐压层匀场，而且还提高了掺杂浓度与工艺容差，获得了良好的仿真与实验性能。

本章首先介绍匀场耐压层概念和匀场机理（包括电荷自平衡等势场调制机理），给出二维解析模型及其设计公式。然后在此理论指导下，提出两类匀场耐压层新结构，并介绍最新的实验成果。同时本章还探索匀场耐压层结构及工艺在 SOI 器件、高压互连技术与体内曲率结拓展技术等方面的应用。迄今硅基功率半导体器件日趋成熟，除常规性能改善外，还可从基本器件物理寻求突破，本章提出非完全式雪崩击穿新原理，与常见的完全式雪崩击穿原理不同，该原理进一步考虑了载流子部分电离效应。研究表明，该原理有可能突破硅的 E_c "天花板"，为硅基功率器件的发展注入新的活力。

6.1 匀场耐压层

6.1.1 表面与体内 MIS 调制

1.3.1 节已经简要介绍了传统场板的基本机理。如图 6-1（a）所示，本章将这一类位于器件表面的场板称为横向场板，其特点是场板位于器件表面，场板下方存在具有一定厚度的场氧化层。基于超结表面场调制到体内场调制转变的思想，本书作者提出如图 6-1（b）所示的纵向场板概念[1]，通过将传统场板插入耐压层内部，场板调制效应也从传统纵向场板的表面局域调制变为体内全域调制。

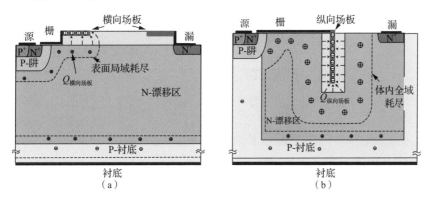

图 6-1　场板机理
（a）横向场板；（b）纵向场板

纵向场板结构在耐压层内部引入了体内全域调制。为了耗尽 N-漂移区，关态条件下，纵向场板接零电位，器件耐压主要由纵向场板和漏电极之间的一半介质层承担。因此随着器件击穿电压增加，介质层的深度和厚度也随之增加，介质槽填充难度增大。同时，由于纵向场板对源端和漏端 N-漂移区有不同的耗尽需求，优化设计条件下，靠近源端一侧介质较薄而靠近漏端一侧介质较厚，这些都增加了工艺制造难度。因此，槽型器件多见于较低电压的研究且相关报道较少。

6.1.2　新型匀场耐压层匀场机制

与超结体内 PN 结调制相比，传统纵向场板引入的 MIS 体内调制不具备周期性，属于"单一"耗尽源。作者考虑将周期性引入具有 MIS 场调制的耐压层，将单个纵向场板变成多个纵向场板，且将条形的 MIS 结构变成分立的岛状，从而形成了如图 6-2 所示的匀场耐压层结构[2]。该结构的特点是将周期性分立的 MIS 槽引入耐压层内部，从而在源、漏方向和垂直源、漏方向都形成周期性结构。如前所述，MIS 结构介质场分布与介质两端电势差有关。在匀场耐压层中，要实现周期性场调制效果，则需要电极与硅层之间具有相等电势差 ΔV，若从源端到漏端共有 n 列周期性介质槽，假设相邻介质槽之间的电势差为 ΔV，则第 k 个槽上需添加的电势为 $k\Delta V$。因此周期性 MIS 结构的周期性场调制将导致阶梯分布的电极电势差。

匀场耐压层内部形成了如图 6-3 所示的体内等势边界。与传统阻型或结型耐压层相比，匀场耐压层内部由于引入了阶梯等势边界，耐压层对应位置的电势会被钳位并钉扎于电极电势。从源、漏方向看，由于相邻等势边界的电势差相等且内部结构一致，每两个等势边界之间的耐压层电场亦呈现周期性，周期性电场使耐压层内部电场均匀化。这也是匀场耐压层的机理所在，即在传统耐压层中引入体内周期性匀场耐压元胞，每个元胞中的电场呈周期性分布，使耐压层总电场均匀化。

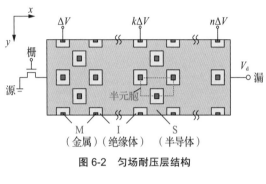

图 6-2　匀场耐压层结构

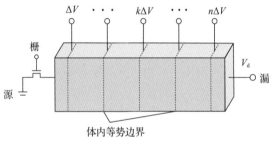

图 6-3　匀场耐压层形成的体内等势边界

6.2　匀场机理与模型

新型匀场耐压层将器件耐压均分到 n 个匀场耐压元胞，引入了新型 MIS 全域场调制机制，突破了阻型和结型耐压层的 PN 结调制模式。n 个匀场耐压元胞分区耗尽，形成了分压式匀场全域耗尽新模式，实现了耐压层的匀场分布并提高了掺杂浓度，使新型匀场耐压层兼具高 V_B 和低 $R_{on,sp}$ 特性。本节首先介绍匀场耐压层的电荷自平衡机制，揭示等势场调制新机理，从而建立周期等势场调制基础理论。

6.2.1　电荷自平衡

结型耐压层的优化特性，特别是 V_B，依赖于 N 区和 P 区不可移动的电离正、负电荷之间严格的电荷平衡。在匀场耐压层中，MIS 调制取代了传统的 PN 结调制，电荷平衡也由 PN 结中不可移动的电离正、负电荷之间的电荷平衡变成金属中自由可变的等效正、负电荷与 N 区电离电荷之间的电荷自平衡，其机理如图 6-4 所示。

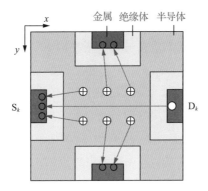

图 6-4 匀场耐压层中的电荷自平衡

在如图 6-4 所示的匀场耐压元胞中，硅层电势高于第 k 个元胞中靠近源端的电极 S_k 电势且低于靠近漏端的电极 D_k 电势。因此周期性 MIS 槽可根据耐压元胞中硅层和电极的相对电势差自适应地引入正电荷与负电荷，与耐压层中电离电荷保持电荷自平衡。与传统阻型和结型单一硅层耐压层相比，匀场耐压层中硅层和介质层同时参与耐压。

图 6-5 给出匀场耐压元胞内部沿着 x 方向的 AA′线和 y 方向的 BB′线上的电场分布。从金属 M、介质 I、半导体 S 出发，匀场机理包括以下 3 点。

1. 金属 M：通过金属互连实现体内等势边界

匀场结构中，与源、漏距离相等的电极通过金属进行互连，实现耐压层内部的等势，金属电极引入了如图 6-3 所示的体内等势边界条件，周期性等势元胞产生周期性势、场分布，从而实现总电场均匀化。

2. 介质 I：承受高电场，提高耐压层平均电场，提高 V_B

介质与半导体的介电常数有差异。以二氧化硅介质为例，由于匀场耐压元胞中半导体与介质的电通量保持连续，因此介质具有更高的电场分布而半导体保持较低的电场分布。如图 6-5（a）所示，AA′线上 $2\Delta V$ 的电势差被两层介质与一层半导体共同承担，且介质具有更高的电场。这可以在保持半导体低电场的前提下提高耐压层平均电场，从而提高器件 V_B。

3. 半导体 S：电荷自平衡引入高掺杂浓度，降低 $R_{on,sp}$

由于匀场耐压元胞中同时存在相对半导体的高电位电极和低电位电极，因此半导体中的电离电荷将与电极中的等效正、负电荷之间保持电荷自平衡。与超结类似，电荷自平衡可在半导体区引入高掺杂浓度从而降低 $R_{on,sp}$。

零掺杂条件下，匀场耐压层中只存在从高电位电极发出并终止于低电位电极的电通量，元胞中两个介质层电场相等且均高于硅层电场。当耐压层中掺杂浓度 N_d 增加，耗尽状态下电离正电荷发出的电场线将终止于低电位 MIS 电极，从而改变元胞内部电场分布，使得匀场耐压元胞中靠近 S_k 一侧介质层的电场提高且靠近 D_k 一侧介质层的电场降低，如图 6-5（b）所示。N_d 增加导致两区介质电场差 ΔE 变大，由于 D_k 一侧降低的电场几乎等于 S_k 一侧提高的电场，因此匀场耐压层可以在较宽的掺杂浓度范围内实现几乎不变的 V_B，具有比超结更好的工艺容差。与此类似，在 BB′线上，零掺杂条件下，硅层和介质层的电场分量均为 0。随着 N_d 增加，电离正电荷发出的电场线终止于 M_k 电极，产生从 AA′对称轴到 M_k 电极的电势差。事实上半导体层大部分区域均可由纵向电极耗尽，掺杂浓度可显著增加。

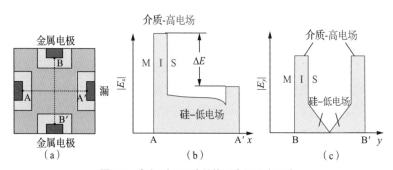

图 6-5　匀场耐压元胞结构及电场分布示意
（a）匀场耐压元胞；（b）AA′线上的电场分布；（c）BB′线上的电场分布

由于匀场耐压层具有周期性分布的耐压元胞，因此整个耐压层的电场分布将呈现周期性特点，如图 6-6 所示。每个元胞的电场分布均与图 6-5（b）一致，介质层具有高电场，同时整个硅层保持较低的匀场。由于介质层电场显著高于硅层电场，匀场耐压层可实现较传统耐压层更高的平均电场，也就是除了实现电场均匀化之外还进一步提高了平均电场，缩短了一定 V_B 下的耐压层长度，降低了 $R_{on,sp}$。

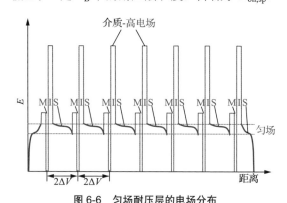

图 6-6　匀场耐压层的电场分布

6.2.2　周期场调制模型

　　考虑匀场耐压结构具有周期性，耐压层的基本特性可由如图 6-7 所示的半元胞结构进行描述，即只需完成该周期性结构的建模分析即可获得整个耐压层特性[3]。该半元胞的选取同时考虑了垂直耐压方向的周期性和耐压方向的周期性，耐压方向的周期性是匀场耐压层所特有的性质。第 k 个耐压元胞中存在 3 个电极：S_k、D_k 和中间电极 M_k。耐压元胞的内部电场分布可采用 S_k 接地、M_k 接 ΔV 和 D_k 接 $2\Delta V$ 的等势边界条件进行描述。其中 MIS 槽栅宽度为 W_T，槽横向间距和纵向间距分别为 L 和 H，氧化层厚度为 t_T，漂移区掺杂浓度为 N_d。

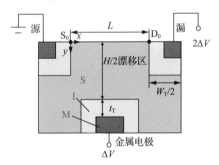

图 6-7　周期性匀场耐压半元胞示意

　　关断状态下，假设漂移区硅层完全耗尽，建立二维泊松方程：

$$\frac{\partial^2 \varphi(x,y)}{\partial x^2} + \frac{\partial^2 \varphi(x,y)}{\partial y^2} = -\frac{qN_d}{\varepsilon_s} \tag{6-1}$$

其中，q 代表电子电荷量，ε_s 为硅的介电常数。根据图 6-7 中的结构参数，可知 $0 \leqslant x \leqslant L$，$0 \leqslant y \leqslant H/2$。由于 $y=0$ 位于耐压元胞对称轴，该处电场在 y 方向的分量为 0，结合电位移在 Si/SiO$_2$ 界面的连续性和电场在介质层内的均匀性（由于介质层内部无电荷存在），得到电场边界条件如下：

$$\begin{cases} \left.\dfrac{\partial \varphi(x,y)}{\partial y}\right|_{y=0} = 0 \\[2mm] \left.\dfrac{\partial \varphi(x,y)}{\partial y}\right|_{y=\frac{H}{2}} = -\dfrac{\varepsilon_I}{\varepsilon_s t_I}\left[\varphi\left(x,\dfrac{H}{2}\right) - \Delta V\right] \end{cases} \tag{6-2}$$

其中，ε_I 为氧化层的介电常数。

　　设 S_0 点处的电势为 V_{S_0}，D_0 点处的电势为 V_{D_0}，推断可知 $0 \leqslant V_{S_0} \leqslant \Delta V$，$\Delta V \leqslant V_{D_0} \leqslant 2\Delta V$，获得电势边界条件如下：

$$\begin{cases} \varphi(0,0) = V_{S_0} \\ \varphi(L,0) = V_{D_0} \end{cases} \tag{6-3}$$

对电势函数 $\varphi(x,y)$ 进行泰勒级数展开，并保留前 3 项：

$$\varphi(x,y) = \varphi(x,0) + \frac{\partial \varphi(x,0)}{\partial y} y + \frac{\partial^2 \varphi(x,0)}{2\partial y^2} y^2 \tag{6-4}$$

将边界条件式（6-2）代入式（6-4），化简得到：

$$\frac{\partial^2 \varphi(x,0)}{\partial x^2} - \frac{\varphi(x,0)}{T^2} = -\left(\frac{qN_d}{\varepsilon_s} + \frac{\Delta V}{T^2} \right) \tag{6-5}$$

其中，$T = \dfrac{H}{2} \sqrt{\dfrac{1}{2} + \dfrac{2\varepsilon_s t_T}{\varepsilon_I H}}$ ，为匀场耐压层的特征厚度。

采用式（6-3）求解式（6-5）得到电势分布函数：

$$\varphi(x,0) = \left[V_{D_0} - \left(\frac{qT^2}{\varepsilon_s} N_d + \Delta V \right) \right] \frac{\sinh \dfrac{x}{T}}{\sinh \dfrac{L}{T}} - $$
$$\left(\frac{qT^2}{\varepsilon_s} N_d + \Delta V - V_{S_0} \right) \frac{\sinh \dfrac{L-x}{T}}{\sinh \dfrac{L}{T}} + \frac{qT^2}{\varepsilon_s} N_d + \Delta V \tag{6-6}$$

微分获得电场分布为：

$$E(x,0) = \left(\frac{qN_d T}{\varepsilon_s} + \frac{\Delta V - V_{S_0}}{T} \right) \frac{\cosh \dfrac{L-x}{T}}{\sinh \dfrac{L}{T}} + \left(\frac{V_{D_0} - \Delta V}{T} - \frac{qN_d T}{\varepsilon_s} \right) \frac{\cosh \dfrac{x}{T}}{\sinh \dfrac{L}{T}} \tag{6-7}$$

式（6-7）给出的电场为电荷场与电势场矢量叠加，即 $\boldsymbol{E}(x,0) = \boldsymbol{E}_p(x,0) + \boldsymbol{E}_q(x,0)$。其中电势场 E_p 表示电势边界在漂移区产生的电场，其大小与 ΔV 有关；电荷场 E_q 表示漂移区电荷产生的电场，其大小与 N_d 有关。电场可进一步写为：

$$\begin{cases} E_p(x,0) = \Delta V \dfrac{\cosh \dfrac{L-x}{T} - \cosh \dfrac{x}{T}}{T \sinh \dfrac{L}{T}} + \dfrac{V_{D_0} \cosh \dfrac{x}{T} - V_{S_0} \cosh \dfrac{L-x}{T}}{T \sinh \dfrac{L}{T}} \\[4ex] E_q(x,0) = \dfrac{qN_d T}{\varepsilon_s} \dfrac{\cosh \dfrac{L-x}{T} - \cosh \dfrac{x}{T}}{\sinh \dfrac{L}{T}} \end{cases} \tag{6-8}$$

根据前文的分析，匀场耐压层能在较大 N_d 范围内维持 V_B 的恒定，需在一段较为稳定的"击穿电压平台"内对器件参数进行优化。从式（6-8）可以看出，当 N_d 增大时，靠近 S_k（源端低电势）方向的电场升高，靠近 D_k（漏端高电势）方向的电场降低。

为了获得 $R_{\text{on,min}}$，并且减少 N_{d} 增大对电场峰值带来的影响，需要尽可能大的 V_{S_0} 和 V_{D_0}。考虑到 ΔV 对 V_{S_0} 与 V_{D_0} 的限制，V_{S_0} 和 V_{D_0} 的最大值可选 $V_{\text{S}_0} \approx \Delta V$，$V_{\text{D}_0} \approx 2\Delta V$。此时 D_0 与 D_k 等势，二者之间的介质层内电场为 0，由于电位移在 Si/SiO$_2$ 界面具有连续性，可以得到 $E_{\text{D}_0} = 0$，该状态可保证串联耐压元胞间的耗尽连续性，在此条件下可对式（6-8）做进一步化简。

由于匀场耐压元胞中的电极 M_k 以及围绕在 M_k 周边的介质并未从左至右贯穿整个元胞，因此在靠近电极 D_k 的区域，电极 M_k 的 ΔV 对漂移区的电场的调制作用被削弱，呈现局部电场降低的现象。靠近电极 D_k 一侧的硅层的 y 方向近乎为等势，且整个耐压元胞中硅层的等势线几乎汇聚到一侧的介质层内。考虑该局部电场的非理想调制效应，需要引入一个局部调制场。根据元胞的对称性，此调制场的特性如下：添加调制场后，整个硅层 x 方向的电势差为 ΔV（由于 $V_{\text{S}_0} \approx \Delta V$，$V_{\text{D}_0} \approx 2\Delta V$），并且调制场与漏端等势场具有相同的分布规律。因此，在式（6-7）的基础上添加调制场，并且对其化简后得到：

$$E(x,0) = \frac{qN_{\text{d}}T}{\varepsilon_{\text{s}}} \frac{\cosh\dfrac{L-x}{T}}{\sinh\dfrac{L}{T}} + \left[\frac{\Delta V}{T} - \frac{qN_{\text{d}}T}{\varepsilon_{\text{s}}}\left(1 - \frac{T_1}{T}\delta\right) \right] \frac{\cosh\dfrac{x}{T}}{\sinh\dfrac{L}{T}} - \frac{qN_{\text{d}}T\delta}{\varepsilon_{\text{s}}} \frac{\cosh\dfrac{x}{T_1}}{\sinh\dfrac{L}{T_1}} \quad (6\text{-}9)$$

其中，$T_1 = \dfrac{H^2}{4T}\tanh\dfrac{L}{2T}\left[1 + \dfrac{H^2}{8T^2}\dfrac{\tanh\dfrac{L}{2T}}{\tanh\dfrac{L}{T}}\right]^{-1}$，代表非理想边界条件导致的特征厚度；

$\delta = \dfrac{\coth\dfrac{L}{2T} - \dfrac{H^2}{8T^2}\coth\dfrac{L}{T}}{\coth\dfrac{L}{T_1} - \dfrac{T_1}{T}\coth\dfrac{L}{T}}$，为无量纲的调制因子。

图 6-8 给出了元胞结构参数 $H=2\mu\text{m}$、$L=2.8\mu\text{m}$、$t_{\text{I}}=0.8\mu\text{m}$、$N_{\text{d}}=5\times10^{15}\text{cm}^{-3}$ 时，硅层中轴线 $y=0$ 上电势和电场分布的仿真结果和解析结果。由于 D_0 附近调制场作用，其局部电场分布呈现下降趋势。从图 6-8 中可看出，电势和电场分布的仿真结果与解析结果吻合较好，证明了模型的有效性。

式（6-9）中包括漂移区掺杂浓度 N_{d} 对源端电场的影响、N_{d} 和电势边界 ΔV 对漏端电场的影响，以及调制场对漏端电场的影响。若忽略调制场的作用，当 N_{d} 增大时，耐压层的硅层电场也会呈现漏端电场峰值逐渐降低、源端电场峰值逐渐升高的趋势，其中源端电场峰值为 $qN_{\text{d}}T/\varepsilon_{\text{s}}$，漏端电场峰值为 $\Delta V/T - qN_{\text{d}}T/\varepsilon_{\text{s}}(1 - T_1\delta/T)$。因此，对于匀场耐压层，本节给出其最优电场的判断依据为上述两项峰值相等，得到：

$$\Delta V = 2\frac{qN_dT^2}{\varepsilon_s} - \frac{qN_dH^2}{8\varepsilon_s} \tag{6-10}$$

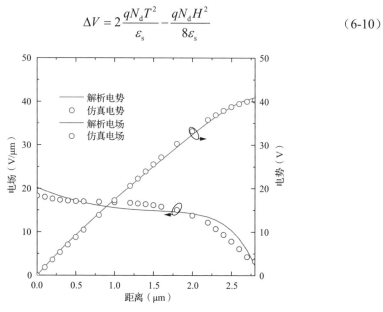

图 6-8 硅层电势和电场分布的仿真结果与解析结果

当耐压层发生击穿时，S_0 处电场达到临界击穿电场 E_c，即 $E(0,0) = E_c$。将式（6-9）代入此式，得到给定硅层长度 L、宽度 H 等结构参数下的优化 N_d：

$$N_d = \frac{\varepsilon_s E_c}{qT}\left[\coth\frac{L}{2T} + \left(\frac{T_1\delta}{T} - \frac{H^2}{8T^2}\right)\operatorname{csch}\frac{L}{T} - \delta\operatorname{csch}\frac{L}{T_1}\right]^{-1} \tag{6-11}$$

为简化计算，式（6-11）中 E_c 由 $6.645\exp(1.636L_d^{-0.1269})$ 决定，其中 L_d 代表漂移区长度。在此耐压层中，L_d 由槽栅宽度 W_T 和硅层长度 L 共同决定。

下面讨论满足式（6-11）的硅层长度 L 和宽度 H 的优化取值范围。匀场耐压元胞电势由两个介质层和中间的半导体层承担。可以粗略地认为，介质层越厚，耐压特性越好。但在给定漂移区长度下，过厚的介质层会挤压硅层的面积，提高 $R_{on,sp}$。为拓宽电流路径，L 的最小值为介质层总长度 $2t_1$，即 $L \geq 2t_1$。此外，调制场的特征厚度 T_1 代表了调制场在漏端的作用范围，是保证相邻匀场耐压元胞中半导体耗尽连续性的最长距离。考虑到匀场耐压层周期性的排列结构和实际槽栅宽度，L 的取值上限有两个，分别是 $t_1\varepsilon_s/\varepsilon_1 + T_1$ 和 $W_T + 2T_1$。即：

$$2t_1 \leq L \leq \min\left\{\frac{t_1\varepsilon_s}{\varepsilon_1} + T_1, W_T + 2T_1\right\} \tag{6-12}$$

为简化计算，在对硅层宽度 H 的上限进行估算时，令 N_dH 为常数。对于一个耐压元胞来说，限制其比导通电阻 $R_{on,c}$ 大小的主要因素为槽与槽之间的最窄路径，该长度为 $H-W$。由此可以推算出 $R_{on,c}$ 的大小为：

$$R_{on,c} = \frac{L+W_T}{N_d q \mu_N} \frac{H+W_T}{(H-W_T)t_s} \tag{6-13}$$

其中，μ_N 代表电子迁移率。由于 $N_d H$ 为常数，即 $N_d \propto 1/H$，因此 $R_{on,c}$ 与 $H(H+W)/(H-W)$ 成正比。因此 $R_{on,c}$ 的最小值决定了 H 的上边界：

$$H \leqslant (1+\sqrt{2})W_T \tag{6-14}$$

当满足两个取值边界式（6-12）和式（6-14）时，可对式（6-11）做进一步化简。式（6-11）中括号内的后两项均代表着调制场对优化掺杂浓度的影响，但由于调制场对源端电场峰值的影响甚微，并且括号内的第一项远远大于后两项，因此可以得到一个化简的掺杂浓度 N_d 的优化范围：

$$\frac{\varepsilon_s E_c}{qT}\tanh\left(\frac{L}{2T}\right) \leqslant N_d \leqslant \frac{\varepsilon_s E_c}{qT} \tag{6-15}$$

其中，$E_c = 6.645\exp(1.636L_d^{-0.1269})$，是给定漂移区长度 L_d 条件下硅的 E_c。

匀场耐压层结构的周期性导致其场分布具有周期性，图 6-9 给出一个典型匀场耐压层结构的三维电场分布。整个耐压层的电场呈现周期性分布，介质层保持周期性高电场，其峰值约为 50V/μm，硅层则保持约 17V/μm 的低电场，防止硅层中高电场处提前发生击穿。

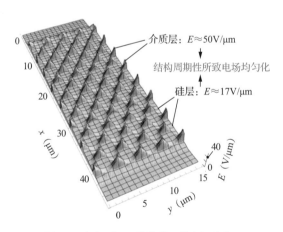

图 6-9　匀场耐压层结构的三维电场分布

图 6-10 给出 L=2.8μm、H 为 1～4.5μm 时，V_B 与 N_d 之间的关系。其中 L_d=36μm，t_T=0.8μm。当 N_d 趋近于 0 时，匀场耐压层具有最高 V_B，其值约为 800V，相同 L_d 下的 PIN 的 V_B 仅约为 676.5V，这是漂移区平均电场被介质层提高的缘故。随着 N_d 增加，器件的 V_B 单调降低，且由于电荷自平衡原理，V_B 在相对较宽的浓度范围内均保持不变。图 6-11 中给出由式（6-15）得到的最低和最高优化掺杂浓度 N_{min} 和 N_{max}，在设

计公式预测的优化 N_d 内，器件均具有优化 V_B 特性。显然，随着 H 减小，特征厚度 T 随之减小，器件具有更高的优化 N_d。

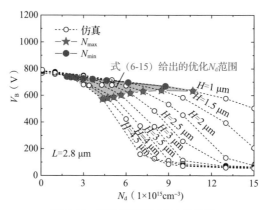

图 6-10　不同 H 下 V_B 与 N_d 的关系

图 6-11 给出 $W=2\mu m$、$t_T=0.8\mu m$ 条件下，保持 L_d 为 $36\mu m$，硅层长度 L 分别为 $1.6\mu m$、$2.2\mu m$、$2.8\mu m$ 时，漂移区 V_B 随 N_d 的变化趋势。可以看出，在式（6-15）给出的优化 N_d 范围内，器件均保持高 V_B 特性。当 L 较大时，由于槽列数减少，参与耐压的总介质层减薄，V_B 会略有降低。

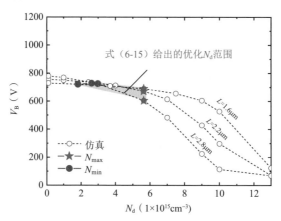

图 6-11　不同 L 下 V_B 与 N_d 的关系

图 6-12 给出不同 T 下，由式（6-15）给出的优化 N_d 范围，可以看出匀场耐压层的优化 N_d 随 T 增加而单调减小，不同 L、相同 T 的元胞具有相同的浓度上限 N_{max} 和不同的浓度下限 N_{min1} 和 N_{min2}。图 6-12 中标出了 L 分别为 $1.7\mu m$ 和 $2.8\mu m$ 的两种不同的匀场耐压元胞，并标记了优化 N_d 范围。曲线边界上的值为对应的仿真 V_B，可以看出，在式（6-15）给出的优化 N_d 范围内，器件均能保持高 V_B。为进一步实验验证上

述设计公式,对图 6-12 中标出的两个具有不同元胞尺寸的匀场 LDMOS 器件进行实验,实验结果见 6.6 节。

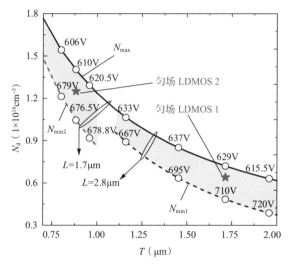

图 6-12 匀场 LDMOS V_B 的仿真结果与实验结果的对比

6.3 匀场器件

将匀场耐压层用于功率半导体器件时需要考虑两点:(1)如何在耐压层内部实现周期性分布的匀场耐压元胞;(2)如何保证 MIS 电极等势并产生合适的偏置电压。考虑工艺可实现性,本书作者设计并研制了几种横向匀场器件。

6.3.1 具有匀场耐压层的 LDMOS 器件

图 6-13 所示是具有匀场耐压层的 LDMOS 器件[4]。与传统单 RESURF 器件相比,该器件的耐压层中引入周期性分布的 MIS 结构,形成匀场耐压元胞结构。将离源端距离相等的系列 MIS 槽通过表面金属互连线连接形成浮空等势环,从而在耐压层内部引入如图 6-3 所示的体内等势边界。图 6-13 中给出了器件的表面和截面结构,该结构与图 6-2 一致。其中,t_s 和 d_T 分别为漂移区硅层深度和 MIS 槽栅深度。

具有匀场耐压层的功率半导体器件的电容分压原理如图 6-14 所示。由于器件表面引入金属等势环,所有离源端距离相等的 MIS 槽等电位形成 n 层 MIS 耐压元胞。在耐压层内部引入等势面,构成 n 个电容极板,相邻匀场耐压元胞的电势差 $\Delta V \approx V_d/n$,对此可采用多重浮空场板的电容耦合机理进行解释。

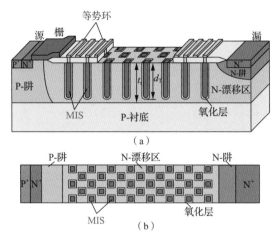

图 6-13　具有匀场耐压层的 LDMOS 器件
（a）基本结构；（b）俯视图

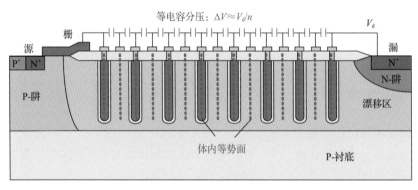

图 6-14　电容分压原理

与传统浮空场板不同的是，匀场耐压层将 MIS 结构引入耐压层体内，从而将传统表面一维电容弱耦合变为体内三维电容强耦合。作者研究表明，传统浮空的电极的耦合主要位于器件表面，因此电容电势主要跟随器件表面电势变化，虽然也在表面引入了电荷自平衡，但是其对漂移区中大部分区域的掺杂影响较为有限。匀场耐压层体内存在三维电容强耦合效应，可实现电场从表面到体内的均匀化。根据电容耦合分压原理，相邻匀场耐压元胞的电势差相等。因此，上述基于匀场耐压元胞的基础理论完全适用于所提出的器件新结构。

通过 MIS 耦合可在耐压层内部引入新电荷自平衡，如图 6-15 所示。MIS 结构在耐压层中引入了两种电荷平衡：①每个匀场耐压元胞电极中的等效负电荷主要与靠近漏端一侧的 N-漂移区中的电离正电荷保持电荷平衡；②槽底空穴与 P-衬底电离负电荷保持电荷平衡。由于 MIS 结构电极一侧的电荷与介质两侧的电势差值有关，因此相对靠近漏端漂移区为低电势而相对靠近 P-衬底为高电势，匀场 LDMOS 可同时在耐压层中引入正、负自适应电荷，实现新型三维电荷自平衡。这种电荷平衡与结型耐压层的电荷平衡不同，结型耐压层的电荷平衡依赖于 N 区和 P 区的掺杂浓度严格相等，而 MIS 结构的电荷平衡源于浓度可变的自适应正、负电荷，从而实现更大的工艺容差。

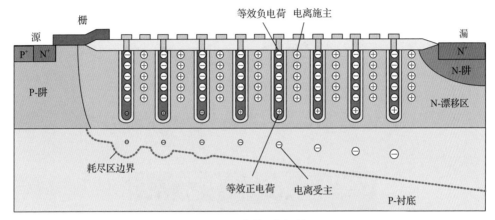

图 6-15　电荷平衡机制

图 6-16 给出 L_d=36μm、d_T=12μm、t_s=13μm、L=2.8μm、H=2μm 和 t_I=0.8μm 时，采用 3D Sentaurus TCAD 仿真的匀场 LDMOS 器件的 V_B 随 N_d 的变化趋势。可以看出，器件的 V_B 在很大一段 N_d 范围内都保持稳定，并且 V_B 大于 600V 时，器件的 $R_{on,sp}$ 随 N_d 的增加持续降低。图 6-16 中标出了利用式（6-15）计算得到的优化 N_d，其值为 $4.65×10^{15} \sim 7.22×10^{15} \text{cm}^{-3}$。仿真结果显示，在此范围内，器件的功率优值 FOM（$FOM=V_B^2/R_{on,sp}$）均接近 20MW·cm^{-2}，验证了设计公式的有效性。图 6-16 中还给出了无 MIS 结构的传统 LDMOS 器件的 V_B 随漂移区 N_d 的变化趋势。当 N_d 增加时，V_B 先增大后减小，并且当漂移区剂量满足 RESURF 剂量为 $1×10^{12} \text{cm}^{-2}$ 时，取得唯一最高 V_B（V_B=669V），后继续增加 N_d 将导致 V_B 急剧减小。显然匀场耐压层的体内耗尽机制使得掺杂浓度显著增加，而电荷自平衡机制使得器件具有更宽的工艺容差与更高的 FOM。

图 6-17 给出了漂移区 N_d=5×10^{15}cm^{-3} 时，匀场 LDMOS 器件表面等势线和三维等势线分布。该条件下，器件 V_B=724.4V、$R_{on,sp}$=27.2mΩ·cm^2。在单个匀场耐压元胞中，等势线密集地分布在靠近漏端一侧的介质层内，而靠近源端的介质层内几乎无电势降落，这与前述模型的预测结果一致。

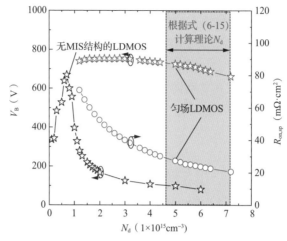

图 6-16　有无 MIS 结构的 LDMOS 器件的 V_B、$R_{on,sp}$ 与 N_d 的关系

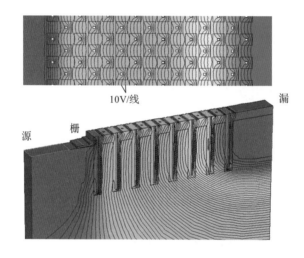

图 6-17　匀场 LDMOS 器件表面等势线和三维等势线分布

6.3.2　互补耗尽机理与 C-HOF 器件

根据 MIS 结构的电荷自平衡原理，低电位 MIS 可耗尽 N-漂移区而高电位 MIS 可耗尽 P-漂移区。在匀场耐压层中，每个匀场元胞中均同时存在低电位 MIS 结构和高电位 MIS 结构，因此若将 6.3.1 节中的 N-漂移区改为 P 型，匀场耐压层仍可实现对 P-漂移区的无差别耗尽。据此，提出如图 6-18 所示的互补耗尽匀场（Complementary Depletion Homogenization Field，C-HOF）结构[5]。类比 CMOS 的开态互补导通，图 6-18（a）给出的 C-HOF 结构中的 N-MIS 和 P-MIS 形成关态互补耗尽，二者之间的 PN 结连续

内建电场保证了整个耐压层的耗尽连续性，实现了整个耐压层的"一体化"耗尽。图 6-18（b）给出 C-HOF 电荷平衡机理，C-HOF 结构通过表面 P-MIS、底部 N-MIS 和中间的 PN 结将两个不同电极的耗尽联系起来，3 类不同的电荷平衡相互耦合形成新的电荷自平衡。对没有互补耗尽的 N-HOF 来说，图 6-18（c）中的 N-MIS 结构的每个 MIS 槽对漂移区的耗尽相对独立，因此可能出现大尺寸、高浓度下耗尽不连续的问题，相应地，图 6-18（d）所示的 N-MIS 中的电离正电荷仅与低电位一侧的电极保持电荷平衡。

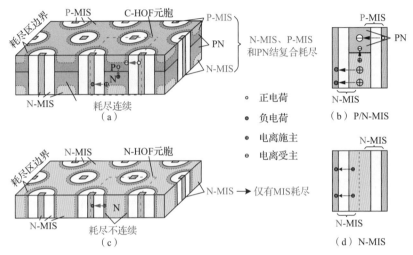

图 6-18　C-HOF 耐压层的结构与机理
（a）C-HOF 连续耗尽示意；（b）C-HOF 电荷平衡机理；（c）N-HOF 非连续耗尽示意；
（d）N-HOF 电荷平衡机理

　　互补耗尽机理一方面可以增强耗尽，增加耐压层 N_d。另一方面，这种耗尽一致性可以保证如图 6-14 给出的"等电容"需求，为了保证匀场器件的等势分压，需要每一个 MIS 电极阵列之间电容相等，该电容由介质层电容和耗尽电容两部分构成，其中耗尽电容与耗尽宽度有关，若匀场耐压元胞耗尽不一致，可能会导致不同元胞之间的耗尽电容差异过大，从而无法保证耐压元胞的等势分压需求。

　　图 6-19 对比了相同 N_d、不同 V_d 和不同纵向深度下的电场分布，C-HOF 的互补耗尽机制保证了低 V_d 下的耗尽连续性，不同外加电压下和不同纵向深度下的电场均为理想的矩形分布，实现了从表面到体内的电场均匀化。然而对 N-HOF 结构，由于 MIS 元胞耗尽有先后，耗尽过程中电容分压不统一，出现靠近源端 ΔV 较大而靠近漏端 ΔV 较小的结果，导致电场从源端到漏端线性降低，且电场降低的斜率随外加 V_d 不发生变化。

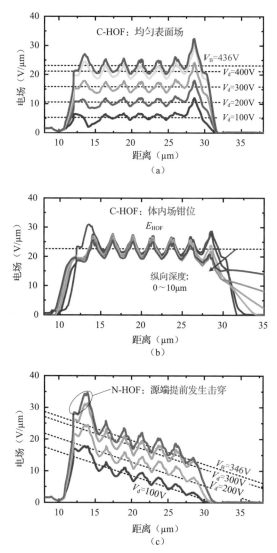

图 6-19　不同 V_d、不同纵向深度下 C-HOF 和 N-HOF 的电场分布对比
（a）不同 V_d 下 C-HOF 的电场分布；（b）不同纵向深度下 C-HOF 的电场分布；
（c）不同 V_d 下 N-HOF 的电场分布

图 6-20 对比了不同掺杂剂量 D_N 下，C-HOF 和 N-HOF 的表面电场分布。显然 C-HOF 在不同 D_N 下均保持表面电场均匀，V_B 几乎不发生变化，这正是由于 N-MIS 和 P-MIS 之间的电荷平衡保证了不同 D_N 下的耗尽连续性和整个耐压层的等势分压。对 N-HOF 而言，在较低 D_N 下，由于耐压层很快耗尽，N-HOF 表现出与 C-HOF 几乎一致的均匀场分布。随着 D_N 增加，耗尽不连续的影响愈加严重，器件靠近漏端的电场单调降低，V_B 也随之降低。

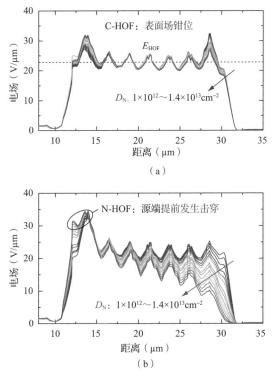

（a）

（b）

图 6-20 不同 D_N 下 C-HOF 和 N-HOF 的电场分布对比
（a）不同 D_N 下 C-HOF 的电场分布；（b）不同 D_N 下 N-HOF 的电场分布

基于 C-HOF 耐压层的 LDMOS 器件的新结构如图 6-21 所示，其特点是在耐压层表面为 P-HOF 耐压元胞而在体内为 N-HOF 耐压元胞，MIS 槽贯穿表面 P-顶层和体内 N-漂移区，因此同一个 MIS 槽可实现对两个区域的互补耗尽与等势分压，从而大大增加 N-漂移区的 N_d，降低器件 $R_{on,sp}$。

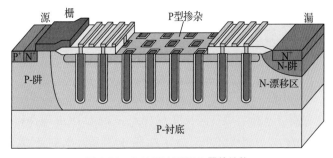

图 6-21 C-HOF LDMOS 器件结构

C-HOF 耐压层将产生双电荷自平衡效应，如图 6-22 所示。匀场耐压元胞中存在较硅层电势较高与较低的电极，因此可同时耗尽 N 型和 P 型耐压层，两者的区别主要是靠近源、漏两侧电极中等效正、负电荷的差异。对 N 型半导体，靠近漏端一侧有更多的正电荷；而对 P 型半导体，则具有更多的负电荷，故表现为双电荷自平衡。

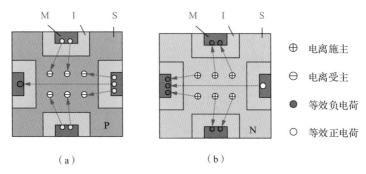

（a）　　　　　　　　　　　　　（b）

图 6-22　C-HOF 耐压层双电荷自平衡效应
（a）C-HOF 耐压层 P 型区电荷自平衡；（a）C-HOF 耐压层 N 型区电荷自平衡

C-HOF 耐压层具有周期性耐压元胞结构，但是这种周期性在靠近漏端区域不能被满足，漏端下方区域仍然靠衬底来辅助耗尽。因此，当漂移区长度增加时，靠近漏端的 MIS 槽底部电场会由于体内槽曲率效应产生电场集中，使得器件提前发生击穿。为解决此问题，提出如图 6-23 所示的具有漏端耗尽截止槽结构的 C-HOF 器件，使得漏端耗尽截止槽的周期性得以保持，从而削弱靠近漏端分立槽底部的电场峰值，防止器件提前发生击穿。

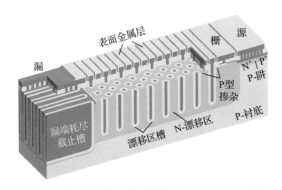

图 6-23　具有漏端耗尽截止槽的 C-HOF LDMOS 结构

图 6-24 给出具有 7 列槽、漂移区长度为 16.4μm 的 C-HOF 器件和相同漂移区长度的 D-RESURF 器件的 V_B 与漂移区注入剂量 D_N 和 P-顶层注入剂量 D_P 之间的关系。穿通型 D-RESURF 器件的最高 V_B 依赖于表面 P-顶层、N-漂移区和 P-衬底之间严格的电荷平衡，因此仅能在电荷平衡点实现约 300V 的最高 V_B。而 C-HOF 器件由于双电荷自平衡作用，其优化掺杂剂量较 D-RESURF 器件的优化掺杂剂量大大提高，且能在较

大的容差范围内实现 400V 以上的 V_B。

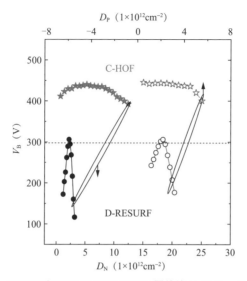

图 6-24　C-HOF 和 D-RESURF LDMOS 器件的 V_B 和 D_P、D_N 的关系

6.3.3　三维体内曲率效应与 Trench-stop 器件

器件的 V_B 由横向 V_B 与纵向 V_B 中的较小者决定,匀场耐压层结构的周期性使得整个耐压层的横向电场均匀化,有效防止了器件的横向击穿,器件的纵向击穿成为进一步提高器件 V_B 的瓶颈,这种限制在高压器件中愈加明显。匀场器件的体内击穿机理由三维体内曲率效应描述,如图 6-25 所示。分立的 MIS 槽底部电场线集中,导致局部电场提高,引起提前击穿。

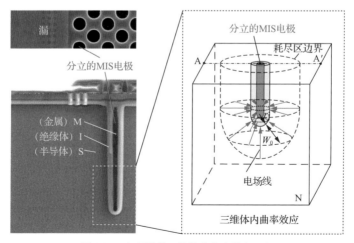

图 6-25　匀场器件三维体内曲率效应示意

通过求解球坐标下的三维泊松方程，可以获得界面处的电场峰值 E_{max}：

$$E_{max} = \frac{qNW_0}{\varepsilon_s}\left(1 + \frac{W_0}{r_j} + \frac{W_0^2}{3r_j^2}\right) \tag{6-16}$$

其中，W_0 和 r_j 分别为耗尽区宽度和曲率半径，N 为掺杂浓度。

显然，E_{max} 随着 r_j 的减小显著增加。式（6-16）给出降低曲率效应影响的 3 条途径：降低 N，增大 r_j 和缩短 W_0。改变 N 和 r_j 都可能需要额外的实现工艺，而 W_0 一般取决于 V_B，W_0 减小可能意味着 V_B 降低。基于匀场耐压层的周期性，槽耗尽截止（Trench-stop）的概念被提出[6]，机理如图 6-26 所示。通过在分立槽边上引入新的耗尽截止槽，即可使耗尽区边界截止于槽边界，耗尽区宽度从 W_0 缩小到 W_T，曲率效应导致的高电场峰值也随之降低，解决了三维曲率效应导致的提前击穿问题。

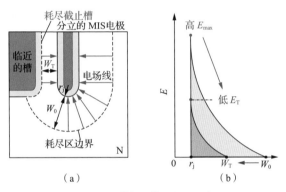

图 6-26 槽耗尽截止机理示意
（a）耗尽截止槽的电场线示意；（b）机理示意

从结构上说，三维体内曲率效应主要源于靠近器件漏端一侧元胞周期性的破坏，为解决此问题，如图 6-23 所示的具有漏端耗尽截止槽结构的 C-HOF 器件新结构被提出。该结构使得漂移区槽分布的周期性得以保持，从而削弱靠近漏端分立槽底部的电场峰值，防止器件提前发生击穿。未添加漏端耗尽截止槽时，分立槽底部发出的电场线全部终止于衬底，槽底部可等效为一个三维球面结击穿，漏端耗尽截止槽结构在漏端下方引入了新的电荷平衡，使得漏端下方实现了新的 MIS 电荷平衡，且保持了原来漂移区槽分布的周期性，因而具有更高的 V_B。此外，由于漏端下方主要由高浓度的 N^+ 和 N-阱构成，因此漏端耗尽截止槽的引入不会显著增加 $R_{on,sp}$，且不需要增加版次或修改工艺流程。

6.4 匀场介质终端技术

高压集成器件为承受高电压并增强电流能力，多采用叉指状版图结构，因此器件

的 V_B 也由直道区的 V_B 与终端区的 V_B 中的较小者决定。传统器件终端指尖处由于曲率效应造成电场集中，致使器件提前发生击穿，V_B 显著降低。因此，器件终端区的 V_B 是实现集成器件高 V_B 的关键。一般采用结终端技术来提升器件的 V_B，典型的设计思路有两种：增加终端区曲率半径以削弱曲率效应；在终端区引入补偿电荷，使得原本终止于曲率结的电场线终止于补偿电荷，从而优化终端区的 V_B。受结构限制，具有阻型和结型耐压层的器件终端区仍以 PN 结耐压为基础，因此上述两种优化方式不可能实现对曲率效应的完全抑制。典型设计中器件终端区的耐压距离一般比直道区的耐压距离更长，甚至达到直道区耐压距离的 1.5～2.5 倍，造成终端区面积极大浪费，终端指尖处的 V_B 是集成器件 V_B 的关键。

利用介质材料的高临界击穿电场特性，可在器件终端指尖处形成环绕连续的匀场介质层。器件终端区的耐压几乎完全由介质层承担，终端区电离电荷发出的电场线完全终止于邻近 MIS 槽结构，阻断了传统终端指尖处产生曲率效应的电通量路径，也使得终端区介质层电场大大提高，可进一步缩减槽间距以实现终端区全介质耐压，实现器件终端区耐压距离小于漂移区长度，从而克服传统终端技术为增大曲率半径而导致芯片面积增大的缺点。

考虑到匀场器件的 V_B 由介质层和半导体层共同承担的特殊机理，将 MIS 结构引入终端指尖处以形成环形槽终端结构，实现一种全新的终端技术——介质终端技术[7]，如图 6-27（a）所示。终端指尖处耐压层由环形介质槽构成，同时终端区介质槽通过表面金属与漂移区 MIS 耐压元胞连接，电势保持一致。图 6-27（b）给出进一步缩小终端 MIS 槽间距形成的全介质终端，通过氧化可以减少终端区硅层，直至终端耐压完全由介质层承担。介质层的临界击穿电场远高于硅层，这一特殊结构使得高压集成器件终端区耐压距离小于漂移区长度成为可能。

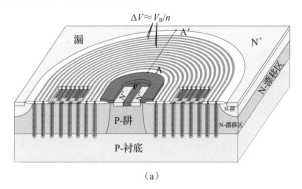

（a）

图 6-27　基于等势场调制的介质终端结构和全介质终端结构
（a）基于等势场调制的介质终端结构；

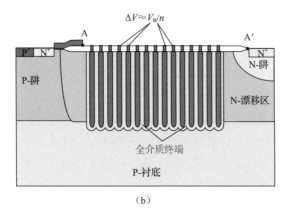

（b）

图 6-27　基于等势场调制的介质终端结构和全介质终端结构（续）
（b）全介质终端结构

新型介质终端结构耐压机理如下：终端指尖处形成系列环状 MIS 耐压结构，环形介质层截断碰撞电离积分路径，使得终端区电离电荷发出的电场线都终止于邻近的 MIS 环，有效减少终止于终端曲率结处的电场线，降低曲率效应，增加器件击穿电压。根据等势原理，介质终端的耐压距离可进一步缩小，乃至形成全介质终端，实现终端区耐压距离小于漂移区长度。

图 6-28 给出基于 MIS 耐压层的新型介质终端结构与传统终端结构的机理对比。传统终端结构电离电荷产生的电场线全部终止于源端，曲率效应使局部电场线集中，导致电场峰值提高，终端区提前发生击穿，使器件的 V_B 大大降低。新型介质终端指尖处环绕系列 MIS 环，终端区电场线全部终止于邻近的 MIS 环，极大削弱了曲率效应的影响，且 ΔV 由连续介质承担，进一步大幅降低硅层电场。

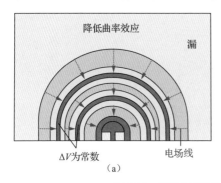

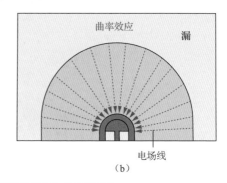

图 6-28　新型介质终端结构与传统终端结构的机理对比
（a）基于 MIS 耐压层的新型介质终端结构；（b）传统终端结构

在上述结构基础上进一步缩小 MIS 槽间距，可实现全介质耐压。去除硅层以解决终端硅发生击穿的问题，可实现新型全介质终端结构。在一定 V_B 下，该新型结构终端区的耐压距离比漂移区长度更短。值得注意的是，终端区与直道区的电场分布可能完全不同，直道区由于需要流过电流，因此有连通源、漏的半导体层。终端区的半导体材料由环形介质连续截断，可以完全吸收来自终端电离电荷的电场线，也让终端区有更多的介质层承受电压。

根据槽间半导体距不同，终端区可分为两种情形，再结合电通量连续性原理可给出终端区的硅层电场，如图 6-29 所示。硅层电场可以通过直接计算获得，即 $E_s \approx \Delta V/(2t_l\varepsilon_s/\varepsilon_l + t_s)$。由于终端区的介质层数比直道区的增加一倍，因此终端区的硅层电场将比直道区的低得多。如果硅层厚度 t_s 进一步减小直至全介质结构，器件终端区的 V_B 完全由介质层承担，介质层电场 $E_l \approx \Delta V/(2t_l)$。介质层的临界击穿电场远高于硅，杜绝了终端区半导体由于曲率效应导致的提前击穿。这从理论上证明介质终端技术可实现终端区耐压距离小于漂移区长度，是一类新型终端技术。

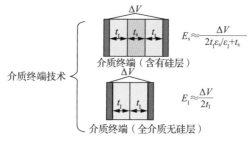

图 6-29 介质终端技术的电场解析

图 6-30 对比了介质终端技术与传统结终端技术。基于等势场调制机理，介质终端指尖处耐压距离 L_T 可小于漂移区长度 L_d，即 $L_T < L_d$。与此对应，传统终端指尖处存在电场集中效应，因此其耐压距离 L_T 大于漂移区长度 L_d，即 $L_T > L_d$。查阅文献可知，在实际器件中，为了获得较好的耐压效果，传统终端结构中的 L_T 一般为 L_d 的 1.5～2.5 倍。本节提出的介质终端技术可实现 L_T 较 L_d 降低 20%～40%。

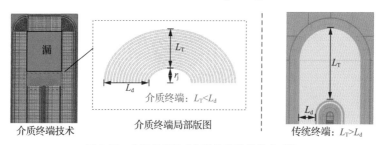

图 6-30 介质终端技术与传统结终端技术对比

图 6-31 对比了介质终端技术器件和传统终端技术器件的电场与曲率半径的关系。

图 6-31（a）中的介质终端技术器件的 V_B 不随源端曲率半径的变化而变化，在 L_T 为 29μm 条件下，终端曲率半径从 10μm 变化到 6μm，介质终端区电场只是在横坐标 x 方向平移了对应距离，电场分布却不发生变化，器件的 V_B 稳定在 600V。图 6-31（b）中的传统终端技术器件由于曲率半径缩小，在小曲率结提前发生击穿，V_B 从 477V 大幅降低到 290V，其中插图为终端区的仿真击穿曲线。图 6-30 和图 6-31 完全证明了介质终端技术的等势场调制原理，可以看出介质终端技术是一类降低曲率效应的终端耐压新技术，可极大缩短器件终端区耐压距离。

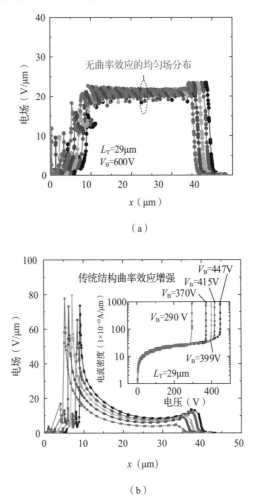

（a）

（b）

图 6-31　不同曲率半径下介质终端技术器件与传统终端技术器件电场对比
（a）介质终端技术器件电场与曲率半径的关系；（b）传统终端技术器件电场与曲率半径的关系

图 6-32 为圆柱坐标下介质终端技术与传统终端技术的电场对比。传统终端技术器

件由于曲率效应导致源端为高电场，在终端区长度 L_T 为 38μm 时，器件的 V_B 仅为 506V。而介质终端技术器件电场为矩形分布，在 L_T 从 38μm 缩短到 25μm 的过程中，器件的 V_B 稳定在 600V。当 L_T 降低时，介质终端区的平均电场增加，这正是终端区等势场调制的结果。

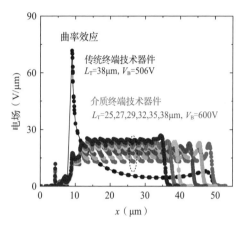

图 6-32　介质终端技术与传统终端技术的电场对比

6.5　匀场耐压层实验

新型耐压层结构需要特殊的制备工艺，匀场耐压层结构的制备亦需要结合其特点进行专有工艺开发。事实上，匀场耐压层结构与传统阻型耐压层结构的差别是在耐压层中形成周期性 MIS 槽元胞结构。根据匀场耐压层的结构特点，可以通过深槽刻蚀、槽壁氧化和多晶填充工艺实现耐压元胞的制备。除 MIS 结构的实现工艺外，新器件与传统器件的工艺完全兼容。同时，还可以采用兼容技术，进一步形成多种新器件结构，最终实现一类具有 MIS 耐压层的新型器件。

6.5.1　匀场耐压层实现关键工艺

研制匀场耐压层的关键是元胞区和终端区 MIS 结构的实现，本节提出如图 6-33 所示的工艺流程。匀场耐压层结构的制备是在耐压层中通过深槽刻蚀-槽壁氧化-多晶填充工艺，形成网格状 MIS 结构，其终端区与元胞区的工艺兼容。事实上，新增的 MIS 槽形成技术已经被大量用于深槽隔离结构中，是一种较为成熟的工艺。对 6.3.2 节中的 C-HOF 新结构的制备，只需修改 P-阱版的位置，在场氧上方开窗口，通过一次高能注入实现表面 P-顶层，一次较低能注入形成沟道区，而不需要引入新的版次，即可实现表面 P-顶层。其次，漏端槽结构的制备也仅需要修改漂移区分立槽版图，在漏端下方形成连续槽即可。

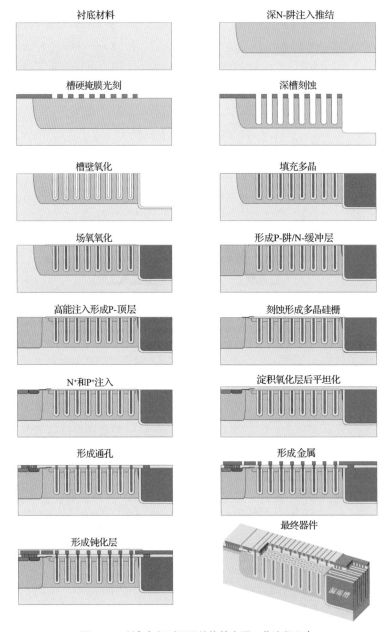

衬底材料

深N-阱注入推结

槽硬掩膜光刻

深槽刻蚀

槽壁氧化

填充多晶

场氧氧化

形成P-阱/N-缓冲层

高能注入形成P-顶层

刻蚀形成多晶硅栅

N⁺和P⁺注入

淀积氧化层后平坦化

形成通孔

形成金属

形成钝化层

最终器件

图 6-33　制备匀场耐压层结构的主要工艺流程示意

　　制备匀场耐压层结构的主要工艺流程如表 6-1 所示，其中步骤 4～7 为实现 MIS 结构的关键工艺。对图 6-21 中的 C-HOF 器件，采用兼容工艺，在 N-阱耐压层表面注入形成 P-顶层，与漂移区 N 型掺杂保持电荷平衡，可同时实现对 N 区和 P 区的耗尽，这种多维耗尽效应将极大优化器件的耐压层电场，提升器件性能。事实上，表 6-1 中给出的采用注入推结来形成器件漂移区的工艺，会导致掺杂浓度呈现高斯分布，使得表面浓度较高、体内浓度较低。可以预测，直接采用外延刻蚀及填充来实现的漂移区应具有更好的匀场耗尽特性，能进一步优化器件特性。

表 6-1　制备匀场耐压层结构的主要工艺流程

步骤	工艺流程	步骤	工艺流程
1	衬底材料准备	9	形成 N-缓冲层
2	初始氧化	10	场氧氧化
3	深 N-阱注入推结	11	高能注入形成 P-顶层
4	槽硬掩膜光刻	12	刻蚀形成多晶硅栅
5	深槽刻蚀	13	N⁺和 P⁺注入
6	槽壁氧化	14	刻蚀接触孔
7	填充多晶	15	形成金属
8	形成 P-阱	16	形成钝化层

6.5.2　匀场耐压层工艺仿真

根据上述工艺流程，给出如图 6-34 所示的器件元胞区的工艺仿真结果。在漂移区推结之后，首先刻蚀形成 MIS 槽；然后进行槽壁氧化，氧化过程中漂移区的掺杂浓度会重构；接下来在槽中填充多晶硅；最后通过表面金属化形成浮空 MIS 结构。其他工艺流程与传统 RESURF 器件的一致。

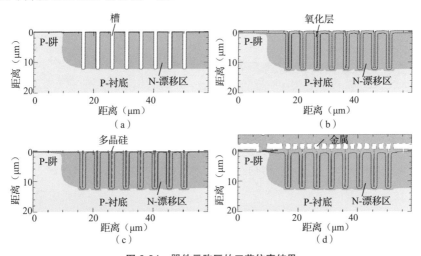

图 6-34　器件元胞区的工艺仿真结果
（a）深槽刻蚀；（b）槽壁氧化；（c）填充多晶硅；（d）表面金属化

图 6-35 给出 N 区注入剂量 D_N 分别为 $5.6×10^{12}cm^{-2}$ 和 $2.6×10^{12}cm^{-2}$ 的匀场耐压层的 N 分布，其峰值分别为 $1.25×10^{16}cm^{-3}$ 和 $5×10^{15}cm^{-3}$，满足如图 6-12 所示的优化 N 范围。值得注意的是，匀场耐压层漂移区依赖周期性 MIS 结构来实现的完全耗尽为准二维耗尽，因此表面峰值浓度是其可耗尽的最高掺杂浓度，该值独立于衬底的辅助耗尽。可以预计，如果采用均匀掺杂，匀场耐压层可实现更高的 D_N，从而进一步降低 $R_{\mathrm{on,sp}}$。

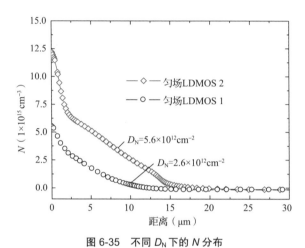

图 6-35　不同 D_N 下的 N 分布

采用兼容工艺，对器件终端区进行仿真，得到如图 6-36 所示的终端区耐压结构。从图 6-36 中可以看出，终端区槽列数与金属环个数一致，因此比元胞区的多一倍，且通过缩小终端区的槽间距，即可缩短终端区的耐压距离，实现较漂移区更短的终端设计。

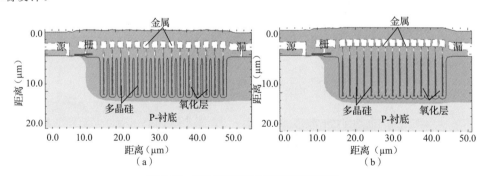

图 6-36　器件终端区耐压结构的工艺仿真
（a）终端长度 L_T 较大，槽之间留有硅层；（b）终端长度 L_T 较小，形成全介质终端

关于图 6-26 中所示的漏端耗尽截止槽新结构的工艺仿真结果如图 6-37 所示。该

结构在场氧之后通过一次穿透场氧的高能 P 型注入形成 P-顶层，其中由于分立槽与连续槽刻蚀速率不同，漏端连续槽比漂移区分立槽更深，因而不需要增加新的光刻版次。因此，仅通过增加一次较高能量的注入，即可实现 C-HOF 耐压层，优化器件特性。更进一步地，还可以通过增加注入能量实现三重匀场新结构。

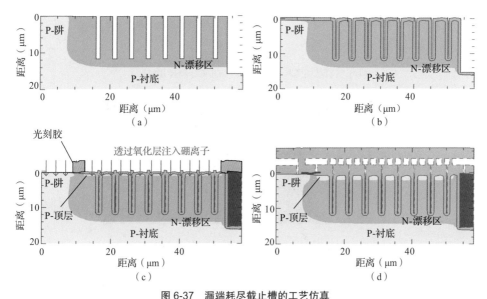

图 6-37　漏端耗尽截止槽的工艺仿真

（a）分立与连续槽刻蚀；（b）槽壁氧化；（c）场氧后高能粒子注入形成表面 P 区；（d）最终器件结构

6.6　匀场器件实验

本书作者对上述几种匀场器件进行了实验研制，实现了 S-HOF 器件、C-HOF 器件和全介质终端结构器件的制备。实验中所有槽电极均处于浮空状态，其电势由漏端高电位通过电容耦合产生。槽电极结构具有周期性，产生了体内等势边界条件，进而获得具有高掺杂浓度的电荷自平衡匀场耐压层。

6.6.1　匀场 LDMOS 器件实验

根据上述工艺流程，对匀场器件进行实验验证，图 6-38 给出了实验晶圆照片和器件显微照片。器件周期性匀场耐压结构位于源、漏之间的漂移区，表面采用跑道型金属连接，实现表面到体内的等电势。为了验证周期场调制模型给出的设计公式，设计了两个不同尺寸的匀场 LDMOS 器件新结构。图 6-39 给出了两个匀场 LDMOS 器件的 SEM 照片，这两个器件具有不同的匀场耐压元胞密度。结合表面金属个数可知图 6-39（a）中槽为 15 列，图 6-39（b）中槽为 19 列。

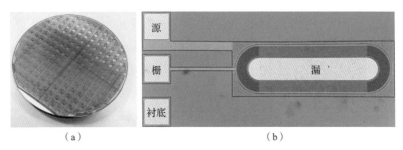

（a）   （b）

图 6-38　流片结果

（a）实验晶圆照片；（b）匀场 LDMOS 器件显微照片

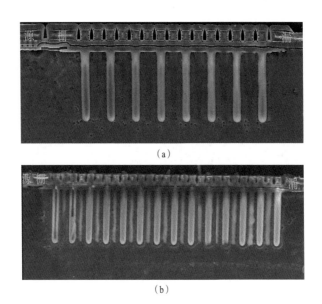

（a）

（b）

图 6-39　匀场 LDMOS 器件的 SEM 照片

（a）LDMOS1；（b）LDMOS2

　　两个匀场 LDMOS 器件的基本结构参数如表 6-2 所示。两个器件具有相同的槽尺寸，但不同槽的间距不同。根据设计公式，漂移区 D_N 也根据不同匀场耐压元胞尺寸进行了拉偏。对于匀场 LDMOS1 器件，实验选择的 D_N 为 $2×10^{12} \sim 3×10^{12} \mathrm{cm}^{-2}$，器件表面最高浓度为 $4.24×10^{15} \sim 6.4×10^{15} \mathrm{cm}^{-3}$。对于匀场 LDMOS2 器件，实验选择的 D_N 为 $4.5×10^{12} \sim 5.6×10^{12} \mathrm{cm}^{-2}$，器件表面最高浓度为 $1.03×10^{16} \sim 1.24×10^{16} \mathrm{cm}^{-3}$。

表 6-2　匀场 LDMOS 器件的基本结构参数

参数	定义	匀场 LDMOS1	匀场 LDMOS2
H（μm）	硅层宽度	2	0.6
L（μm）	硅层长度	2.8	1.7
t_I（μm）	介质层厚度	0.8	0.8

续表

参数	定义	匀场 LDMOS1	匀场 LDMOS2
t_s（μm）	漂移区深度	13	16
d_M（μm）	槽栅深度	12	15
L_d（μm）	漂移区长度	36	35
W（μm）	槽栅宽度	2	2
D_N（cm^{-2}）	漂移区注入剂量	$2\times10^{12}\sim3\times10^{12}$	$4.5\times10^{12}\sim5.6\times10^{12}$

图 6-40 给出匀场 LDMOS 器件和传统 LDMOS 器件的测试结果。结果表明器件的 V_B 随 D_N 变化不显著，$R_{on,sp}$ 不断降低。当 D_N 为 3×10^{12}cm^{-2} 时，匀场 LDMOS1 器件的 V_B 为 619.3V，$R_{on,sp}$ 为 77mΩ·cm^2，*FOM* 为 4.98MW·cm^{-2}。与相同 V_B 下的 D-RESURF 器件相比，匀场 LDMOS1 器件的 $R_{on,sp}$ 降低 30.2%。匀场 LDMOS2 器件的 *FOM* 在 D_N 为 5.6×10^{12}cm^{-2} 时达到最大，即 8.41MW·cm^{-2}，V_B 和 $R_{on,sp}$ 分别为 669.5V 和 53.3mΩ·cm^2。与三重 RESURF 器件相比，在相同 V_B 下，LDMOS2 器件的 $R_{on,sp}$ 降低 37.4%。

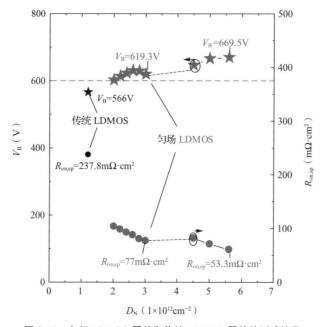

图 6-40　匀场 LDMOS 器件和传统 LDMOS 器件的测试结果

图 6-41 给出匀场 LDMOS2 器件的击穿特性曲线和输出特性曲线。LDMOS2 器件的 V_B 为 669.5V，在相同 L_d 下，RESURF 器件的 V_B 仅为 566V。关态测试中，仅对漏电极添加偏置，测试所得 V_B 与仿真结果吻合，证明了电容耦合等势分压原理。

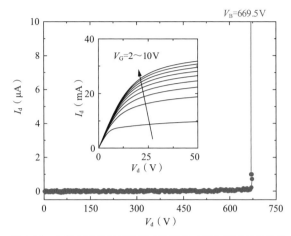

图 6-41　匀场 LDMOS 器件的击穿特性曲线和输出特性曲线

6.6.2　C–HOF LDMOS 器件实验

图 6-42 给出了 C-HOF LDMOS 器件的 SEM 照片,其中 P-顶层和 P-阱共用一张版,漂移区中有 7 个 MIS 槽阵列。顶视图为去除介质层后的 MIS 槽形状,槽壁氧化后,介质变为圆形结构,部分槽孔中存在残留多晶条。器件关态击穿曲线测试结果如图 6-43 所示。图 6-43 中给出了相同 L_d 下, D-RESURF 器件的仿真曲线,插图为器件显微照片。常规结构器件的 V_B 仅为 306V,且只能在优化 N 下获得。C-HOF LDMOS 器件的 V_B 为 426V,较 D-RESURF 器件的显著增加。匀场器件 V_B 增加的原因可以从两方面进行解释。首先,漂移区中引入了 7 个 MIS 槽阵列,其中介质槽参与器件耐压。由于二氧化硅的介电常数仅为硅介电常数的三分之一, 因此介质层可以承受更高的电场, 提高了漂移区的平均电场。其次, MIS 槽的全域耗尽作用使得漂移区中大量电离电荷产生的电场线终止于邻近的介质层中。由于碰撞电离积分不能越过介质层,因此提高了局部的硅临界电场,从而进一步提高了器件的平均电场,实验中器件的平均电场达到 27V/μm。因此匀场结构不但通过 MIS 耗尽增加了漂移区的 N,还提高了器件的平均电场,缩小了器件面积,从而显著降低了器件的 $R_{on,sp}$。

图 6-44 给出了 C-HOF LDMOS 器件开态安全工作区的测试结果并与 D-RESURF 器件相比较。可以看出, C-HOF 器件具有更宽的安全工作区,这是其开态电荷自平衡机制所致的。与 3.4.2 节中讨论的超结器件安全工作区类似, 开态下漂移区中存在大量的电子,相当于在耐压层中引入了负电荷。对传统器件而言,这些负电荷的引入导致器件表面电场不再是优化的哑铃状分布,而是在器件漏端具有更高的电场。因此器件开态 V_B 降低,安全工作区减小。而在开态下, C-HOF LDMOS 器件的 MIS 槽中可以自适应产生与开态电子自平衡的正、负电荷,实现开态下新的电荷自平衡,因此器

件开态 V_B 几乎不发生变化。

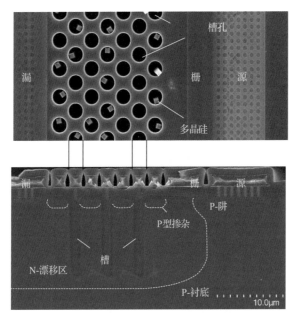

图 6-42　C-HOF LDMOS 器件的 SEM 照片

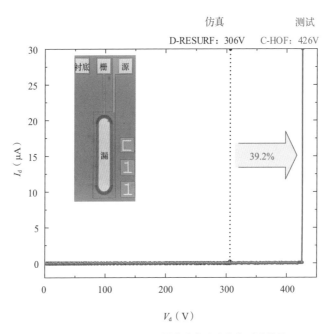

图 6-43　C-HOF LDMOS 器件关态击穿曲线测试结果

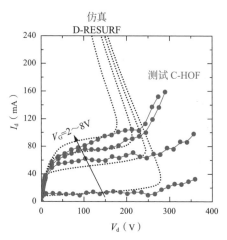

图 6-44　C-HOF LDMOS 器件开态安全工作区的测试结果

图 6-45 所示为不同 D_P 条件下 C-HOF LDMOS 器件的 V_B 和 $R_{on,sp}$ 测试结果。当器件掺杂剂量 D_P 在 $4×10^{12}\sim7×10^{12}cm^{-2}$ 范围内变化时，器件的 V_B 几乎为常数，而器件的 $R_{on,sp}$ 随着 D_P 的增加单调降低，实现了更好的器件特性。事实上，C-HOF 器件中存在双电荷自平衡机制，其表面 P-顶层主要与 MIS 槽保持电荷平衡，体内电离电荷产生的电荷场几乎不对表面电场分布产生影响。因此在漂移区的 D_P 发生变化时，击穿均不会发生在器件表面。表面 P-顶层除了具有降场层的作用，还具有固定场层的作用。也就是说，表面电场由 P-顶层固定以杜绝器件表面发生击穿，使得器件击穿由体内击穿决定，因此器件具有更加优越的 $R_{on,sp}$。在相同 V_B 下，C-HOF LDMOS 器件的 $R_{on,sp}$ 比传统三重 RESURF 器件的理论极限降低了 42.8%，器件 *FOM* 达到 9.2MW·cm^{-2}，优于前述横向超结器件的实验结果。

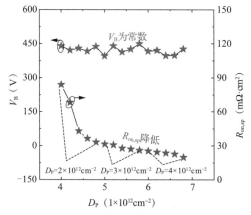

图 6-45　C-HOF LDMOS 器件的 V_B 和 $R_{on,sp}$ 测试结果

6.6.3　具有漏端耗尽截止槽的 C-HOF LDMOS 器件实验

当匀场器件的 L_d 变大时，实验发现器件 V_B 的增加并不显著。分析表明，这缘于器件漂移区元胞结构的周期性被破坏，即在靠近漏端一侧，若 L_d 很大，器件纵向 V_B 很高，靠近漏端的第一个槽可能产生三维体内曲率效应，从而导致器件体内提前发生击穿。解决该问题的基本思路是在器件漏电极下方保持周期性结构，因而提出了如图 6-23 所示的具有漏端耗尽截止槽的 C-HOF LDMOS 器件，其结构版图与显微照片如图 6-46 所示。通过改变深槽刻蚀版次，在漏端下方引入槽结构，能保持漏端匀场耐压元胞的周期性，从而解决器件体内提前发生击穿的问题。

图 6-46　具有漏端耗尽截止槽的 C-HOF LDMOS 器件的结构版图与显微照片

器件的顶视图和剖面图如图 6-47 所示。与 6.6.2 节中的结构相比，器件漂移区中引入了 15 个 MIS 槽阵列，新结构的漏端下方引入了连续的槽结构，可以看出漏端耗尽截止槽较漂移区槽更深。这是由于工艺中连续条状槽的刻蚀比分立孔状槽的刻蚀更加迅速，并非采用了新的版次。漏端下方槽通过通孔与漏电极连接，形成从表面到体内的等电势分布。漏电流从槽中间缝隙中流过，但由于漏端下方为高掺杂的 N^+ 和 N-缓冲层，电阻率很小，因此新设计并不会显著影响器件的 $R_{on,sp}$。

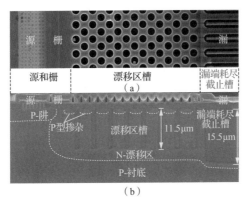

图 6-47　具有漏端耗尽截止槽的 C-HOF LDMOS 器件的 SEM 照片
（a）顶视图；（b）剖面图

图 6-48 所示为有槽和无槽结构的器件的对比，有槽结构的器件的 V_B 为 675.5V 而无槽结构的器件的 V_B 为 586.3V，同时有槽和无槽两种结构的器件的转移特性曲线几乎重合，说明漏端介质槽的引入不影响器件的 $R_{on,sp}$。图 6-49 给出具有漏端耗尽截止槽结构的器件的输出特性曲线。由于开态电荷自平衡效应，器件具有较宽的安全工作区。匀场器件漏端槽底的曲率效应可能是造成其 V_B 降低的主要原因，漏端耗尽截止槽结构可有效抑制该效应，增加 V_B。

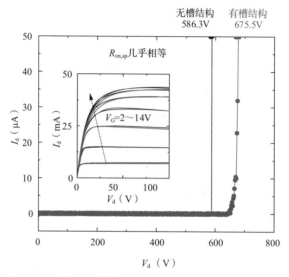

图 6-48 有槽和无槽结构的器件的击穿特性与转移特性对比

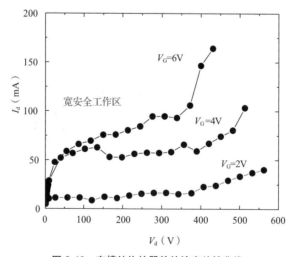

图 6-49 有槽结构的器件的输出特性曲线

图 6-50 给出有槽和无槽结构的器件的 V_B 和 $R_{on,sp}$ 与 D_P 的关系。由于体内双电荷

自平衡作用，两个器件的 V_B 均在宽浓度范围内保持稳定，有槽结构的 V_B 较无槽结构的增加了约 100V。同时两种器件的 $R_{on,sp}$ 均随 D_P 的增加而单调降低，且两种器件的 $R_{on,sp}$ 在不同条件下无显著差异，说明新结构可以在不改变工艺流程且不增加 $R_{on,sp}$ 的前提下，实现器件 V_B 的显著增加。

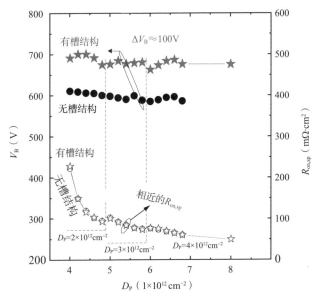

图 6-50　有槽和无槽结构的器件的 V_B 和 $R_{on,sp}$ 与 D_P 的关系

6.6.4　介质终端技术实验

为增加器件电流能力，集成器件一般采用叉指状元胞设计，匀场器件终端区的工艺与元胞区的完全一致。在终端指尖处形成连续环状结构，可有效屏蔽传统器件由于曲率效应带来的提前击穿问题。实验研制的介质终端结构为如图 6-51 所示的叉指状结构，同时对源在中心的器件的终端区长度 L_T 进行拉偏，使得 L_T 从 38μm 变化到 25μm，其中 L_T=38μm 的结构类似传统结构的较长终端结构，而 L_T=25μm 的结构则较漂移区长度 L_d 显著缩短。不同介质的 L_T 通过变化槽间距实现，其 SEM 照片如图 6-52 所示。通过缩短槽间距，槽壁氧化之后可以让终端区局部区域变为全介质区域。由于终端区不含硅层且介质的临界击穿电场显著高于硅的临界击穿电场，因此避免了传统终端的击穿问题。又由于终端区通过表面金属与元胞区金属等势环连接，因此终端区具有与元胞区完全一致的矩形场电场分布，这有效降低了终端区面积。

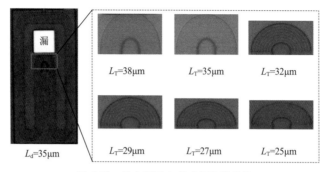

图 6-51　具有不同 L_T 的介质终端结构

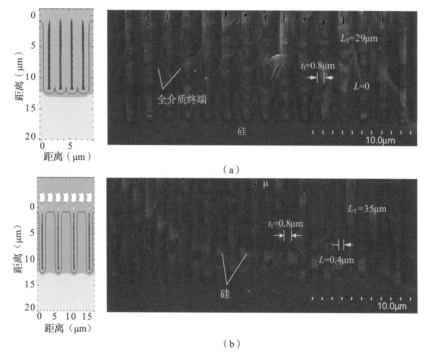

（a）

（b）

图 6-52　具有不同槽间距的终端结构
（a）全介质终端结构；（b）分立槽终端结构

图 6-53 给出了介质终端结构测试结果。图 6-53（a）表明介质终端结构的 V_B 与 L_T 无关，随着 L_T 从 38μm 逐渐减小到 25μm，器件的 V_B 保持恒定，证明了介质终端技术对曲率效应的屏蔽作用。而对于传统终端结构，器件的 V_B 随着 L_T 的减小持续降低，这是由于传统终端结构的终端区仍然为硅层耐压，且曲率效应造成局部存在电场峰值，因此一般需要更长的耐压距离以维持高 V_B。图 6-53（b）所示为击穿曲线。不同 L_T 下，器件的击穿曲线几乎一致。插图所示为不同终端结构的对比。定义 k_T 为 L_T 与 L_d 之比，介质终端结构是唯一实现 $k_T<1$，即终端区耐压距离小于漂移区长度的新型终端结构，

具有最小的终端区面积。

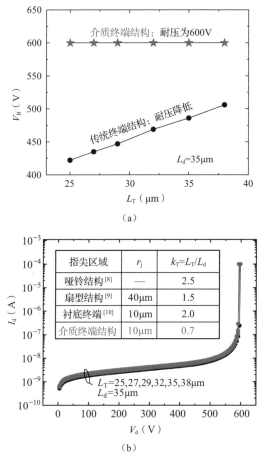

图 6-53　介质终端结构测试结果
（a）V_B 与 L_T 关系；（b）击穿曲线

6.7　匀场耐压层应用探索

功率半导体器件可被简单视为耐压层与相应低压控制器件的串联，匀场耐压层是一种新型耐压层结构，因此可被用于不同的集成功率器件以实现性能提升，本节将对匀场耐压层应用进行拓展，讨论它在 SOI 器件、高压互连技术与体内曲率结拓展技术等方面的应用。

6.7.1　SOI 器件

SOI 应用于功率半导体器件时遇到的主要挑战是其较低的纵向 V_B，这是由于 SOI

埋氧层阻止了耐压层等势线向体内拓展，使其纵向 V_B 仅由顶层硅和介质层承担，隔离与散热等限制了顶层硅和埋氧层的厚度，因此 SOI 器件主要应用于耐压为 200V 级的功率 IC 中，V_B 难以达到 600V 以上。为解决此问题，本书作者所在功率集成技术实验室提出 ENDIF 理论[11]，并提出增强介质层电场以提升纵向耐压的研究思路。

图 6-54 给出 SOI 集成器件结构与实现 ENDIF 的 4 条途径。图 6-54（a）为具有界面电荷的 SOI 集成器件，顶层硅和介质层厚度分别为 t_s 和 t_I，界面电荷密度为 σ_{in}。器件漏端下方承受最高纵向耐压，介质层电场 E_I 满足如下关系：

$$E_I = \frac{q}{\varepsilon_I}\sigma_{in} + \frac{\varepsilon_s E_c}{\varepsilon_I}(1+\lambda_m) \qquad (6\text{-}17)$$

其中，q、ε_s 和 ε_I 分别为电子电荷量、硅和介质的介电常数。

式（6-17）中除 q 和 ε_s 之外还有 4 个变量，对应实现 ENDIF 的 4 条途径。

1. 提升半导体临界击穿电场 E_c。碰撞电离率积分不能越过介质，因此减薄硅层可实现 E_c 增强，使得介质层电场提高 ΔE_{I1}。4.5.2 节的实验结果中，E_c 高达 106.7V/μm。

2. 降低介质层介电常数 ε_I。由于介质层界面电通量连续，顶层硅和介质层之间电场与介电常数成反比，因此采用低介电常数的介质层可实现高介质层电场，从而使介质层电场提高 ΔE_{I2}，如介电常数为 2 的低 K 介质可使电场可提高至接近 2 倍。

3. 引入界面电荷 σ_{in}。在半导体与介质层上界面引入正电荷使其产生的电通量指向介质层，即可使介质层电场提高 ΔE_{I3}，界面电荷量每增加 $1\times10^{12}cm^{-2}$，介质层电场提高 46.4V/μm，且界面电荷剂量独立于漂移区掺杂浓度，甚至可提升至 $1\times10^{13}cm^{-2}$。

4. 引入界面切向调制因子 λ_m。SOI 漏端发生击穿的主要原因是漏端下方界面的法向电通量全部指向衬底，导致硅层电场提高。若引入界面调制机制，使电场切向分量增加、法向分量减少，可使介质层电场提升 ΔE_{I4}。引入 λ_m 的一种可行方法是在界面处引入新的电势边界条件，如将匀场耐压层的电极插入埋介质层中，实现界面纵向等电势。

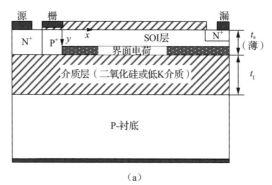

（a）

图 6-54 ENDIF 理论
（a）SOI 集成器件结构

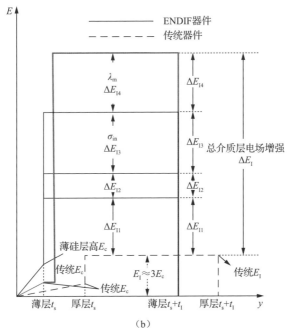

图 6-54　ENDIF 理论（续）

（b）实现 ENDIF 的 4 条途径

图 6-55 为 ENDIF SOI 匀场器件，其漂移区分立槽中的电极插入埋介质层中。当器件漏端添加高电位时，电极中耦合出等电势分布，电极的等电势特性使得顶层硅与埋介质层纵向电势相等，这降低了界面处电场的法向分量，同时增加了切向分量，实现了电场的切向调制。

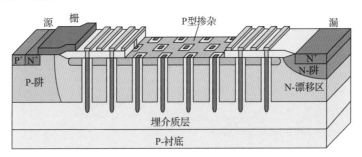

图 6-55　ENDIF SOI 匀场器件

图 6-56 为 ENDIF SOI 匀场器件的仿真结果，器件 t_s=11μm，t_I=4μm，L_d=66μm，电极阵列为 50 列，电极插入介质层的深度为 1.5μm。图 6-56（a）给出了等势线分布，器件 V_B 高达 1423V。由于电极引入剧烈的横向调制作用，埋介质层承担了大部分纵向 V_B。图 6-56（b）给出了电极下界面电场分布，其电场比常规电场高约 90V/μm，显示

出非常明显的 ENDIF 效果，验证了机理的正确性。

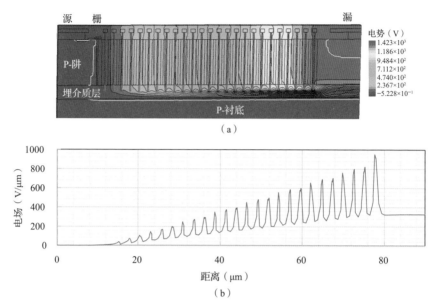

图 6-56　ENDIF SOI 匀场器件的仿真结果
（a）等势线分布；（b）电极下界面电场分布

图 6-56 给出的 ENDIF SOI 匀场器件在工艺上与体硅匀场器件完全兼容，不需要单独对埋氧层界面进行单独工艺设计，其工艺难点是在刻蚀顶层硅之后进一步对埋氧层刻蚀。本书作者对刻槽单步工艺进行了探索，通过设计不同复合刻蚀硬掩膜、调整刻蚀气体氛围等技术手段，实现对顶层硅和埋氧层的刻蚀，SEM 照片如图 6-57 所示。实验中顶层硅和埋氧层厚度分别为 7μm 和 1.5μm。除特殊深槽刻蚀工艺外，ENDIF SOI 匀场器件后续的实现工艺与体硅器件的完全一致。

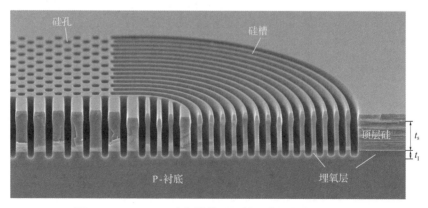

图 6-57　ENDIF SOI 匀场器件顶层硅与埋氧层复合刻蚀形貌

6.7.2　高压互连技术与体内曲率结扩展技术

高压器件一般为闭合结构，高压端位于器件内部，在实现与控制电路集成时，可能存在高压互连线跨越整个漂移区的情形，高压互连线的强调制作用可能导致表面提前发生击穿。匀场耐压层体内浮空电极通过表面金属环连接，这些金属环可以吸收高压互连线发出的电场线，从而屏蔽其不利影响。图 6-58 给出采用双层金属实现的具有高压互连线的匀场器件结构。通过多晶、第一层金属和通孔的设计，可完全屏蔽来自高压互连线的影响。这种屏蔽作用还可能使器件漏端键合 Pad 并位于漂移区上方，从而减少芯片面积。

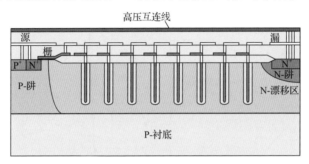

图 6-58　具有高压互连线的匀场器件结构

RESURF 器件漂移区持续增长后，漏端下方的耐压接近平行平面结击穿，耐压随漂移区长度 L_d 的增加先线性增加然后以双曲正切函数规律逐渐接近饱和，导致器件平均电场大大降低，耐压距离变大，$R_{on,sp}$ 显著提高。匀场耐压层的深槽工艺可被用于实现体内掺杂，通过调整工艺使槽底注入位于漂移区推结之前，即能在漏端下方引入 N-岛区，由于 N-岛区具有很大的半径，因此可实现体内曲率结拓展，解决 RESURF 器件表面哑铃状凹陷的问题，如图 6-59 所示。

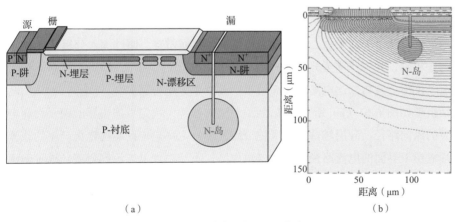

（a）

（b）

图 6-59　体内曲率结拓展技术
（a）器件结构；（b）仿真等势线分布

图 6-60 给出具有体内曲率和表面曲率两种结构的漏端下方电场和表面电场分布。为实现千伏级耐压，常规表面曲率结构需采用较高电阻率（120Ω·cm）的衬底，在 L_d=90μm 条件下实现 1007V 的 V_B，引入体内曲率结构可在电阻率为 105Ω·cm 的衬底和 72μm 的漂移区长度下实现 1088V 的 V_B。V_B 的提升源于 N-岛在体内引入的新电场峰值，这提升了器件的纵向耐压。更为重要的是，体内曲率结构解决了表面电场随 L_d 的增加而显著降低的问题，缩小了芯片面积。体内曲率结构对千伏级集成器件"最后 100V"耐压的实现特别有效。

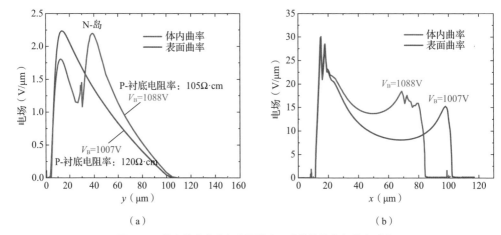

图 6-60　具有体内曲率和表面曲率两种结构的电场分布对比
（a）漏端下方电场分布对比；（b）表面电场分布对比

6.8　非完全式雪崩击穿原理与 more silicon 发展

对于 V_B 大于 7V 的硅基功率半导体的分析，均采用基于一维 PN 结的传统完全式雪崩击穿原理：这种硅基功率半导体的载流子雪崩过程仅有单一"电离"态，且电离产生的一次载流子全部参与二次电离，直至发生雪崩击穿。通过深入分析薄层 SOI 器件的耐压机理，本书作者发现载流子存在可相互转换的"电离+输运"两态，导致一些载流子仅部分参与二次电离，从而根本上改变了雪崩击穿原理。"电离+输运"两态的转换机理如图 6-61（a）所示，传统薄层 SOI 器件中决定雪崩击穿的路径为高电位区下方的纵向路径。硅层越薄，电离积分路径越短，高电位区碰撞电离产生的载流子通过埋氧层上界面的电流路径输运到低电位区，不经由埋氧层流向衬底，这种输运保持了电流连续性且路径上载流子不参与碰撞电离率积分。因此，载流子存在可相互转换的电离和输运两个状态，载流子进入输运路径后，运动状态从电离态转变为输运态。薄层 SOI 器件的 E_c 增强物理上来源于碰撞电离率积分不能越过介质。二氧化硅的禁带宽度高达约 8eV，因此高电场加速后的载流子无法在二氧化硅中产生碰撞电离。

在 SOI 器件中，通过减薄顶层硅厚度 t_s 可实现 E_c 增强，这成为提升 E_c，实现 ENDIF 的 4 条途径之一。4.5.2 节给出了 E_c 与 t_s 之间的定量关系：

$$E_c = 4.7 \exp\left[\frac{19.64}{\ln(3227.4t_s)}\right] \qquad \text{(V/μm)} \qquad (6\text{-}18)$$

其中，t_s 以 μm 为单位。根据式（6-18）可知，E_c 仅在 t_s 很小时有显著的增强效果，且薄硅层 SOI 器件仅有纵向 E_c 增强，横向 E_c 并未增强。因此，传统技术为一种小尺寸"短程" E_c 增强，若能在长漂移区中实现 E_c 增强，将能显著缩短漂移区长度，进而减小 $R_{\text{on,sp}}$。

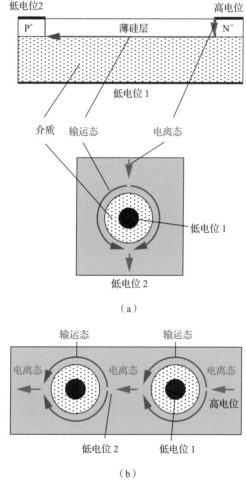

（a）

（b）

图 6-61　"电离+输运"两态转换机理

（a）受传统薄层 SOI 器件耐压机理启发提出的环形输运机理；（b）"电离-输运"新元胞实现"电离+输运"两态周期性转换

由于碰撞电离率积分沿着电场线方向进行，因此只需要通过调制使得半导体中电场线指向介质或者部分指向介质，即能实现载流子输运而不电离。在此思路启发下，考虑 SOI 结构特殊的加压方式，可将 SOI 结构卷曲形成环形氧化层结构，该结构的中心电势相对较低，载流子可环介质输运，实现如图 6-61（a）所示的两态转换。进一步串联构建"电离-输运"新元胞，可突破传统 E_c 限制，如图 6-61（b）所示。

图 6-62 对比了非完全式雪崩击穿原理与传统完全式雪崩击穿原理。图 6-62（a）为传统完全式雪崩击穿原理，它假设雪崩态载流子仅存在单一"电离"态，且所有碰撞电离产生的一次载流子均参与二次加速碰撞，产生新的电子空穴对，导致载流子数目指数增加，最终达到雪崩击穿。这种情况下，E_c 近似为常数，成为限制器件性能的"天花板"，传统完全式雪崩击穿原理下的器件优化可归结为"E_c 下的电场均匀化"。在非完全式雪崩击穿新原理中，通过在耐压层中引入输运单元，可实现载流子"电离+输运"两态转换，使电离载流子进入输运区，不参与碰撞电离，总体载流子数目大大减少，从而使器件电场突破传统 E_c 限制，如图 6-62（b）所示。

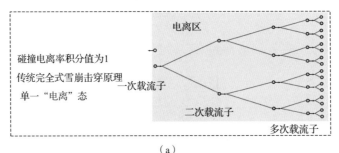

（a）

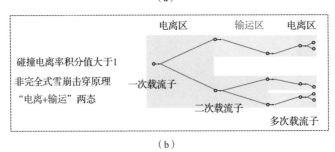

（b）

图 6-62 非完全式雪崩击穿原理与传统完全式雪崩击穿原理
（a）传统完全式雪崩击穿原理；（b）非完全式雪崩击穿原理

与传统完全式雪崩击穿原理相比，非完全式雪崩击穿原理中部分碰撞电离载流子进入输运路径，不参与二次电离，可实现非完全式雪崩击穿。该特性理论上可等效为在耗尽区中引入局部输运区，输运区内载流子仅通过输运发生位置变化，保持电流连续性，不参与二次碰撞电离，如图 6-63 所示。基于此，整个耐压区被分解为电离区与输运区，在电离区内电子、空穴碰撞电离与常规无异，输运区内碰撞电离率为零。

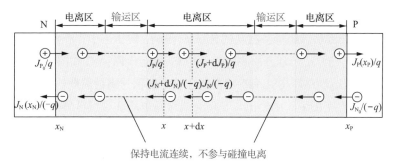

图 6-63　非完全式雪崩击穿原理

载流子的"电离+输运"两态转换改变了传统完全式雪崩电离物理图像，将导致完全不同的雪崩击穿原理和新的雪崩击穿判据。1.2.1 节将碰撞电离率从物理上分解为碰撞率和电离率。在传统完全式雪崩击穿原理下，碰撞和电离的平均自由程主要由晶格常数决定，因此为常数。非完全式雪崩击穿原理下，输运区只发生位置变化而不产生电离，该过程从理论上可等效为载流子仅发生能量变化而没有发生与半导体晶格的有效碰撞，即碰撞平均自由程的变化。输运过程增大了载流子的平均自由程，使得碰撞率降低。换句话说，将载流子与介质碰撞导致碰撞电离率积分被截断的过程等效为与晶格碰撞概率降低，可以大大降低解析难度。基于此思路，给出非完全式雪崩击穿平均自由程 $l_{NFA}=\beta l_0$，其中 β 为输运因子，表示平均自由程放大的比例。因此，碰撞电离率可进一步表示如下：

$$\alpha = \frac{1}{\beta l_0}\exp\left(-\frac{k\varepsilon_T/ql_0}{E}\right) \tag{6-19}$$

为讨论非完全式雪崩击穿原理下的 E_c 增强，需考虑"电离-输运"元胞的周期性，得到非完全式雪崩击穿条件如下：

$$\int_{x_{c_0}}^{x_{c_1}} n\frac{\alpha_n}{\beta}\frac{1-\gamma_\alpha}{\ln\gamma_\alpha}dx > 1 \tag{6-20}$$

其中，n 表示"电离-输运"的元胞个数，x_{c_0} 和 x_{c_1} 为每个元胞中积分上、下限，系数 γ_α 与式（3-24）中一致。

由于输运因子 β 表示由于输运导致载流子碰撞平均自由程的增加，对于完全没有输运情况的传统完全式雪崩击穿来说，$\beta=1$；对于考虑"电离+输运"两态情况的非完全式雪崩击穿来说，$\beta>1$。这意味着非完全式雪崩击穿原理导致传统碰撞电离率积分值大于 1，突破传统 E_c 限制，提升器件特性。

匀场耐压层中引入的浮空 MIS 阵列可作为载流子输运结构，如图 6-64（a）所示。

匀场耐压层的耦合加压方式可实现合适的电极相对电位，载流子环介质运动为周期性运动，输运状态的介质之间为周期性电离区，从而实现载流子"电离+输运"两态周期性转换，突破长漂移区半导体材料的传统 E_c 限制。耐压层中存在两条可能的击穿路径，包括图 6-64（a）中跨越介质中心的"电离-输运"路径 II′和图 6-64（b）中跨越硅层的"逃逸-输运"路径 SS′。其中路径 II′上电离积分满足周期性"电离-输运"特点，其电场分布已在图 6-6 中给出，呈现介质区高电场和硅层区低电场。仿真和实验均发现路径 SS′上的 E_c 也被增强了，这是因为该路径上碰撞电离载流子在匀场阵列构建的二维加速场作用下"逃逸"到邻近的输运元胞，不参与二次电离，体现为"逃逸-输运"路径，这实现了大尺寸条件下的 E_c 增强。

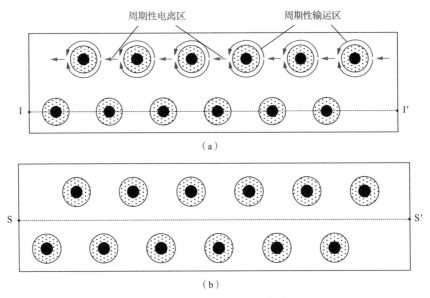

图 6-64　具有周期性"电离-输运"元胞的匀场耐压层
（a）介质中心的"电离-输运"路径；（b）硅层的"逃逸-输运"路径

输运因子 β 主要由如图 6-64 所示的"电离-输运"的元胞尺寸和输运阵列的相对位置决定。图 6-65 为不同耐压层长度下"逃逸-输运"路径 SS′上的硅层电场分布，其中 L 和 H 均为 2.4μm，环形输运介质厚度 t_1 为 0.8μm，半径为 1μm。"电离-输运"元胞的周期性结构导致硅层电场分布也呈现周期性，通过优化元胞尺寸，改变输运区与电离区比例，可进一步增强 E_c。

图 6-66 给出了非完全式雪崩击穿结构增强 E_c 与传统 E_c 对比，其中匀场结构 1 为图 6-65 电场的对应结果，匀场结构 2 为将匀场阵列最小距离缩小至 2.14μm 的仿真结果。可以看出，两个匀场结构均突破了传统 E_c 限制，在不同耐压元胞个数条件下均实现了 E_c 增强。匀场耐压层 E_c 与元胞尺寸密切相关，对于具体的元胞，只需确定 β 即

可预测其增强 E_c。

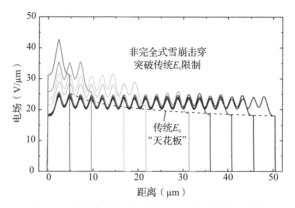

图 6-65 "逃逸-输运"路径 SS'上硅层的电场分布

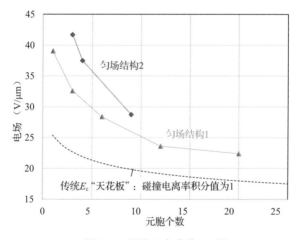

图 6-66 增强 E_c 与传统 E_c 对比

基于非完全式雪崩击穿原理，可通过改变槽列数获得不同耐压层长度下的 V_B，部分击穿曲线在图 6-67 中给出，当槽列数为 1～3 时，器件的耐压分别为 150.7V、210V 和 260V，具有 7 个槽的匀场结构获得了 441V 的击穿电压，测试结果表明匀场耐压层由于 E_c 增强，可大大提升器件 V_B，使其远高于常规 PIN 的理想耐压。

图 6-68 中给出了更多的测试和仿真结果，包括 PIN 理想耐压和击穿电压归一化系数 $\eta=0.8$ 的优化超结耐压。实测数据表明匀场器件的高 E_c 特性在 $L_d<35\mu m$ 的短漂移区条件下更为明显，长漂移区条件下耐压特性提升较为缓慢，这是由于长漂移区条件下体内复杂三维曲率效应不可忽略，虽然添加漏端耗尽截止槽可部分缓解该问题，但纵向击穿特别是终端区的击穿是限制其 V_B 提升的主要因素。在进一步仿真中可完全消除体内曲率效应的影响，长漂移区条件下匀场耐压层的 V_B 均优于传统 PIN 耐压的 V_B。

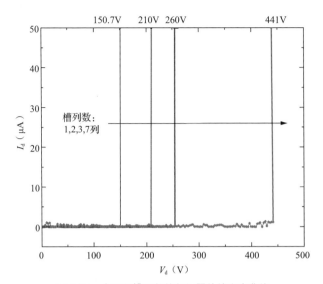

图 6-67　含不同槽列数的匀场器件的击穿曲线

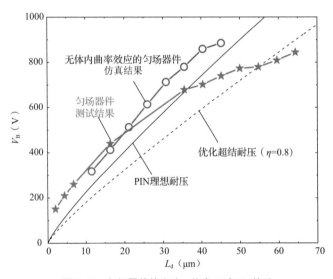

图 6-68　匀场器件的实验、仿真 V_B 与 L_d 关系

随着工艺和技术的不断进步，硅基功率半导体器件日趋成熟，除常规性能改善外，非完全式雪崩击穿原理寻求基本器件物理的突破，期待为硅基功率器件发展注入新活力，如促进开展如下研究工作。

1. 耐压为 200V 以下的功率器件。实验证明匀场耐压层的 E_c 增强效果在低压领域更加有效，耐压为 200V 及以下的器件由于耐压层较短，难以如高压器件一样在内部形成大密度电荷补偿来进一步降低 $R_{on,sp}$，因此提升硅 E_c 及采用介质层可能是更为有效的解决方案。

2．高压集成 PMOS。传统高压集成 PMOS 的主要问题是衬底低电位仅能耗尽 N-漂移区，导致 P 区掺杂浓度较低。主要解决办法是引入 N 型掺杂或者漏端场板补偿，但效果欠佳。匀场耐压层周期性元胞电极的相对高电位可实现 P-漂移区耗尽，使掺杂剂量独立于衬底耗尽，因此可能实现高压 PMOS 器件，进而构建高压 CMOS IC。

3．超高压 SOI 集成。基于匀场耐压层的 ENDIF 技术，不需要单独在埋介质层界面设计结构，可直接通过表面深槽刻蚀实现体内 ENDIF 效果，具有与传统工艺兼容的特点，有望结合 ENDIF 技术实现超高压 SOI 集成。

图 6-69 给出功率半导体器件展望，为实现高功率密度和低功率损耗，功率半导体器件沿着两条主要方向发展。在硅基器件方向，发展出阻型、结型、MIS 型等新型耐压层，器件 $R_{on,sp}$ 和 V_B 之间的指数矛盾关系从 2.5 次方、1.32 次方降至 1.03 次方，结构方面发展出 SJ、IGBT、HOF 等，并有 ANN 和 NFA 原理等为硅基功率器件的发展注入新的活力。在宽禁带功率半导体材料方向，拓展出 SiC、GaN、Ga_2O_3、ZnO 等新型材料。半导体材料的出现改变了基本材料参数，有望带来器件特性（如决定关态雪崩击穿的 E_g、改变电场分布的 ε、影响开态载流子浓度的 ΔE、确定载流子运动速度的 μ 等）的显著变化。同时还可能考虑与硅器件完全不同的新原理，如异质结中 2DEG 导电等。

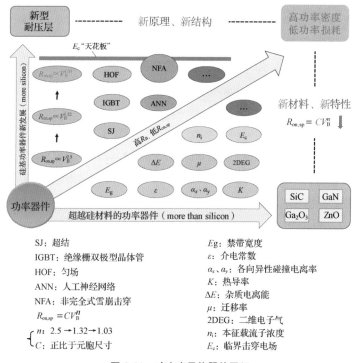

图 6-69 功率半导体器件展望

参 考 文 献

[1] ZHANG W T, ZHANG B, QIAO M, et al. A novel vertical field plate lateral device with ultralow specific on-resistance [J]. IEEE Transactions on Electron Devices, 2014, 61(2): 518-524.

[2] ZHANG B, ZHANG W T, ZU J, et al. Novel homogenization field technology in lateral power devices [J]. IEEE Electron Device Letters, 2020, 41(11): 1677-1680.

[3] ZHANG W T, ZHU X H, QIAO M, et al. Analytical model and mechanism of homogenization field for lateral power devices [J]. IEEE Transactions on Electron Devices, 2021, 68(8): 3956-3962.

[4] ZHANG G S, ZHANG W T, He J Q, et al. Experiments of a novel low on-resistance LDMOS with 3-D floating vertical field plate [C] // 2019 IEEE 31st International Symposium on Power Semiconductor Devices and IC's. 2019: 507-510.

[5] ZHANG W T, WU Y, ZHANG K, et al. Experiments of a lateral power device with complementary homogenization field structure [J]. IEEE Electron Device Letters, 2021, 42(11): 1638-1641.

[6] ZHANG W T, ZHU L, TIAN F R, et al. Experiments of homogenization field LDMOS with trench-stopped depletion [J]. IEEE Transactions on Electron Devices, 2022, 69(5): 2528-2533.

[7] ZHANG W T, ZU J, ZHU X H, et al. Mechanism and experiments of a novel dielectric termination technology based on equal-potential principle [C] // 2020 IEEE 32nd International Symposium on Power Semiconductor Devices and IC's. IEEE, 2020: 38-41.

[8] LI Z, HONG X, REN M, et al. A controllable high-voltage C-SenseFET by inserting the second gate [J]. IEEE Transactions on Power Electronics, 2010, 26(5): 1329-1332.

[9] LEE S H, JEON C K, MOON J W, et al. 700V lateral DMOS with new source fingertip design [C] // 2008 IEEE 20th International Symposium on Power Semiconductor Devices and IC's. IEEE, 2008: 141-144.

[10] QIAO M, HU X, WEN H, et al. A novel substrate-assisted RESURF technology for small curvature radius junction [C] // 2011 IEEE 23rd International Symposium on Power Semiconductor Devices and IC's. IEEE, 2011: 16-19.

[11]   ZHANG B, LI Z, HU S, et al. Field enhancement for dielectric layer of high-voltage devices on silicon on insulator [J]. IEEE Transactions on Electron Devices, 2009, 56(10): 2327-2334.

附录1 功率半导体器件基本图表

1.1 功率半导体材料性质

表 A1-1 几种常用半导体材料性能比较

参数	Si	GaAs	4H–SiC	6H–SiC	GaN
禁带宽度（eV）	1.12	1.42	3.26	3	3.44
相对介电常数	11.9	13.1	9.8	9.7	9.5
电子迁移率（cm²·V⁻¹·s⁻¹）	1350	8500	980	370	900（体材料）
					2000（二维电子气）
临界击穿电场（V/μm）	30	40	300	200	330
电子饱和漂移速度（μm/ns）	100	200	200	200	250
热导率（W·cm⁻¹·K⁻¹）	1.7	0.5	4.9	4.9	1.3
Baliga 优值 $\varepsilon\mu E_c^3$	1	16	598	66	1574

1.2 给定耐压层长度 L 下的硅的理想击穿电压 V_B

图 A1-1 所示为给定 L 下的硅的理想 V_B 曲线，其中初值为理想 V_B 的 80%，可作为给定 V_B 下优化耐压距离的参考范围。

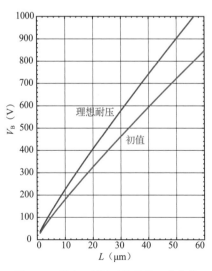

图 A1-1 给定 L 下的硅的理想 V_B 与初值

1.3　给定耐压层长度 L 下的理想平均电场 E_{p_0}

图 A1-2 所示为给定 L 下的 E_{p_0}（$E_{p_0}=V_B/L$），该曲线可作为优化器件 V_B 的定量评估边界。

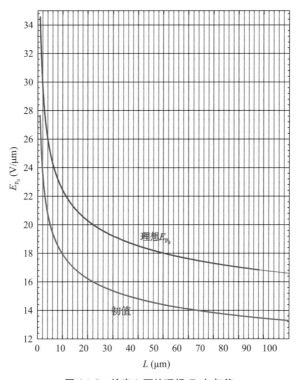

图 A1-2　给定 L 下的理想 E_{p_0} 与初值

1.4　给定耗尽距离 t_s 下的最高掺杂浓度 N_{max} 与优化掺杂浓度 N 的范围

图 A1-3 所示为给定 t_s 下的 N_{max} 和优化 N 的范围。器件设计优化时，N 的边界不超过 N_{max}，且优化 N 为图中优化族所示区域。优化族曲线通过本书中横向超结与纵向超结、介质超结的设计公式计算获得，可涵盖一般 t_s 下的典型优化 N。

1.5　给定耗尽距离 t 下的最高掺杂剂量 D_{max} 与优化掺杂剂量 D 的范围

图 A1-4 所示为给定 t 下的 D_{max} 和优化 D 的范围。器件设计优化时，D 的边界不超过 D_{max}，且优化 D 的范围为图中优化族所示区域。

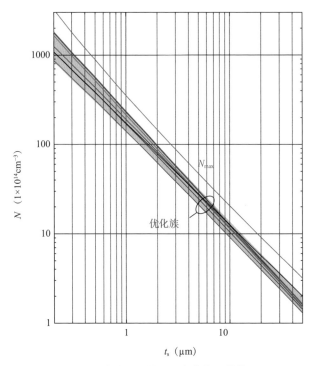

图 A1-3　给定 t_s 下的 N_{max} 与优化 N 的范围

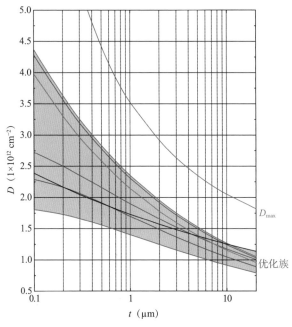

图 A1-4　给定 t 下的 D_{max} 与优化 D 的范围

1.6　给定掺杂浓度 N 下的比导通电阻 $R_{on,sp}$

图 A1-5 给出 N 型或者 P 型掺杂半导体区的电阻率取值，该图可以估算一定导电区的 $R_{on,sp}$，计算公式附于图后。

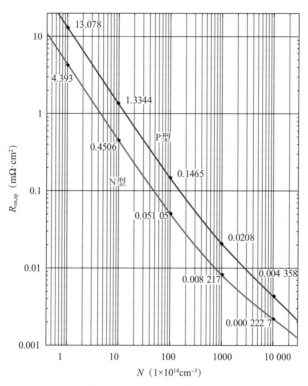

图 A1-5　给定 N 下的 $R_{on,sp}$

$$\begin{cases} R_{on,sp}(\text{纵向}) = R_{on,sp_0}\, L \\[2mm] R_{on,sp}(\text{横向}) = R_{on,sp_0}\, \dfrac{L^2}{H} \\[2mm] R_{on,sp}(\text{折叠}) = R_{on,sp_0}\, \dfrac{L}{H} L_s \end{cases}$$

其中，H、L_s 和 L 的单位为 μm。

附录2　超结傅里叶级数法解的化简与电荷场归一化

根据第 2 章傅里叶级数法，得到超结耐压层的二维电势分布：

$$\phi(x,y) = -\frac{V_d}{L_d} y + \frac{qNW^2}{\varepsilon_s} \frac{4}{\pi^3} \sum_{k=1}^{\infty} \frac{1}{k^3} \sin\frac{k\pi}{2} \cos\frac{k\pi x}{W} \left(1 - \frac{\cosh\dfrac{k\pi y}{W}}{\cosh\dfrac{k\pi L_d}{2W}} \right) \qquad （A2\text{-}1）$$

从而得到电势场与电荷场分布为：

$$E_p(y) = V_d/L_d \qquad （A2\text{-}2）$$

$$E_{q,i}(x,y) = E_0 F_i(x,y), \qquad i = x,y \qquad （A2\text{-}3）$$

其中，$E_0 = qNW/2\varepsilon_s = 7.6 \times 10^{-12} NW$（V/μm），表示由 N 决定的横向 PN 结面的电场峰值，NW 的单位为 $\mathrm{cm^{-2}}$；$F_i(x,y)$ 表示只与器件尺寸有关的电场分布函数：

$$\begin{cases} F_x(x,y) = \dfrac{8}{\pi^2} \sum_{k=1}^{\infty} \dfrac{1}{k^2} \sin\dfrac{k\pi}{2} \sin\dfrac{k\pi x}{W} \left(1 - \dfrac{\cosh\dfrac{k\pi y}{W}}{\cosh\dfrac{k\pi L_d}{2W}} \right) \\[4ex] F_y(x,y) = \dfrac{8}{\pi^2} \sum_{k=1}^{\infty} \dfrac{1}{k^2} \sin\dfrac{k\pi}{2} \cos\dfrac{k\pi x}{W} \dfrac{\sinh\dfrac{k\pi y}{W}}{\cosh\dfrac{k\pi L_d}{2W}} \end{cases} \qquad （A2\text{-}4）$$

发生击穿时，E_p 只与 V_B 和 L_d 有关，是一个不随 x、y 变化的一维恒定电场，$E_q(x,y)$ 为式（A2-3）和式（A2-4）中的级数项。

1．电荷场的化简

从式（A2-4）可求出 A 点和 O'点的电荷场峰值。

A 点 $(0, L_d/2)$ 的电荷场峰值为：

$$\begin{aligned} E_q = E_{q,y}\left(0, \frac{L_d}{2}\right) &= \frac{qN}{\varepsilon_s} \frac{4W}{\pi^2} \sum_{k=1}^{\infty} \frac{1}{k^2} \sin\frac{k\pi}{2} \tanh\frac{k\pi L_d}{2W} \\ &= \frac{qNL_d}{2\varepsilon_s} \frac{W}{L_d} \frac{8}{\pi^2} \sum_{k=1}^{\infty} \frac{1}{k^2} \sin\frac{k\pi}{2} \tanh\frac{k\pi L_d}{2W} \\ &= \frac{qNW}{2\varepsilon_s} f \end{aligned} \qquad （A2\text{-}5）$$

当 $L_{\mathrm{d}} > 2W$ 时，系数 f 可做如下化简：

$$f = \frac{8}{\pi^2} \sum_{k=1}^{\infty} \frac{1}{k^2} \sin \frac{k\pi}{2} \tanh \frac{k\pi L_{\mathrm{d}}}{2W} \approx \frac{8C}{\pi^2} \approx 0.742 \tag{A2-6}$$

其中，C 为卡塔兰常数，$C = \sum_{k=1}^{\infty} \frac{(-1)^{k+1}}{(2k-1)^2} \approx 0.91596$。

O′点（$W/2, 0$）的电荷场峰值为：

$$E_x\left(\frac{W}{2}, 0\right) = \frac{qN}{\varepsilon_{\mathrm{s}}} \frac{4W}{\pi^2} \sum_{k=1}^{\infty} \frac{1}{k^2} \sin \frac{k\pi}{2} \sin \frac{k\pi}{2} \left(1 - \frac{1}{\cosh \frac{k\pi L_{\mathrm{d}}}{2W}} \right) \tag{A2-7}$$

$$\approx \frac{qN}{\varepsilon_{\mathrm{s}}} \frac{4W}{\pi^2} \sum_{k=1}^{\infty} \frac{1}{k^2} \sin^2 \frac{k\pi}{2} = \frac{qNW}{2\varepsilon_{\mathrm{s}}}$$

因此，纵向电荷场峰值为横向电荷场峰值的 f 倍：

$$E_{\mathrm{q},y}\left(0, \frac{L_{\mathrm{d}}}{2}\right) = f E_x\left(\frac{W}{2}, 0\right) \tag{A2-8}$$

该式反映了超结电场的二维性，即纵向电场峰值由横向电场的 N 决定，也就是横向电场对纵向电场的调制作用。

2. 等势关系的证明

在式（A2-1）中，电离电荷产生的电势分布为：

$$\phi(x, y) = \frac{qNW^2}{\varepsilon_{\mathrm{s}}} \frac{4}{\pi^3} \sum_{k=1}^{\infty} \frac{1}{k^3} \sin \frac{k\pi}{2} \cos \frac{k\pi x}{W} \left(1 - \frac{\cosh \frac{k\pi y}{W}}{\cosh \frac{k\pi L_{\mathrm{d}}}{2W}} \right) \tag{A2-9}$$

电荷场在对称点 O′点的电势为：

$$\phi\left(\frac{W}{2}, 0\right) = \frac{qNW^2}{\varepsilon_{\mathrm{s}}} \frac{4}{\pi^3} \sum_{k=1}^{\infty} \frac{1}{k^3} \sin \frac{k\pi}{2} \cos \frac{k\pi}{2} \left(1 - \frac{1}{\cosh \frac{k\pi L_{\mathrm{d}}}{2W}} \right) = 0 \tag{A2-10}$$

A 点的电势为：

$$\phi\left(0, \frac{L_{\mathrm{d}}}{2}\right) = \frac{qNW^2}{\varepsilon_{\mathrm{s}}} \frac{4}{\pi^3} \sum_{k=1}^{\infty} \frac{1}{k^3} \sin \frac{k\pi}{2} \cos \frac{k\pi x}{W} \left(1 - \frac{\cosh \frac{k\pi L_{\mathrm{d}}}{2W}}{\cosh \frac{k\pi L_{\mathrm{d}}}{2W}} \right) = 0 \tag{A2-11}$$

电荷场在 O 点的电势为：

$$\phi(0,0) = \frac{qNW^2}{\varepsilon_s} \frac{4}{\pi^3} \sum_{k=1}^{\infty} \frac{1}{k^3} \sin\frac{k\pi}{2} \left(1 - \frac{1}{\cosh\dfrac{k\pi L_d}{2W}}\right)$$

$$\approx \frac{qNW^2}{\varepsilon_s} \frac{4}{\pi^3} \sum_{k=1}^{\infty} \frac{1}{k^3} \sin\frac{k\pi}{2} \qquad (A2\text{-}12)$$

$$= \frac{qNW^2}{\varepsilon_s} \frac{4}{\pi^3} \frac{\pi^3}{32} = \frac{qNW^2}{8\varepsilon_s} = \Delta\phi_q/2$$

因此，O、A 两点和 O、O′两点之间的电势差相等，即 $V_{OA}=V_{OO'}$，满足等势关系。

使用指数函数来近似 AA′线上的电场分布。

$$E_q(0,y) = E_q \exp\left(\frac{y - L_d/2}{M}\right) \qquad (A2\text{-}13)$$

其中，M 为待定系数，根据等势关系得到：

$$\int_0^{L_d/2} E_q \exp\left(\frac{y - L_d/2}{M}\right) dy \approx E_q M = \phi(0,0) = \frac{qNW^2}{8\varepsilon_s} \qquad (A2\text{-}14)$$

最终得到化简的电场表达式为：

$$E_q(0,y) = E_q \exp\left[\frac{4f}{W}\left(y - \frac{L_d}{2}\right)\right]$$

$$\approx E_q \exp\left[\frac{2.97}{W}\left(y - \frac{L_d}{2}\right)\right] \qquad (A2\text{-}15)$$

3. 电荷场归一化分析法

AA′线上的电场分布为：

$$E(0,y) = E_p + E_q \exp\left[\frac{4f}{W}\left(y - \frac{L_d}{2}\right)\right]$$

$$= E_p \left\{1 + \gamma \exp\left[\frac{4f}{W}\left(y - \frac{L_d}{2}\right)\right]\right\} \qquad (A2\text{-}16)$$

其中，$\gamma = E_q/E_p$，为电荷场归一化因子。

AA′线上的碰撞电离率积分可以表示为：

$$\int_{-L_d/2}^{L_d/2} c E^7(y)\,ds = c E_p^7 \int_{-L_d/2}^{L_d/2}\left\{1 + \gamma\exp\left[\frac{4f}{W}\left(y - \frac{L_d}{2}\right)\right]\right\}^7 dy$$

$$= c E_p^7 L_d \left[1 + F(\gamma)\frac{W}{L_d}\right] = 1 \qquad (A2\text{-}17)$$

其中，$c = 1.8 \times 10^{-35}$，为碰撞电离率引入的系数，$F(\gamma)$ 是以 γ 为变量的幂级数，可以表示为：

$$F(\gamma) \approx \frac{1}{f}\frac{1}{1680}\gamma(2940+\gamma(4410+\gamma(4900+\gamma(3675+2\gamma(882+5\gamma(49+6\gamma))))))$$

$$= \frac{1}{1247}\gamma(2940+\gamma(4410+\gamma(4900+\gamma(3675+2\gamma(882+5\gamma(49+6\gamma))))))$$

任意掺杂的超结器件满足式（A2-17），PIN 器件近似有 $\gamma=0$，得到：

$$cE_{p_0}^6 V_{B_0} = 1 \tag{A2-18}$$

其中，E_{p_0} 和 V_{B_0} 分别为 PIN 器件的电势场和击穿电压。在相同的 L_d 下，满足以下关系：$E_p/E_{p_0}=V_B/V_{B_0}$。用相同 L_d 下 PIN 的击穿电压值 V_{B_0} 对超结击穿电压 V_B 进行归一化，并定义为超结的击穿电压归一化系数 η。η 可表示如下：

$$\eta = \frac{V_B}{V_{B_0}} = \left[1+F(\gamma)\frac{W}{L_d}\right]^{-1/7} \tag{A2-19}$$

W/L_d 与 γ 和 η 之间满足如下关系：

$$\frac{W}{L_d} = \frac{\eta^{-7}-1}{F(\gamma)} \tag{A2-20}$$

在给定 η 的条件下，γ 与 W/L_d 之间满足如下关系：

$$\gamma = \frac{P-Q\ln(W/L_d)}{12+\ln(W/L_d)} \tag{A2-21}$$

根据 V_B 归一化系数的定义，可将（A2-17）表示如下：

$$cE_p^6 V_B\eta^{-7} = 1 \tag{A2-22}$$

将 $V_B=E_pL_d$ 代入，可得：

$$\begin{cases} E_p = c^{-1/6}\eta^{7/6}V_B^{-1/6} \\ L_d = c^{1/6}\eta^{-7/6}V_B^{7/6} \end{cases} \tag{A2-23}$$

将式（A2-23）中的 $L_d = c^{1/6}\eta^{-7/6}V_B^{7/6}$ 代入式（A2-21）中，并令 $\gamma=1$ 可以得到给定 V_B 下，超结器件的 W_0：

$$W_0 = K_0 V_B^{7/6} \tag{A2-24}$$

其中，$K_0 = c^{1/6}\eta^{-7/6}\exp\left(\dfrac{P-12}{Q+1}\right)$，其值在表 A2-1 中给出。

4. 超结器件的设计公式

结合条件 $E_p = \dfrac{E_q}{\gamma} = \dfrac{qNW}{\gamma 2\varepsilon_s}f$、$f \approx 0.742$ 和 $D_c=NW$，得到超结器件的设计公式：

$$\begin{cases} D_c = 1.094\times10^{13}\gamma\eta^{7/6}V_B^{-1/6} & (\text{cm}^{-2}) \\ L_d = 1.78\times10^{-2}\eta^{-7/6}V_B^{7/6} & (\mu m) \end{cases} \tag{A2-25}$$

其中，γ 可以通过选择给定的 η 获得，在式（A2-21）中，令 $z=\ln L_d$ 可得：

$$\gamma = \frac{P' + Qz}{R' - z} \tag{A2-26}$$

其中，$\begin{cases} P' = P - Q\ln W \\ R' = 12 + \ln W \end{cases}$，使用指数函数来求近似值，可得：

$$\frac{P' + Qz}{R' - z} \approx \frac{1}{M}L_d^N \tag{A2-27}$$

将式（A2-27）两边取对数，并将方程左边对变量 z 使用二阶泰勒展开，且令二次项系数为 0，可以获得优化展开点 $z = -0.5P/Q + 6 + \ln W$，代入方程化简：

$$\ln\frac{P' + Qz}{R' - z} \approx \ln Q + \frac{4Q\left(z - \frac{-P' + QR'}{2Q}\right)}{P' + QR'} + \frac{16Q^3\left(z - \frac{-P' + QR'}{2Q}\right)^3}{3(P' + QR')^3} +$$

$$\left(z - \frac{-P' + QR'}{2Q}\right)^4 \approx \ln\left[Q/\exp\left(2\frac{QR' - P'}{P' + QR'}\right)\right] + \frac{4Q}{P' + QR'}z = \ln\frac{1}{M} + Nz \tag{A2-28}$$

通过对比系数可得：

$$\gamma \approx \frac{1}{M}L_d^N \tag{A2-29}$$

其中，$\begin{cases} M = \dfrac{1}{Q}\exp\left(\dfrac{48 + 4\ln W}{12 + P/Q} - 2\right) \\ N = \dfrac{4Q}{P + 12Q} \end{cases}$。

更进一步地，可以将 γ 化简为以 W/L_d 为变量的表达式：

$$\gamma = \frac{1}{m}(W/L_d)^{-n} \tag{A2-30}$$

其中，$\begin{cases} m = \dfrac{1}{Q}\exp\left(\dfrac{24Q - 2P}{12Q + P}\right) \\ n = \dfrac{4Q}{P + 12Q} \end{cases}$。

将式（A2-23）中的 $L_d = c^{1/6}\eta^{-7/6}V_B^{7/6}$ 代入式（A2-30），可以得到给定 W 和 V_B 条件下的 γ：

$$\gamma = \frac{1}{K}W^{-n}V_B^{7n/6} \tag{A2-31}$$

其中，$K = m/(c^{1/6}\eta^{-7/6})^n$，为与 γ 有关的参数。

通过式（A2-21）拟合式（A2-20）可以得到给定 η 下所对应的 P、Q 和 K 的值，如表 A2-1 所示。

表 A2-1   各参数取值

η	P	Q	K_0	K	n
0.8	7.25	2.42	5.24×10^{-3}	3.85	0.267
0.85	5.63	2.24	2.74×10^{-3}	4.88	0.276
0.9	4.17	2.18	1.56×10^{-3}	6.18	0.288
0.95	2.29	1.64	4.34×10^{-4}	9.99	0.299

因此，得到 NFD 模式下的超结器件的设计公式如下：

$$\begin{cases} D_c = 1.094\times10^{13}\,\gamma\eta^{7/6}V_B^{-1/6} & (\text{cm}^{-2}) \\ L_d = 1.78\times10^{-2}\eta^{-7/6}V_B^{7/6} & (\mu\text{m}) \end{cases} \tag{A2-32}$$

其中，$\gamma = \dfrac{1}{K}W^{-n}V_B^{7n/6}$，由式（A2-31）给出。

对于 FD 模式下的超结器件满足 $\gamma=1$ 时，设计公式如下：

$$\begin{cases} D_c = 1.094\times10^{13}\eta_1^{7/6}V_B^{-1/6} & (\text{cm}^{-2}) \\ L_d = 1.78\times10^{-2}\eta_1^{-7/6}V_B^{7/6} & (\mu\text{m}) \end{cases} \tag{A2-33}$$

其中，η_1 为 $\gamma=1$ 时的 η，$\eta_1 = \left[1+F(1)\dfrac{W}{L_d}\right]^{-1/7} = \left(1+14.62\dfrac{W}{L_d}\right)^{-1/7}$。

将 $L_d = c^{1/6}\eta^{-7/6}V_B^{7/6}$ 代入并化简可得：

$$\eta_1 = (1+903.3W/V_B^{7/6})^{-6/49} \tag{A2-34}$$

从而获得 FD 模式下的超结器件的设计公式如下：

$$\begin{cases} D_c = 1.094\times10^{13}\,aV_B^{-1/6} & (\text{cm}^{-2}) \\ L_d = 1.78\times10^{-2}a^{-1}V_B^{7/6} & (\mu\text{m}) \end{cases} \tag{A2-35}$$

其中，$a=\eta_1^{7/6} = (1+903.3W/V_B^{7/6})^{-1/7}$。

具有 $N_{\max}$ 的超结器件的 N 区和 P 区的 N 很高，导致漂移区大部分区域不能完全耗尽，因此 $V_B=0.25qN_{\max}W^2/\varepsilon_s$。为了简化分析，假设 OO′线上有 10% 宽度区域不能完全耗尽，采用非线性拟合方法可以得到具有 $N_{\max}$ 的超结器件的电场峰值 $E_{\max}$ 为：

$$E_{\max} = \frac{9.78(21.87-\ln W)}{\ln W + 3.87} \tag{A2-36}$$

因此可以得到 $N_{\max}$ 的表达式：

$$N_{\max} = \frac{2\varepsilon_s}{qW}E_{\max} \tag{A2-37}$$

将式（A2-32）和式（A2-35）代入超结耐压层的 $R_{\text{on,sp}}$ 的公式 $R_{\text{on,sp}} = 2L_d/(q\mu_N N)$，

即可获得超结器件的 $R_{on,sp}$-V_B 表达式如下：

$$R_{on,sp} = \begin{cases} 2.07 \times 10^{-4} \sigma (KW^{1+n})^{11/12} \eta^{-2.236} V_B^{1.03}, & \text{NFD模式} \\ 2.07 \times 10^{-4} \sigma W^{11/12} a^{-1.92} V_B^{1.32}, & \text{FD模式} \end{cases} \qquad (A2\text{-}38)$$

其中，$\mu_N = 2.58 \times 10^4 N^{-1/12}$；$\sigma = (1.01 - N/4.24 \times 10^{-17})^{-1}$，为考虑迁移率所引入的误差因子。

附录3 神经网络实例

采用 Mathematica 训练神经网络只需要三个语句，以全超结 $R_{on,min}$ 条件下的 L_d 和 N 神经网络为例，对神经网络进行初步探讨。L_d 神经网络的训练程序如下：

data={{W_1, V_{B1}} ->L_{d1},{W_2, V_{B2}} ->L_{d2}, …, {W_i, V_{Bi}} ->L_{di}, …};

net=NetChain[{100, Ramp, Tanh, 1}];

trainedLd=NetTrain[net, data, MaxTrainingRounds->Quantity[60, "Seconds"]]

第 1 行表示输入的原始训练数据，其中 L_{di} 为 W_i 和 V_{Bi} 条件下采用全域优化获得的优化超结长度。为了提高预测精度，输入数据前需对 W 和 V_B 进行归一化处理。

第 2 行定义所采用的神经网络结构，该结构具有 4 个隐藏层，这 4 个隐藏层的神经元个数分别为 100、100、100、1。第 2 层和第 3 层采用的激活函数分别为斜坡函数 Ramp 和双曲正切函数 Tanh。该神经网络的结构如下：

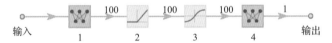

第 3 行表示用 NetTrain 函数对上述神经网络进行训练，训练时间为 60s。

图 A3-1 给出 L_d 神经网络的预测结果与原始训练数据的对比，其中曲面为神经网络输出结果，点为原始训练数据。可以看出在超结常用范围内，神经网络可以高精度预测优值。计算表明，神经网络预测漂移区长度的误差为±0.2μm，可完全满足工程应用的需求。

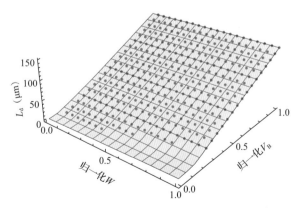

图 A3-1 L_d 神经网络的预测结果与原始训练数据的对比

正如 2.5.3 节指出的，神经网络虽然可高精度地完成从输入到输出的函数映射关系，但网络本身并不具备器件物理背景，因此在对训练集以外的数据进行外推时需特别谨慎，图 A3-2 将 L_d 的范围拓展，出现在更高 V_B 下 L_d "饱和"的现象，这显然与超结原理相悖。因此在功率器件设计中应用神经网络时，需合理划定其应用边界，保证在边界范围内的高精度预测，而对边界外的预测扩展则必须依赖训练集的扩展以保证正确性。

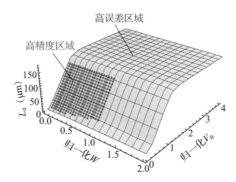

图 A3-2　超结长度神经网络外推结果

对于超结优化 N，可采用类似的方法训练神经网络，但由于 N 的变化跨越了好几个数量级，除了对 W 和 V_B 进行归一化处理之外，还需对 N 取对数才能获得高精度的神经网络系统。采用与 L_d 相同的神经网络结构，得到如图 A3-3 所示的结果。显然，对 N 的预测结果中也存在与器件机理完全不符的外推区域。

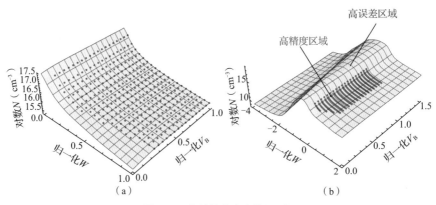

图 A3-3　超结掺杂浓度神经网络
（a）训练集预测结果；（b）外推结果

此外，作者研究发现，不同的激活函数与网络结构对精度有影响。一般来说，增加神经元数量、层数与训练时间有利于提高精度，但对于更高精度的探索已经远高于实际工程控制需求，不再赘述。

附录4　R-阱与$R_{on,min}$优化算法

图 A4-1 所示为第 3 章与第 4 章中采用的优化算法。图 A4-1（a）给出 R-阱上任意点的计算过程，图 A4-1（b）给出寻找 $R_{on,min}$ 的黄金分割优化法，虚线框表示嵌套第一步算法。

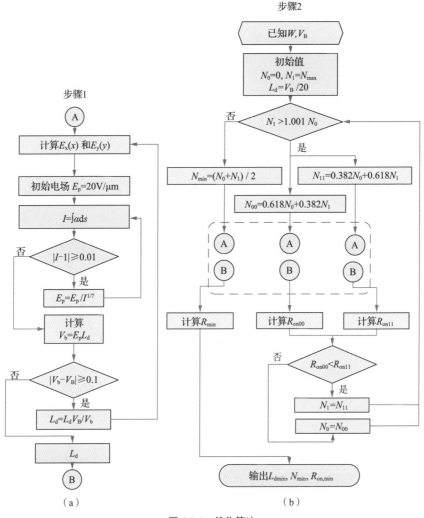

图 A4-1　优化算法
（a）R-阱上任意点的计算过程；（b）黄金分割优化法

附录5　横向超结耐压层三维势、场傅里叶级数法

1. 横向超结器件耐压层三维泊松方求解

$$\frac{\partial^2 \phi(x,y,z)}{\partial x^2} + \frac{\partial^2 \phi(x,y,z)}{\partial y^2} + \frac{\partial^2 \phi(x,y,z)}{\partial z^2} = -\frac{qN(x,y,z)}{\varepsilon_s} \tag{A5-1}$$

满足以下 3 组边界条件：

$$\begin{cases} \dfrac{\partial \phi(x,y,z)}{\partial x}\Big|_{y=0} = 0 \\[2mm] \dfrac{\partial \phi(x,y,z)}{\partial x}\Big|_{y=W} = 0 \end{cases} \tag{A5-2}$$

$$\begin{cases} \dfrac{\partial \phi(x,y,z)}{\partial z}\Big|_{z=0} = 0 \\[2mm] \dfrac{\partial \phi(x,y,z)}{\partial z}\Big|_{z=t_s} = -\dfrac{2\phi(x,y,H)}{t_{sub}} \end{cases} \tag{A5-3}$$

$$\begin{cases} \phi\left(x, -\dfrac{L_d}{2}, z\right) = 0 \\[2mm] \phi\left(x, \dfrac{L_d}{2}, z\right) = V_d \end{cases} \tag{A5-4}$$

其中，$t_{sub} \approx \dfrac{\varepsilon_s V_d}{qN_c t_c} - t_c$，为一阶近似下的衬底耗尽区深度。

用与附录 1 中类似的方法，可将表面超结区的 N 表示为：

$$N(x,y,z) = \sum_{k=0}^{\infty} a_k \cos\frac{k\pi x}{W} = \frac{4N}{\pi} \sum_{k=1}^{\infty} \frac{1}{k}\left(\sin\frac{k\pi}{2}\cos\frac{k\pi x}{W}\right) \tag{A5-5}$$

将漂移区纵向电势在 z 方向进行二阶泰勒展开：

$$\phi(x,y,z) = \phi(x,y,0) + \frac{\partial \phi(x,y,0)}{\partial z}z + \frac{\partial^2 \phi(x,y,0)}{\partial z^2}\frac{z^2}{2} \tag{A5-6}$$

代入边界条件式（A5-3）可将式（A5-1）化简为：

$$\frac{\partial^2 \phi(x,y,0)}{\partial x^2} + \frac{\partial^2 \phi(x,y,0)}{\partial y^2} - \frac{\phi(x,y,0)}{T_c^2} = -\frac{qN(x,y,0)}{\varepsilon_s} \tag{A5-7}$$

其中，$T_c = \sqrt{\dfrac{H^2 + Ht_{sub}}{2}}$，表示衬底特征厚度。SOI 基特征厚度略。

满足边界条件式（A5-3）和式（A5-4）的电势可表示为如下傅里叶级数：

$$\phi(x, y, 0) = \phi(y, 0)_0 + \sum_{k=1}^{\infty} \phi_k(y, 0) \cos\frac{k\pi x}{W} \qquad (A5-8)$$

将式（A5-8）代入式（A5-7）并使用分离变量法，可将式（A5-7）进一步变为如下方程组。

拉普拉斯方程：

$$\frac{\partial^2 \phi(y, 0)_0}{\partial y^2} - \frac{\phi(y, 0)_0}{T_c^2} = 0 \qquad (A5-9)$$

方程式（A5-9）满足边界条件：$\begin{cases} \phi\left(x, -\dfrac{L_d}{2}, 0\right) = 0 \\ \phi\left(x, \dfrac{L_d}{2}, 0\right) = V_d \end{cases}$。

泊松方程：

$$\frac{\partial^2 \phi_k(y, 0)}{\partial y^2} - \frac{\phi_k(y, 0)}{\varGamma^2} = -\frac{qN'}{\varepsilon_s}, \qquad k = 1, 2, 3, \cdots \qquad (A5-10)$$

其中，$\dfrac{1}{\varGamma} = \sqrt{\left(\dfrac{k\pi}{W}\right)^2 + \dfrac{1}{T_c^2}}$，$N' = \dfrac{4N}{\pi}\dfrac{1}{k}\sin\dfrac{k\pi}{2}$。

方程式（A5-10）满足边界条件：$\begin{cases} \phi(x, -L_d/2, 0) = 0 \\ \phi(x, L_d/2, 0) = 0 \end{cases}$。

2. 横向超结器件表面势和表面 x 与 y 方向的电场分量

分别使用上述边界条件求解 $\phi_k(y, 0)$ 并代入式（A5-8），可获得横向超结器件表面势分布如下：

$$\phi(x, y, 0) = \phi(y)_0 + \sum_{k=1}^{\infty} \phi_k(y) \cos\frac{k\pi x}{W}$$

$$= \frac{q}{\varepsilon_s} \frac{4NW^2}{\pi^3} \sum_{k=1}^{\infty} \frac{1}{k^3\left(1 + \dfrac{W^2}{k^2\pi^2 T_c^2}\right)} \sin\frac{k\pi}{2} \cos\frac{k\pi x}{W} \left[1 - \frac{\cosh\left(-\dfrac{k\pi y}{W}\sqrt{1 + \dfrac{W^2}{k^2\pi^2 T_c^2}}\right)}{\cosh\left(\dfrac{k\pi L_d}{2W}\sqrt{1 + \dfrac{W^2}{k^2\pi^2 T_c^2}}\right)}\right] +$$

$$V_D \frac{\sinh\left[\dfrac{1}{T_c}\left(y + \dfrac{L_d}{2}\right)\right]}{\sinh\dfrac{L_d}{T_c}}$$

$$(A5-11)$$

从而获得器件表面 x 与 y 方向的电场分量：

$$
\begin{cases}
E_x(x,y,0) = \dfrac{qN}{\varepsilon_s}\dfrac{4W}{\pi^2}\sum_{k=1}^{\infty}\dfrac{1}{k^2\left(1+\dfrac{W^2}{k^2\pi^2 T_c^2}\right)}\sin\dfrac{k\pi}{2}\sin\dfrac{k\pi x}{W}\left[1-\dfrac{\cosh\left(-\dfrac{k\pi y}{W}\sqrt{1+\dfrac{W^2}{k^2\pi^2 T_c^2}}\right)}{\cosh\left(\dfrac{k\pi L_d}{2W}\sqrt{1+\dfrac{W^2}{k^2\pi^2 T_c^2}}\right)}\right] \\[6mm]
E_y(x,y,0) = -\dfrac{qN}{\varepsilon_s}\dfrac{4W}{\pi^2}\sum_{k=1}^{\infty}\dfrac{1}{k^2\left(1+\dfrac{W^2}{k^2\pi^2 T_c^2}\right)}\sin\dfrac{k\pi}{2}\cos\dfrac{k\pi x}{W}\dfrac{\sinh\left(\dfrac{k\pi y}{W}\sqrt{1+\dfrac{W^2}{k^2\pi^2 T_c^2}}\right)}{\cosh\left(\dfrac{k\pi L_d}{2W}\sqrt{1+\dfrac{W^2}{k^2\pi^2 T_c^2}}\right)} \\[6mm]
\qquad\qquad -\dfrac{V_D}{T_c}\dfrac{\cosh\left[\dfrac{1}{T_c}\left(y+\dfrac{L_d}{2}\right)\right]}{\sinh\dfrac{L_d}{T_c}}
\end{cases}
$$

（A5-12）

3. CCL 电场的格林函数法求解

以 y 方向的 CCL 的势、场分布为例，其电势使用泰勒展开化简为：

$$
\frac{\partial^2 \varphi(y,0)}{\partial y^2} - \frac{\varphi(y,0)}{T_E^2} = -\frac{Q(y)}{\varepsilon_s}
$$
（A5-13）

其中，$T_E = \sqrt{\dfrac{t_c^2 + t_c t_{es}}{2}}$，为 CCL 与衬底形成的特征厚度，其物理意义与 T_c 类似。

式（A5-13）满足如下边界条件：

$$
\begin{cases}
\phi\left(-\dfrac{L_d}{2},0\right) = 0 \\[3mm]
\phi\left(\dfrac{L_d}{2},0\right) = 0
\end{cases}
$$
（A5-14）

化简的泊松方程式（A5-13）可以用格林函数法求解，其势、场分布表示为：

$$
\begin{cases}
\varphi(y) = \displaystyle\int_{-\frac{L_d}{2}}^{\frac{L_d}{2}} G(y,\xi)\dfrac{Q(y)}{\varepsilon_s}\,\mathrm{d}\xi \\[4mm]
E(y) = -\displaystyle\int_{-\frac{L_d}{2}}^{\frac{L_d}{2}} \dfrac{\partial G(y,\xi)}{\partial y}\dfrac{Q(y)}{\varepsilon_s}\,\mathrm{d}\xi
\end{cases}
$$
（A5-15）

其中，格林函数为：

$$G(x,\xi)=\begin{cases}\dfrac{\sinh\left[\dfrac{1}{T_{\mathrm{E}}}\left(\xi-\dfrac{L_{\mathrm{d}}}{2}\right)\right]\sinh\left[\dfrac{1}{T_{\mathrm{E}}}\left(\dfrac{L_{\mathrm{d}}}{2}-x\right)\right]}{\dfrac{1}{T_{\mathrm{E}}}\sinh\dfrac{L_{\mathrm{d}}}{T_{\mathrm{E}}}},&-\dfrac{L_{\mathrm{d}}}{2}<\xi\leqslant y\\[6mm]\dfrac{\sinh\left[\dfrac{1}{T_{\mathrm{E}}}\left(x-\dfrac{L_{\mathrm{d}}}{2}\right)\right]\sinh\left[\dfrac{1}{T_{\mathrm{E}}}\left(\dfrac{L_{\mathrm{d}}}{2}-\xi\right)\right]}{\dfrac{1}{T_{\mathrm{E}}}\sinh\dfrac{L_{\mathrm{d}}}{T_{\mathrm{E}}}},&y<\xi<\dfrac{L_{\mathrm{d}}}{2}\end{cases}\tag{A5-16}$$

特别地，对线性掺杂电荷补偿方式有：

$$\frac{\partial^2\varphi(y,0)}{\partial y^2}-\frac{\varphi(y,0)}{T_{\mathrm{EL}}^2}=-\frac{Q_{\mathrm{D}}}{\varepsilon_{\mathrm{s}}L_{\mathrm{d}}}y-\frac{Q_{\mathrm{D}}}{2\varepsilon_{\mathrm{s}}}\tag{A5-17}$$

其中，Q_{D} 为漏端下方最大掺杂剂量，T_{EL} 为对应的特征厚度。

求解得到电势表达式为：

$$\phi(y,0)=-\frac{Q_{\mathrm{D}}T_{\mathrm{EL}}^2\ \sinh\left[\dfrac{1}{T_{\mathrm{EL}}}\left(y+\dfrac{L_{\mathrm{d}}}{2}\right)\right]}{\varepsilon_{\mathrm{s}}\sinh\dfrac{L_{\mathrm{d}}}{T_{\mathrm{EL}}}}+\frac{Q_{\mathrm{D}}T_{\mathrm{EL}}^2}{\varepsilon_{\mathrm{s}}L_{\mathrm{d}}}y+\frac{Q_{\mathrm{D}}T_{\mathrm{EL}}^2}{2\varepsilon_{\mathrm{s}}}\tag{A5-18}$$

同理，均匀掺杂 CCL 的泊松方程为：

$$\frac{\partial^2\varphi(y,0)}{\partial y^2}-\frac{\varphi(y,0)}{T_{\mathrm{EU}}^2}=-\frac{Q_{\mathrm{C}}}{\varepsilon_{\mathrm{s}}}\tag{A5-19}$$

其中，Q_{C} 表示均匀掺杂电荷浓度，T_{EU} 表示对应的特征厚度。

求解得到电势表达式为：

$$\phi(y,0)=\frac{Q_{\mathrm{D}}T_{\mathrm{EU}}^2}{2\varepsilon_{\mathrm{s}}\cosh\dfrac{L_{\mathrm{d}}}{2T_{\mathrm{EU}}}}\cosh\frac{y}{T_{\mathrm{EU}}}+\frac{Q_{\mathrm{D}}T_{\mathrm{EU}}^2}{\varepsilon_{\mathrm{s}}}\tag{A5-20}$$

附录6　本书功率器件发展树Power tree

图 A6-1 为本书功率器件发展树，此乃"十年树木"，涉及含结型耐压层的超结器件和含 MIS 耐压层的匀场器件两类。对于超结器件，提出 $R_{on,min}$ 理论，并以此为基础进行系列实验研究，遵循"从理论到结构"的规律；对于匀场器件，先建立等势场 MIS 耐压层以形成新一类器件结构，并在此基础上提出了非完全式雪崩击穿原理，以突破传统 E_c "天花板"，体现"从结构到原理"的特点。

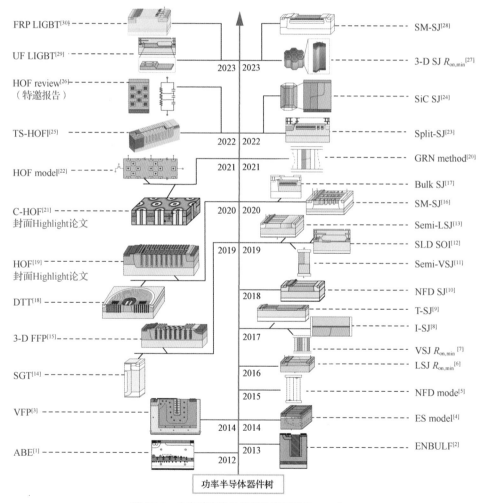

图 A6-1　本书功率半导体器件发展树 Power tree

参 考 文 献

[1]　ZHANG W T, WU L J, QIAO M, et al. Novel high-voltage power lateral MOSFET with adaptive buried electrodes [J]. Chinese Physics B, 2012, 21(7): 077101.

[2]　ZHANG W, QIAO M, WU L, et al. Ultra-low specific on-resistance SOI high voltage trench LDMOS with dielectric field enhancement based on ENBULF concept [C] // 2013 IEEE International Symposium on Power Semiconductor Devices and IC's. IEEE, 2013: 329-332.

[3]　ZHANG W, ZHANG B, QIAO M, et al. A novel vertical field plate lateral device with ultralow specific on-resistance [J]. IEEE Transactions on Electron Devices, 2013, 61(2): 518-524.

[4]　ZHANG B, ZHANG W, LI Z, et al. Equivalent substrate model for lateral super junction device [J]. IEEE Transactions on Electron Devices, 2014, 61(2): 525-532.

[5]　ZHANG W, ZHANG B, LI Z, et al. Theory of superjunction with NFD and FD modes based on normalized breakdown voltage [J]. IEEE Transactions on Electron Devices, 2015, 62(12): 4114-4120.

[6]　ZHANG W, ZHANG B, QIAO M, et al. Optimization of lateral superjunction based on the minimum specific on-resistance [J]. IEEE Transactions on Electron Devices, 2016, 63(5): 1984-1990.

[7]　ZHANG W, ZHANG B, QIAO M, et al. The $R_{on,min}$ of balanced symmetric vertical super junction based on R-well model [J]. IEEE Transactions on Electron Devices, 2016, 64(1): 224-230.

[8]　ZHANG W, ZHANG B, QIAO M, et al. Optimization and new structure of superjunction with isolator layer [J]. IEEE Transactions on Electron Devices, 2016, 64(1): 217-223.

[9]　ZHANG W, ZHAN Z, YU Y, et al. Novel superjunction LDMOS (>950V) with a thin layer SOI [J]. IEEE Electron Device Letters, 2017, 38(11): 1555-1558.

[10]　ZHANG W, PU S, LAI C, et al. Non-full depletion mode and its experimental realization of the lateral superjunction [C] // 2018 IEEE International Symposium on Power Semiconductor Devices and IC's. IEEE, 2018: 475-478.

[11]　ZHANG W, LAI C, QIAO M, et al. The minimum specific on-resistance of semi-SJ device [J]. IEEE Transactions on Electron Devices, 2018, 66(1): 598-604.

[12] ZHANG W, LI L, QIAO M, et al. A novel high voltage ultra-thin SOI-LDMOS with sectional linearly doped drift region [J]. IEEE Electron Device Letters, 2019, 40(7): 1151-1154.

[13] ZHANG W, WANG R, CHENG S, et al. Optimization and experiments of lateral semi-superjunction device based on normalized current-carrying capability [J]. IEEE Electron Device Letters, 2019, 40(12): 1969-1972.

[14] ZHANG W, YE L, FANG D, et al. Model and experiments of small-size vertical devices with field plate [J]. IEEE Transactions on Electron Devices, 2019, 66(3): 1416-1421.

[15] Zhang G, Zhang W, He J, et al. Experiments of a novel low on-resistance LDMOS with 3-D floating vertical field plate [C] // 2019 IEEE International Symposium on Power Semiconductor Devices and IC's. IEEE, 2019: 507-510.

[16] ZHANG W, HE J, CHENG S, et al. Novel self-modulated lateral superjunction device suppressing the inherent 3-D JFET effect [J]. IEEE Electron Device Letters, 2020, 41(9): 1392-1395.

[17] HE N, ZHANG S, ZHU X, et al. A 0.25μm 700V BCD technology with ultra-low specific on-resistance SJ-LDMOS [C] // 2020 IEEE International Symposium on Power Semiconductor Devices and IC's. IEEE, 2020: 419-422.

[18] ZHANG W, ZU J, ZHU X, et al. Mechanism and experiments of a novel dielectric termination technology based on equal-potential principle [C] // 2020 IEEE International Symposium on Power Semiconductor Devices and IC's. IEEE, 2020: 38-41.

[19] ZHANG B, ZHANG W, ZU J, et al. Novel homogenization field technology in lateral power devices [J]. IEEE Electron Device Letters, 2020, 41(11): 1677-1680.

[20] ZHANG W, YANG K, ZHU X, et al. Analytical design and experimental verification of lateral superjunction based on global region normalization method [J]. IEEE Transactions on Electron Devices, 2021, 68(5): 2372-2377.

[21] ZHANG W, WU Y, ZHANG K, et al. Experiments of a lateral power device with complementary homogenization field structure [J]. IEEE Electron Device Letters, 2021, 42(11): 1638-1641.

[22] ZHANG W, ZHU X, QIAO M, et al. Analytical model and mechanism of homogenization field for lateral power devices [J]. IEEE Transactions on Electron Devices, 2021, 68(8): 3956-3962.

[23] HE N, ZHANG S, WANG H, et al. Ultra-high voltage BCD technology integrated 1000V 3-D split-superjunction devices [C] // 2022 IEEE International Symposium on Power Semiconductor Devices and IC's. IEEE, 2022: 305-308.

[24] WANG C, LI X, LI L, et al. Performance limit and design guideline of 4H-SiC superjunction devices considering anisotropy of impact ionization [J]. IEEE Electron Device Letters, 2022, 43(12): 2025-2028.

[25] ZHANG W, ZHU L, TIAN F, et al. Experiments of homogenization field LDMOS with trench-stopped depletion [J]. IEEE Transactions on Electron Devices, 2022, 69(5): 2528-2533.

[26] ZHANG W, LI Z, ZHANG B. A new type of homogenization field power semiconductor devices [C] // 2022 IEEE International Conference on Solid-State and Integrated Circuit Technology. IEEE, 2022: 1-4.

[27] ZHANG W, ZHANG K, WU L, et al. The minimum specific on-resistance of 3-D superjunction devices [J]. IEEE Transactions on Electron Devices, 2023, 70(3): 1206-1210.

[28] ZHANG W, TIAN F, LIU Y, et al. Experiments of sub-micron superjunction devices with ultra-low specific on-resistance [J]. IEEE Electron Device Letters, 2023, 44(7): 1160-1163.

[29] ZHANG W, TANG N, LIU Y, et al. Unipolar conductivity enhancement and its experiments in SOI-LIGBT [J]. IEEE Transactions on Electron Devices, 2023, 70(4): 1843-1848.

[30] WEI J, ZHU P, WEI Y, et al. Experimental study on SOI LIGBT with field plate resistances at anode side [C] // 2023 IEEE International Symposium on Power Semiconductor Devices and IC's. IEEE, 2023: 406-409.

中国电子学会简介

  中国电子学会于 1962 年在北京成立，是 5A 级全国学术类社会团体。学会拥有个人会员 10 万余人、团体会员 1200 多个，设立专业分会 47 个、专家委员会 17 个、工作委员会 9 个，主办期刊 13 种，并在 26 个省、自治区、直辖市设有相应的组织。学会总部是工业和信息化部直属事业单位，在职人员近 200 人。

  中国电子学会的 47 个专业分会覆盖了半导体、计算机、通信、雷达、导航、微波、广播电视、电子测量、信号处理、电磁兼容、电子元件、电子材料等电子信息科学技术的所有领域。

  中国电子学会的主要工作是开展国内外学术、技术交流；开展继续教育和技术培训；普及电子信息科学技术知识，推广电子信息技术应用；编辑出版电子信息科技书刊；开展决策、技术咨询，举办科技展览；组织研究、制定、应用和推广电子信息技术标准；接受委托评审电子信息专业人才、技术人员技术资格，鉴定和评估电子信息科技成果；发现、培养和举荐人才，奖励优秀电子信息科技工作者。

  中国电子学会是国际信息处理联合会（IFIP）、国际无线电科学联盟（URSI）、国际污染控制学会联盟（ICCCS）的成员单位，发起成立了亚洲智能机器人联盟、中德智能制造联盟。世界工程组织联合会（WFEO）创新专委会秘书处、中国科协联合国咨商信息与通信技术专业委员会秘书处、世界机器人大会秘书处均设在中国电子学会。中国电子学会与电气电子工程师学会（IEEE）、英国工程技术学会（IET）、日本应用物理学会（JSAP）等建立了会籍关系。

关注中国电子学会微信公众号

加入中国电子学会